"十二五"国家重点出版规划项目

国家出版基金项目
NATIONAL PUBLICATION FOUNDATION

高性能纤维技术丛书

耐高温耐腐蚀有机纤维

姜振华　张云鹤　编著

国防工业出版社

·北京·

内 容 简 介

本书主要阐述了聚醚醚酮纤维、聚苯硫醚纤维、聚四氟乙烯纤维、聚砜酰胺纤维以及聚苯并咪唑纤维的性能特点、制造技术、应用领域以及我国科研人员在上述特种纤维领域取得的最新成果。这几种高性能有机纤维具有高温下尺寸稳定性好、热分解温度高、耐腐蚀、不溶于一般的有机溶剂、阻燃或不燃等特点，在航空航天、武器装备、石油化工、环保等高技术领域具有广泛的用途。本书基本反映了当代耐高温、耐腐蚀有机聚合物纤维的整体概况、发展现状及趋势。

本书可供从事有机高性能聚合物纤维科研和生产的专业人员参考，也适合于其他不同层面的读者。

图书在版编目（CIP）数据

耐高温耐腐蚀有机纤维／姜振华，张云鹤编著．
—北京：国防工业出版社，2017.5
（高性能纤维技术丛书）
ISBN 978 - 7 - 118 - 11131 - 6

Ⅰ.①耐… Ⅱ.①姜… ②张… Ⅲ.①耐高温纤维 ②耐腐蚀纤维 Ⅳ.①TQ342

中国版本图书馆 CIP 数据核字（2017）第 081181 号

※

国防工业出版社出版发行

（北京市海淀区紫竹院南路 23 号 邮政编码 100048）
国防工业出版社印刷厂印刷
新华书店经售

*

开本 710×1000 1/16 印张 14 字数 267 千字
2017 年 5 月第 1 版第 1 次印刷 印数 1—2000 册 定价 68.00 元

────────────────────

（本书如有印装错误，我社负责调换）

国防书店：(010)88540777 发行邮购：(010)88540776
发行传真：(010)88540755 发行业务：(010)88540717

高性能纤维技术丛书

编审委员会

指导委员会

名誉主任　师昌绪

副 主 任　杜善义　季国标

委　　员　孙晋良　郁铭芳　蒋士成

　　　　　姚　穆　俞建勇

编辑委员会

主　　任　俞建勇

副 主 任　徐　坚　岳清瑞　端小平　王玉萍

委　　员　(按姓氏笔画排序)

　　　　　马千里　冯志海　李书乡　杨永岗

　　　　　肖永栋　周　宏(执行委员)　徐樑华

　　　　　谈昆仑　蒋志君　谢富原　廖寄乔

秘　　书　黄献聪　李常胜

序

Foreword

从 2000 年起,我开始关注和推动碳纤维国产化研究工作。究其原因是,高性能碳纤维对于国防和经济建设必不可缺,且其基础研究、工程建设、工艺控制和质量管理等过程所涉及的科学技术、工程研究与应用开发难度非常大。当时,我国高性能碳纤维久攻不破,令人担忧,碳纤维国产化研究工作迫在眉睫。作为材料工作者,我认为我有责任来抓一下。

国家从 20 世纪 70 年代中期就开始支持碳纤维国产化技术研发,投入了大量的资源,但效果并不明显,以至于科技界对能否实现碳纤维国产化形成了一些悲观情绪。我意识到,要发展好中国的碳纤维技术,必须首先克服这些悲观情绪。于是,我请老三委(原国家科学技术委员会、原国家计划委员会、原国家国防科学技术工业委员会)的同志们共同研讨碳纤维国产化工作的经验教训和发展设想,并以此为基础,请中国科学院化学所徐坚副所长、北京化工大学徐樑华教授和国家新材料产业战略咨询委员会李克建副秘书长等同志,提出了重启碳纤维国产化技术研究的具体设想。2000 年,我向当时的国家领导人建议要加强碳纤维国产化工作,中央前后两任总书记均对此予以高度重视。由此,开启了碳纤维国产化技术研究的一个新阶段。

此后,国家发改委、科技部、国防科工局和解放军总装备部等相关部门相继立项支持国产碳纤维研发。伴随着改革开放后我国经济腾飞带来的科技实力的积累,到"十一五"初期,我国碳纤维技术和产业取得突破性进展。一批有情怀、有闯劲儿的企业家加入到这支队伍中来,他们不断投入巨资开展碳纤维工程技术的产业化研究,成为国产碳纤维产业建设的主力军;来自大专院校、科研院所的众多科研人员,不仅在实验室中专心研究相关基础科学问题,更乐于将所获得的研究成果转化为工程技术应用。正是在国家、企业和科技人员的共同努力下,历经近十五年的奋斗,碳纤维国产化技术研究取得了令人瞩目的成就。其标志:一是我国先进武器用 T300 碳纤维已经实现了国产化;二是我国碳纤维技术研究已经向最高端产品技术方向迈进并取得关键性突破;三是国产碳纤维的产业化制备与应用基础已初具规模;四是形成了多个知识基础坚实、视野开阔、分工协作、拼搏进取的"产学研用"一体化科研团队。因此,可以说,我国的碳纤维工程技术和产业化建设已经取得了决定性的突破!

同一时期,由于有着与碳纤维国产化取得突破相同的背景与缘由,芳纶、芳杂环纤维、高强高模聚乙烯纤维、聚酰亚胺纤维和聚对苯撑苯并二噁唑(PBO)纤维等高性能纤维的国产化工程技术研究和产业化建设均取得了突破,不仅满足了国防军工急需,而且在民用市场上开始占有一席之地,令人十分欣慰。

在国产高性能纤维基础科学研究、工程技术开发、产业化建设和推广应用等实践活动取得阶段性成就的时候,学者专家们总结他们所积累的研究成果、著书立说、共享知识、教诲后人,这是对我国高性能纤维国产化工作做出的又一项贡献,对此,我非常支持!

感谢国防工业出版社的领导和本套丛书的编辑,正是他们对国产高性能纤维技术的高度关心和对总结我国该领域发展历程中经验教训的执着热忱,才使得丛书的编著能够得到国内本领域最知名学者专家们的支持,才使得他们能从百忙之中静下心来总结著述,才使得全体参与人员和出版社有信心去争取国家出版基金的资助。

最后,我期望我国高性能纤维领域的全体同志们,能够更加努力地去攻克科学技术、工程建设和实际应用中的一个个难关,不断地总结经验、汲取教训,不断地取得突破、积累知识,不断地提高性能、扩大应用,使国产高性能纤维达到世界先进水平。我坚信中国的高性能纤维技术一定能在世界强手的行列中占有一席之地。

师昌绪

2014 年 6 月 8 日于北京

师昌绪先生因病于 2014 年 11 月 10 日逝世。师先生生前对本丛书的立项给予了极大支持,并欣然做此序。时隔三年,丛书的陆续出版也是对先生的最好纪念和感谢。——编者注

前言

Preface

耐高温耐腐蚀有机纤维通常是指在 150℃ 以上可长期使用,且能够耐酸、碱及大多数溶剂的纤维,除具备纤维制品所必需的一般性能,如柔软性、弹性和加工性能,一般具有以下特性:①高温下尺寸稳定性好;②热分解温度高;③在高温下能保持一般特性;④耐酸、碱;⑤不溶于一般的有机溶剂;⑥具有阻燃或不燃性等。

耐高温耐腐蚀有机纤维的热稳定性、耐腐性主要取决于材料自身的微结化学结构和聚集态结构,微观化学结构是指材料的化学组成及共价键的键级和键能等。耐高温耐腐蚀有机纤维的一般结构特点是聚合物分子链主要由含有芳环或芳杂环的链节构成,其结构由于共振而稳定化和电子的离域,使它们的熔融温度、强度和刚度有所提高。聚集态结构是指聚合物分子链在空间的排列和堆积形式,聚合物在固态下的聚集态结构主要有结晶态、非晶态和各种局部有序的取向态。由于晶体熔融过程是吸热的,因此,结晶材料受热分解时,将会吸收热量,使其熔融并进一步分解,可以认为结晶材料较同种组分的非晶材料具有更好的热稳定性。同时,致密的结晶结构会阻碍溶剂分子进入聚合物分子间,从而使得结晶材料具有良好的耐腐蚀性。耐高温耐腐蚀有机纤维相比于无机纤维具有密度更低、强度高、延伸度较大、柔软性好、伸长回弹性较高的特点。

耐高温耐腐蚀有机纤维是 20 世纪 60 年代问世的,发展最快的国家是美国,其次是日本,我国在 20 世纪 90 年代开始开展耐高温耐腐蚀有机纤维的研究,发展速度非常快。从世界上来看,由于受价格因素、生产工艺、纤维性能的研究深度和广度等影响,至今投入生产的耐高温、耐腐蚀有机纤维为数不多。目前为业内所熟悉的、得到较为广泛应用的主要包括聚醚醚酮(PEEK)纤维、聚苯硫醚(PPS)纤维、聚四氟乙烯(PTFE)纤维、聚砜酰胺(PSA)纤维以及聚苯并咪唑(PBI)纤维。

本书分五章,分别介绍了聚醚醚酮、聚苯硫醚、聚四氟乙烯、聚苯并咪唑和聚砜酰胺等有机纤维的制备方法、性能特点及应用领域等。

聚醚醚酮(PEEK)是高性能热塑性树脂中性能十分出色的品种之一,其分子结构重复单元由三个苯基通过两个醚基和一个酮基联结而成,这种结构决定了其具有优异的综合性能,如它具有优异的力学性能,以及耐高温、耐腐蚀、阻燃、耐辐照、电绝缘性好、产品尺寸稳定等优良性能。此外,PEEK 还具有良好的加工性能,可以通过注塑、挤出、模压等方法加工成各种制品,也可以通过熔融纺丝制成 PEEK 纤维。PEEK 分子链具有规整的对称性,因此其纤维具有高度结晶性。由于有醚键和酮键的存在,PEEK 纤维具有优异的物理性能、出色的耐化学性能、优良的热性能。PEEK 纤维在工业、航空航天、医学、环保等方面具有广泛的用途。

聚苯硫醚(又称聚亚苯基硫醚,PPS)的分子结构比较简单,分子主链有苯环和硫原子交替排列,大量的苯环赋予 PPS 以刚性,大量的硫醚提供柔顺性,使其分子结构对称,易于结晶,无极性,电性能好,不吸水。PPS 纤维具有优异的化学稳定性和耐高温的热稳定性以及抗恶劣环境、阻燃、绝缘、防辐射等功能,在高温、化学腐蚀等环境中得到广泛的应用,如火力发电烟道除尘、钢铁工业、水泥工业、化学品过滤等领域。

聚四氟乙烯(PTFE)是一种使用了氟取代聚乙烯中所有氢原子的人工合成高分子材料。这种材料具有抗酸抗碱、抗各种有机溶剂的特点,几乎不溶于所有的溶剂。同时,聚四氟乙烯具有耐高温的特点,它的摩擦系数极低。PTFE 纤维是以聚四氟乙烯为原料,经纺丝或制成薄膜后切割或原纤化而制得的一种合成纤维,耐腐蚀、摩擦系数小、化学稳定性好,具有较好的耐气候性及抗挠曲性,主要用作垃圾焚烧炉和煤锅炉用的排气净化滤材、非金属轴承、减低摩擦用的塑料填料和缝纫丝等,其中,过滤材料是目前 PTFE 最大的应用领域。由 PTFE 纤维制作的高温粉尘滤袋已作为都市垃圾焚烧炉的滤袋而被广泛使用。

聚苯并咪唑(PBI)纤维是一种具有优良耐热性能的高性能阻燃纤维,在500℃以上热失重小于5%。在众多的高性能纤维中,PBI 具有较佳的纺丝性能。PBI 纤维还具有优异的阻燃性能,极限氧指数在 41 以上,使其成为耐热耐燃纤维的首选材料,被誉为纤维中的"耐燃之王"。在空气中,即使在 550℃的高温下,PBI 纤维既不熔融,也不形成融滴。即使在 800℃以上的火焰中燃烧,也不产生任何有毒有害气体,没有任何烟雾产生,一旦火源离开,PBI 纤维瞬间自熄。此外,其织物具有很好的尺寸稳定性,即使长期暴露在 600℃以上的高温下,仅收缩10%,且碳化后,PBI 纤维织物仍能保持完整性和柔软性,且在 400℃以下力学强度几乎保持不变。特别难得的是,PBI还具有非常优异的耐低温性能,可以在极端低温环境下保持良好的力学性能。因此,PBI纤维广泛用作耐热防火纺织物、高性能过滤用品等。

聚砜酰胺(又称聚苯砜对苯二甲酰胺,PSA)是一种特种共聚物,由4,4′-二氨基二苯砜、3,3′-二氨基二苯砜和对苯二甲酰氯等为主要原料聚合而成,由于引入了对苯结构和砜基,在大分子链上存在强吸电子的砜基基团,通过苯环的双键共轭作用,使其分子具有优良的耐热性、热稳定性、高温尺寸稳定性、阻燃性、电绝缘性及抗辐射性,同时聚砜酰胺具有良好的物理力学性能、化学稳定性和染色性。PSA纤维可以在250℃高温下长期使用,在国防军工和现代工业上有着重要的用途,它的染色性能优良,织物手感柔软,是消防服、特种军服、石油工作服、电焊服等特种防护服装的理想原材料。

本书由姜振华教授和张云鹤博士负责全书统稿,第1章由吉林大学王贵宾教授和栾加双博士撰写,第2章由四川大学叶光斗教授和刘鹏清博士撰写,第3章由浙江理工大学郭玉海教授和张华鹏博士撰写,第4章由东华大学徐世爱教授撰写,第5章由上海特安纶纤维有限公司汪晓峰高级工程师和吴佳工程师撰写。限于作者的学识水平,尽管做了种种努力,不足之处在所难免,恳请读者批评指正。

作者

2016 年 11 月

目录

Contents

第1章

聚醚醚酮(PEEK)纤维

1.1 PEEK 树脂及纤维概述

1.1.1 PEEK 树脂概述

聚醚醚酮(Polyether Ether Ketone,PEEK)是聚芳醚酮类聚合物中性能最为优异的一个品种,是继氟塑料之后的又一性能出色的热塑性树脂。它具有优异的力学性能,以及耐高温、耐腐蚀、阻燃、耐辐照、电绝缘性高、产品尺寸稳定等优良性能[1-3]。在航天、航空、核能、信息、通信、电子电器、石油化工、机械制造、汽车等领域的高技术中得到了成功的应用[2,4,5]。

1.1.1.1 PEEK 的合成

聚芳醚酮自 20 世纪诞生以来,其品种不断增加。首次合成出聚醚酮酮(PEKK)是在 1962 年,由美国杜邦(Dupont)公司科研人员 Bonner 利用亲电路线(图 1-1)合成。

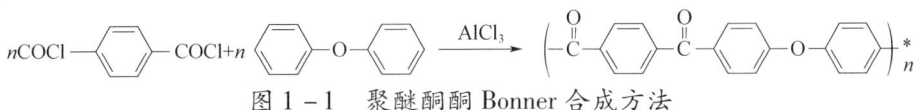

图 1-1 聚醚酮酮 Bonner 合成方法

而 PEEK 的首次合成是在 1972 年,由英国 ICI 公司科研人员 Rose 采取亲核取代路线(图 1-2)合成制备出高分子量的 PEEK。自 20 世纪 80 年代以来,PEEK 得到蓬勃发展。其中以 ICI 公司的 Victrex® (威格斯)为代表的 PEEK 树脂快速商品化。德国巴斯夫(BASF)、美国杜邦公司等也相继研发出具有自主知识产权的类似产品[2,6]。

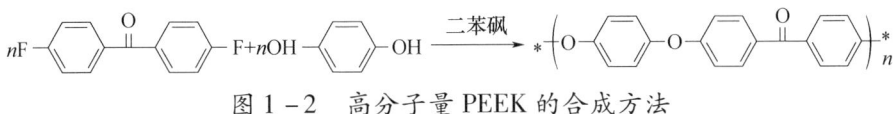

图 1-2 高分子量 PEEK 的合成方法

自此,聚芳醚酮的开发步入一个新阶段(表1-1)。国内对聚芳醚酮的研究也在这个时期相继展开。吉林大学依靠自主研发,先后开发出了聚醚醚酮(PEEK)、聚醚酮(PEK)、聚醚醚酮酮(PEEKK)、联苯聚醚醚酮(PEDEK)等一系列耐高温特种工程塑料品种,目前已申请相关国家发明专利170多项,获得授权国家发明专利140多项。所研究开发的高性能聚合物性能优异,达到国外同类产品性能指标,在"八五"、"九五"和"十五"期间实现了批量化生产和产业化,满足了国内军工和民用市场的需求。近年来,除聚芳醚酮类树脂的合成工作之外,吉林大学还对 PEEK 基复合材料、PEEK 薄膜、PEEK 纤维等进行了大量研究工作。国内其他科研机构,如长春应用化学研究所、江西师范大学、大连理工大学等也对一些聚芳醚酮的品种展开了相关研究工作,取得了一定的成果。

表1-1 典型聚芳醚酮介绍

产品		$T_g/℃$	$T_m/℃$	公司
PEEK		143	334	ICI(Victrex)
PEK		158	373	ICI(Victrex)
PEKK		170	388	Dupot(Aretone)
PEKEKK		166	384	BASF(Ultra PEK)
PEEKK		162	367	Hoechst(Hostatec)

1.1.1.2 PEEK 的性质

PEEK 是一种半结晶性热塑性耐高温树脂,通常制品的结晶度为 20% ~ 30%,玻璃化转变温度(T_g)为 143℃,熔融温度(T_m)为 343℃,其主要性能如下:

1. 优良的耐热性能

PEEK 的熔点为 343℃,可在 260℃ 长期使用,其负载热变形温度高达 316℃(30% GF 或 CF 增强牌号)。PEEK 的耐热老化性能也很出色,测试 250℃ 热老化后的弯曲强度保留率可以超过 5000h,而 PPS 不足 3000h,PA66 以及 PBT 更是低于 500h[7-10]。

2. 优良的力学性能

PEEK 具有高强度和模量,抗冲击和韧性好,是韧性和刚性兼备的材料。

尤其是它对交变应力的耐蠕变、耐疲劳性能在热塑性树脂中最为优异[7] (表 1 - 2)。

表 1 - 2　几种特种塑料的物理性能比较

塑料	PEEK	PTFE	PPO	PI
拉伸强度/MPa	97	20	66	120
拉伸模量/GPa	2.8	0.4	2.7	—
弯曲强度/MPa	142	13	110	176
弯曲模量/GPa	3.7	—	2.0	3.3
压缩强度/MPa	130	12	100	167
冲击强度(缺口简支梁)/(kJ/m^2)	4.44	0.16	0.09	0.10
线膨胀系数(10～180℃)/(10^{-5}/℃)	4.8	11	5.6	6.3
热变形温度(1.82MPa)/℃	152	55	190	—

3. 出色的耐磨性能

PEEK 具有优良的耐摩擦性与自润滑性,在较高温度下(250℃)保持低摩擦系数和磨损率[2]。PEEK 纯树脂与 H10 Wheel 材质对磨的磨耗量为 2.7×10^{-4} g,与 S17 Wheel 材质对磨的磨耗量为 9.7×10^{-4} g[8]。

4. 良好的尺寸稳定性

PEEK 树脂的刚性较大,线膨胀系数小,尺寸稳定性优良。

5. 优良的阻燃性能

PEEK 具有自熄性。其阻燃性达到 UL94 V - 0 级,极限氧指数(LOI)为 35,燃烧时发烟量很小,完全燃烧时只产生 CO_2 和 H_2O。

6. 优异的耐溶剂性能

PEEK 是非常稳定的聚合物,具有优异的耐化学药品性,除了浓硫酸外,几乎不溶于其他任何酸碱或有机溶剂,它的耐腐蚀性与镍钢相近[2,7]。PEEK 几乎不受水和高压水蒸气的化学影响,23℃下饱和吸水率只有 0.5%,可在高温高压的热水或蒸汽中连续使用而保持优异特性。

7. 出众的绝缘性能

PEEK 具有优良的电绝缘性能,可在高温下保持稳定。介电常数 3.2～3.3,在 1kHz 条件下介电损耗 0.0016,击穿电压 17kV/mm,耐弧性 175V,可以作为 C 级绝缘材料[2,11,12]。

8. 极佳的耐辐照性

PEEK 具有很强的耐 γ 射线辐照的能力,耐辐照剂量高。由 PEEK 制成的高性能电线,在 1100Mrad 的辐照剂量下仍能保持很高的绝缘能力,其耐辐照能力超过通用耐辐照材料聚苯乙烯。

1.1.1.3　PEEK 的制品及其应用

PEEK 应用产品的种类丰富,主要有复合材料,注塑成型品,板材、棒材、管材等挤出成型品,涂层,薄膜以及 PEEK 纤维[1]。近年来随着 PEEK 研发与市场化推进,其产品在航空航天、汽车行业、工业、医疗等领域都有广泛的应用。

1. 复合材料

PEEK 复合材料是其应用最为广泛的产品之一。PEEK 复合材料以其易加工,成型后不需保养,耐冲击、抗蠕变、耐疲劳、耐热、耐湿热性以及易修补性好而备受关注。复合材料制品最为广泛地应用于航空航天、汽车行业、工业、医疗等领域[13,14]。

1) 汽车领域

PEEK 以其高强度、抗蠕变、耐热、耐磨、耐疲劳等优异性能在汽车等行走机械领域得到广泛应用[4]。以塑代钢用以制作汽车的多种零部件,如发动机内罩、压缩机的阀片、轴承、垫片、密封件、离合器齿轮、过滤油网等,在汽车的传动、刹车和空调系统中多个部位(图 1-3)成功应用[7]。

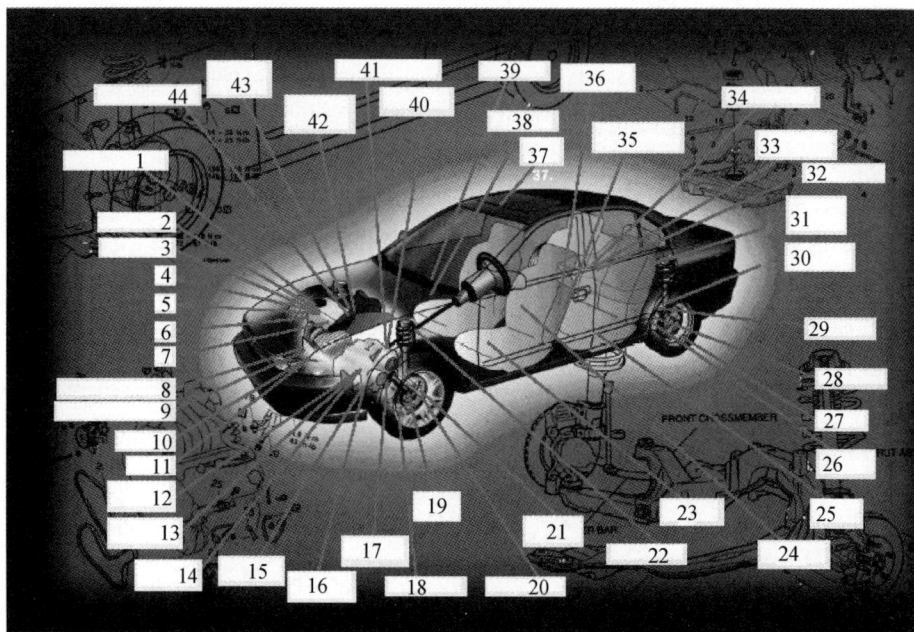

图 1-3　PEEK 可用于制造汽车零部件[15]

1—正时皮带器;2—油泵转子;3—油泵齿轮;4—油泵轴;5—分配齿轮;6—水泵叶轮;

7—发动机密封;8—涡轮增压叶轮;9—涡轮增压连接;10—O_2 传感器;11—O_2 传感线;

12—传动垫磨片;13—传动止推垫圈;14—传动轴衬;15—传动阀;16—传动过滤部;

17—传动密封;18—球连接衬层;19—滚针轴承;20—U - 连接轴承;21—前轮连接杆连接衬层;

22— ABS 刹车密封;23— 电源密封组件;24—电源气窗联动开关;25—燃料管线连接;

26—刹车磨损传感器;27—轮胎双头螺栓;28—轴承罩;29—车轮传感器;30—闸缸组件;

31—减振器组件;32—燃油泵齿轮;33—燃油泵电机组件;34—燃油泵轴衬;35—电气车窗电机推力插头;

36—电机止推垫圈;37—天窗齿轮;38—HVAC 传动装置;39—绝缘带;40—电力转向装置;

41—转向轴绝缘体;42—保护编结管套;43—EGR 温度传感器;44—节气门套管。

2）航空航天

航空航天领域是 PEEK 材料应用最早的领域。PEEK 以其优异的综合性能适合制造飞机的内外部零件。20 世纪 90 年代，美国就在其军用飞机上使用 PEEK 复合材料(主要是玻璃纤维增强和碳纤维增强复合材料)，其后在民用飞机(波音飞机)上也成功地推广[4]。至今，世界各国已经深刻意识到 PEEK 复合材料在航空航天领域的潜在价值。

3）电子领域

PEEK 是理想的电绝缘体，在高温、高压和高湿等恶劣环境下的性能仍然非常稳定，其良好的耐热性足以承受硅晶片的高温生产环境。PEEK 纯度很高、化学性能稳定，这使得超纯水在输送时不会受到污染，保证了硅片在加工过程中被污染性降到最低。PEEK 常被用来制造晶圆承载器、电子绝缘膜片、印制线路板以及各种连接器件，因而电子电气领域逐渐成为 PEEK 应用的另一重要领域[2,4,8,16]。

4）工业领域应用

PEEK 以其良好的力学性能、耐高温性能、耐化学腐蚀和自润滑性广泛应用于机械、石油化工、核电、轨道交通等领域，可用来制造压缩机阀片、活塞环、密封件和各种化工用泵体、齿轮、滑动轴承、阀门等部件[2,7,8,17]。

5）医疗领域

PEEK 在热水、蒸汽、溶剂和化学试剂等条件下可表现出较高的力学强度、抗应变能力和水解稳定性，在 134℃ 下 3000 次循环高压灭菌，这一特性使其用于外科手术和牙科设备以及医用消毒设备。PEEK 质量轻、无毒、耐腐蚀，具有生物活性，可与肌体有机结合，因而用 PEEK 树脂代替金属制造人工骨骼是其在医疗领域的又一重要应用[7]。

2. 注塑成型制品

1）成型耐磨材料

利用其耐磨性、自润滑性、耐药品性、韧性以及在 250℃ 能使用的特点，PEEK 能够被用来制造轴承保持架、金属轴承护衬、压缩机阀片、高压蒸汽球阀座、化学泵齿轮、密封件、活塞环、离合器零件、发动机推杆、涡轮加载器叶片以及动力闸真空零件等多种机器零部件[2,18]，广泛应用在机械、石油化工、核电、轨道交通等领域。

2）电器、电子制品

由于具有耐焊锡性好(热变形温度 300℃ 以上)、阻燃(UL94V－0 级，LOI＝35)、韧性好、强度高等特点，PEEK 也常被用来制造高可靠性接插件、电缆插头、接线盒、配线的引出头、晶片笼型线圈(Waferbas－ket)、电池外壳、IC 的封装等[19]。

3）耐湿热部件

PEEK 耐溶剂与耐水解性能优异,23℃下饱和吸水率只有 0.5%,可在高温高压的热水或蒸汽中使用。因此,它也被用来制造热水、化学泵的泵体叶轮蒸汽阀门、O 形圈、采油用接插件、锅炉 pH 计的护套等零部件[7]。

4）其他

PEEK 注塑成型产品还可以用来制造原子能发电站用接插件和阀门零件、涡轮叶片、显微镜灯的罩、马达周围导线支架、火箭用电池槽、螺栓、螺母、实验室用镊子等[18]。

3. 挤出成型制品

1）电磁线

PEEK 包覆加工性好(可熔融挤出),耐磨损性高,耐辐照性强,燃烧发烟量低且产生腐蚀性气体少,因而 PEEK 被用作电缆、电线的绝缘或保护层,广泛应用于工业、能源等领域(电磁线、光导纤维)[18]。

2）薄膜

PEEK 高温时耐酸碱性和耐高频性好,耐焊锡、耐辐照等性能优异,因而可被用来制作 H 级以及 C 级绝缘材料,如电动机、发电机、变压器、电容器等的绝缘薄膜,柔性印制电路板,载波带(carrier tape),复合材料(用 PEEK 薄膜与碳纤维、玻璃纤维覆层),耐热、耐药品的环型带等[18,19]。

3）纤维

PEEK 纤维丝具有耐蒸汽、耐化学药品、耐磨耗、抗蠕变、韧性好等特点,广泛应用于制纸机械的干燥帆布、耐热滤布、球拍的网线、电线电缆护套、复合材料(与 CF、GF 等混织或混编)、燃油过滤网、人工韧带等。

4）板材

PEEK 树脂可以通过挤出方法制成板(片)材,通过机械加工手段制造不同领域的各类产品的关键零部件,特别是批量小、种类和规格多、加工精度要求高的零部件。

5）棒材

采用挤出成型方法将 PEEK 制成不同规格的棒材,再根据需要通过继续加工将棒材加工成不同的应用制品,实现快速、高精度和灵活多样性的使用要求。

4. 粉末喷涂制品

PEEK 树脂粉料经过超细研磨后,可用静电喷涂或流化床法喷涂制成金属等表面的耐热、耐腐蚀涂层[18,19]。

5. 其他制品

可以用吹塑成型法制作盛核废料的容器,用旋转成型法制造制品,还可以把 PEEK 薄膜与金属加压黏结制成耐高温、黏结力好的复合材料[18]。

1.1.2　PEEK 纤维概述

1.1.2.1　国外发展现状

有关 PEEK 树脂利用熔融纺丝方法制成纤维的最早研究报道是在 1982 年。之后日本一些学者对 PEEK 纤维纺丝研究较多,如:J. Shimizu[20,21] 等讨论了 PEEK 熔融挤出丝条的拉伸对初生丝取向和结晶的影响;Y. Ohkoshi[22-25] 等研究报道了 PEEK 纺丝成型工艺条件,初生丝的结晶、取向等结构的形成,分子量,以及后拉伸对纺丝工艺和纤维结构与性能的影响等。继而,S. Lee[26] 等报道了初拉伸比对初生丝结晶度和熔点的影响;H. Brünig[27,28] 等用自制设备制备了细度(单根纤维)小于 0.1dtex 的复丝。L. H. Lee 等研究了拉伸温度、拉伸速率与 PEEK 结晶及力学性能的关系[29]。

英国 ZYEX 有限公司从 20 世纪 80 年代开始就从事 PEEK 纤维产品的生产和市场的开发,产品丰富多样,类别较为齐全。最早开发的单丝的直径在 0.2～0.5mm。之后又开发了更细的单丝(70 μm 以下)、复丝和短纤维(其中单纤维的细度在 20 μm 以下)、中空 PEEK 纤维、高温压毡、高温气体过滤布和缝纫线等[30,31],完成了商品化生产和推广,在复合材料、工业、航空和医疗等领域得到了成功的应用,确立了其作为特种纤维的地位。2009 年,美国 Zeus 公司宣布由该公司开发的 PEEK 纤维已经成功进行商品化,其产品包含单丝与复丝。该公司生产的 PEEK Drawn Fiber 如其材质 PEEK 一样,具备优良的韧性和强度,以及耐磨、耐腐蚀、耐高温等优良特性。该纤维能够编织成具有良好柔韧性和延展性的织物套管或辫带,可以包裹在金属丝外起到保护作用[32]。

1.1.2.2　国内发展现状

由于 PEEK 这种高性能材料的军用背景,自问世后西方国家就对其进行垄断和封锁,目前我国 PEEK 纤维的开发及应用尚处于萌芽状态。吉林大学特种工程塑料教育部工程研究中心于 20 世纪 80 年代初期开始对 PEEK 树脂进行研究,首先成功合成 PEEK 并于 2003 年实现产业化,从而使我国成为在国际上继英国 Victrex 公司之后第二个能用本国独立自主知识产权技术生产这种材料的国家。随着 PEEK 合成技术的进步,国内 PEEK 纤维的研究也日益增多。国内对 PEEK 纤维研究较有代表性的有天津工业大学于建明等使用小型柱塞式熔融挤出机,利用英国 Victrex 公司的 PEEK 树脂制得 PEEK 纤维,讨论了 PEEK 纤维制备工艺的热拉伸与热定型对纤维结构性能的影响[33-35];北京服装学院服装材料研究开发与评价北京市重点实验室张天骄等利用英国 Victrex 公司的 PEEK 树脂通过熔融纺丝制备 PEEK 初生纤维,研究了一次拉伸和二次拉伸对 PEEK

纤维结构和力学性能的影响[36-38];华南理工大学许忠斌等的研究侧重设备与工艺角度,利用英国 Victrex 公司的 PEEK 树脂对 PEEK 纺丝进行了一定研究[39-41];先进复合材料国防重点实验室益小苏对 PEEK 纤维制备复合材料进行了探索;四川大学叶光斗和吉林大学王贵宾等合作利用吉林大学生产的 PEEK 纺丝专用料从纺丝工艺、纺丝设备及纤维性能上对 PEEK 纺丝进行了较为细致的研究[42,43];吉林大学王贵宾课题组研究开发出了 PEEK 纺丝专用料及高性能 PEEK 特种纤维,获得了 PEEK 特种纤维的稳定制备技术,取得了多项授权国家发明专利[44-50]。

但由于原料和市场等原因,PEEK 纤维多停留在实验室研究或小规模试制层面,尤其国产 PEEK 树脂制备的纤维尚无规模化生产。我国经济发展可谓日新月异,国民素质日益提高,当下人们对可持续产品认知,对环境保护意识尤为突出。PEEK 纤维作为特种纤维材料在各行业的认知度与价值越加提高,其应用与需求逐年增长。国内一些纺织、化纤等企业使用进口或国产 PEEK 树脂进行纺丝与应用研究。2014 年,江苏常州剑赢新材料科技有限公司建成年产 100 吨 PEEK 生产线并实现商品化生产,主要产品有单丝和复丝。这使得国内 PEEK 纤维由科研向市场化、商品化转化快速推进。但由于纤维级 PEEK 树脂由国外企业垄断控制,而国产纤维级 PEEK 树脂的研究和开发相对落后,满足不了生产高品质 PEEK 纤维的要求,因而开发纤维级国产 PEEK 树脂成为当务之急。

国内吉林大学对纺丝级 PEEK 树脂、纺丝专用料及 PEEK 纤维的制备进行了系统而深入的研究。

(1)与有关纺丝设备制造商合作研制了 PEEK 纺丝专用设备。基于 PEEK 树脂的流变性能和熔点、结晶等特性,与设备制造商共同研制了 PEEK 纺丝设备,通过试验表明,实验室纺丝设备能够满足使用要求,制得质量较好的 PEEK 纤维。

(2)设计合成了不同分子量及其分布(不同熔融指数)的纺丝级 PEEK 树脂,系统研究了不同熔融指数 PEEK 的可纺性及制得的纤维性能。通过自制熔体黏度调节剂、筛选高温加工助剂等研究了纺丝专用料,改善了纺丝级 PEEK 的可纺性和制得的纤维的性能和形态。

(3)利用不同熔融指数的纺丝专用料研究制备了不同线密度的复丝,研究制备了不同直径的单丝,深入研究了纺丝工艺、初生丝后处理工艺与 PEEK 纤维的性能、微观结构的关系,掌握了通过调控纺丝工艺及后处理工艺而控制纤维性能与微观结构的技术。

(4)利用制备的纤维研制了过滤网、电线电缆护套、混编复合材料等应用制品,应用制品的性能较好,并与有关单位进行应用试验。

国内目前 PEEK 纤维生产所面临的问题主要在于以下两个方面:

（1）对纺丝级 PEEK 树脂的技术指标与不同应用纤维的性能对应关系认识不够。由于 PEEK 纤维的应用领域较多,不同的应用要求纤维的性能不同,而纤维的性能与纺丝级树脂的分子量及其分布、熔体流动速率直接相关,因此需要尽快通过纤维的研究生产和应用制品的制备确定不同应用纤维所对应的纺丝级 PEEK 树脂技术指标。

（2）用于 PEEK 纤维生产的纺丝设备还没有定型产品。PEEK 熔融纺丝设备除须具备一般化纤纺丝设备的功能外,它还需要非常耐高温高压。与其他许多树脂相比,PEEK 熔体黏度较高,流动性差,其熔融纺丝温度一般在 360 ~ 420℃范围。目前国内较为成型的化纤纺丝设备不能满足 PEEK 纺丝要求,其纺丝设备一般需要特殊定制,而纺丝设备制造商尚没有成熟的经验和积累,这在一定程度影响了 PEEK 纤维的产业化进程。

1.2 PEEK 纤维的种类

1.2.1 PEEK 复丝

目前 PEEK 纤维的主要品种有复丝、单丝、空心单纤维和 PEEK 超细纤维。复丝是 PEEK 纤维的主要品种之一,是由多孔喷丝板纺出的细丝并合而成的有捻或无捻丝束。由多根单纤维组成的复丝比同样纤度的单丝柔软。PEEK 纤维复丝采用熔融纺丝法制备。首先 PEEK 树脂经单螺杆(或栓塞式)挤出机加热熔融,并由螺杆(或栓塞)挤压通过纺丝组件中的多孔喷丝板形成多根丝条,再进行冷却,热辊拉伸,热松弛,最后卷绕成筒。纺丝组件中通常有多层金属过滤网或各层过滤网间填充金属粉或石英砂等。喷丝板孔数为 10 ~ 48 孔不等,孔径多为 0.3 ~ 0.5mm。纺丝适宜温度为 370 ~ 420℃,初生丝拉伸适宜温度为 190 ~ 260℃,拉伸比多为(2.0 ~ 3.5):1,松弛热定型温度为 250 ~ 320℃,松弛定型比为(0.8 ~ 0.98):1。随着合成技术的进步,PEEK 聚合物的质量和均匀度都有所提高,目前已经可以纺制出线密度在 5 ~ 15dtex、断裂强度 65cN/tex 以上、断裂伸长小于 20%、热收缩率小于 1% 的 PEEK 复丝[51],并完成了商品化生产和推广。最为知名的英国 Zyex 公司(位于 Gloucestershire Stonehouse)的复丝产品(Zyex 牌)是目前 PEEK 纤维市场较好的商业品牌之一。Zyex 的复丝和短纤维在 20 世纪 80 年代末开发并进入市场,其应用范围不断扩大。复丝产品可用于干法过滤和化学分离,如高温压毡、高温气体过滤布[52]。PEEK 复丝产品也可用于医疗方面,如制作骨板、螺钉、过滤材料、肠和韧带的修复材料、导管与器管代用材料、器官移植等[53]。还有其他方面用途,如体育用绳、编织带、刷子和帘子线等(图 1 - 4)。

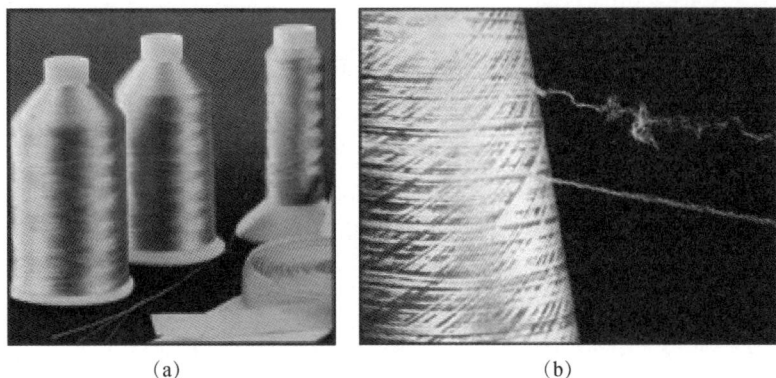

（a）　　　　　　　　　　　　　　　（b）

图 1-4　PEEK 复丝纤维及其制品

1.2.2　PEEK 单丝

同 PEEK 复丝一样，PEEK 纤维单丝亦采用熔融纺丝法制备。其纺丝过程基本相同。而略有区别的是 PEEK 单丝既可以常规空气冷却，也可以采用冷却介质进行骤冷，这样有利于初生丝结晶及细度控制。另外，纺制单丝时可采用单头单位纺丝，也能单头多位纺丝。PEEK 单丝喷丝板孔径多为 0.1～1.8mm。研究表明，通过高温熔融纺丝工艺，现已经可以制备出直径约 0.07～2.0mm（50～40000dtex），断裂强度 25～40cN/tex，断裂伸长 25%～40%，200℃空气中热收缩率 2% 以内的 PEEK 单丝[51]（图 1-5）。

（a）　　　　　　　　　　　　　　　（b）

图 1-5　PEEK 单丝及其制品

1.2.3　中空 PEEK 纤维

1. 简述

PEEK 中空纤维是指纤维轴向有细管状空腔的 PEEK 纤维长丝。该纤维具有一定的孔隙率,贯通纤维轴向具有管状空腔。中空 PEEK 纤维突出的优点是质量极轻,耐磨性优越。据报道,英国 Zyex 公司已经研制出新型耐高温 PEEK 空心单丝,并申请了专利(US 专利 6132872),设计为轻型耐磨编织带使用。此 PEEK 单丝的孔隙率最高可达到体积的 80%,外径在 0.07 ~ 0.8mm 的范围,在孔隙率为 10% ~ 40% 的截面面积时,其耐磨性达到或超过实心单丝。此专利还称,孔隙在 20% ~ 80% 时可使编织带包覆性更好。中空 PEEK 纤维可以使较为昂贵的 PEEK 制成的产品既节约费用又减轻质量。

2. 制备方法

中空 PEEK 纤维单丝采用熔融纺丝法制备。首先 PEEK 树脂经单螺杆挤出机加热熔融,并由螺杆挤压通过纺丝组件中的环形喷丝孔形成中空丝条,再进行骤冷、热辊拉伸、热松弛,最后卷绕成筒。纺丝组件中通常有多层金属过滤网或各层过滤网间填充金属粉或石英砂等。圆形孔板喷嘴外径 4.4mm,内径 2.2mm,中心喷嘴接通空气。

熔融纺丝温度一般在 380℃ 以上,计量输送速度为 2 ~ 15g/min。空心纤维丝后拉伸倍数为 2.5 ~ 3.0,然后在 310 ~ 340℃ 范围使之松弛,最多可松弛原长度的 15%。此种方法生产的单丝直径为 0.2 ~ 0.55mm,孔隙率为 25%[54]。

3. 性能

与 PEEK 实心单丝相比,空心单丝的耐磨性能更被使用者所关注。空心单丝采用往复法同实心纤维作比较。独根的纤维在一根陶瓷棒上($D = 3.12$mm),在包覆角 90°、作用张力 3N、频率约 0.7 的条件下往复运动,往复运动行程约 30mm,环境温度为 (25 ± 3)℃,每一根丝断裂的往复次数都记录下来。实验表明,PEEK 空心纤维耐磨性比实心纤维有较大改善。其耐磨性提高了 3 ~ 4 倍。而 PEEK 实心纤维在强度、断裂伸长和抗张系数方面优于空心纤维,如表 1 - 3 所列。

表 1 - 3　PEEK 空心纤维单丝和实心单丝性能比较

单丝	直径/mm	孔隙率/%	摩擦试验次数	强力 T/N	断裂伸长 $E/\%$	抗拉系数 $T \cdot E^{1/2}$
空心	0.33	23	16895	25.8	24.1	126
实心	0.35	0	4224	34	38.0	209
空心	0.28	23	19265	26.4	19.0	115
实心	0.28	0	6652	37.1	28.2	197

PEEK 空心单丝之所以耐磨,是因为当加上机械压力时,空心单丝的表面会向内弯曲,摩擦面积增大,机械力被更大的表面积分担。据报道,由这种 PEEK 空心单丝编织成筒状的编织带一般是由 16 根单丝编织构成,螺旋形的编织单丝与轴向成 30°角。这种编织带线密度为 3.3g/m。Zyex 公司还把直径 0.28mm 的 PEEK 实心单丝用同样的方法编织成同样结构的编织带,其线密度为 4.4g/m。

两种试验的编织带都是模拟电缆外包覆磨损情况。对比耐磨实验结果表明，PEEK 空心纤维编织带比实心纤维编织带的保护作用好 25%。文献解释其原因是编织成编织带时，相对负荷的分配就比单丝一根时更加分散。这两种类型的损坏形式也发生变化。空心单丝的损坏是沿主轴向的纵向裂缝出现而开始的。随后就形成了一个由小纤维组成的不规则的网络，而到达完全损坏之前还要一些时间。空心单丝结构即使在由于磨损而造成局部的损坏后还能继续使用。

1.2.4　PEEK 超细纤维

超细纤维的定义说法不一，一般把纤维细度 0.3dtex(直径 5μm)以下的纤维称为超细纤维(图 1-6)。国外已制出 0.00009dtex 的超细丝，如果把这样一根丝从地球拉到月球，其质量也不会超过 5g。我国目前已能生产 0.13 ~ 0.3dtex 的超细纤维。

据文献报道[27]，德国德累斯顿聚合物研究所 H. Brünig 等人研制了微细 PEEK 纤维和超细PEEK 纤维。目的是制备与碳纤维细度(直径 7μm)匹配的 PEEK 纤维，并与碳纤维(Toray 东丽)混纺制备 CF/PEEK 混合纱线。微细纤维细度达到 1dtex(10μm)或 1.5dtex (12μm)。超细 PEEK 纤维细度则可达到 0.2dtex、0.1dtex 甚至 0.06dtex。但在纺制超细 PEEK 纤维(0.06dtex)时，纺丝过程不稳定，数秒内超细丝即破裂。

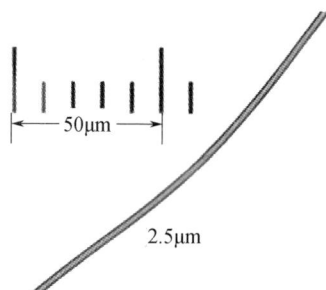

图 1-6　超细 PEEK 纤维丝
（直径约 2.5μm）

1. 微细 PEEK 纤维丝的制备

微细和超细 PEEK 纤维亦使用熔融纺丝法制备。其制备过程同普通 PEEK 纤维一致，但对物料供应量和卷绕速度有一定的要求。或者尽可能减少 PEEK 熔体输送量，或者尽可能提高 PEEK 丝条的卷绕速度。

PEEK 微细及超细纤维的制备使用的是如图 1-7 所示高温试验挤出纺丝设备，PEEK 树脂是 Victrex151G。当物料供应量恒定时，拉伸倍数、丝条细度依赖于卷绕速度，如图 1-8 所示。由于高温试验挤出纺丝设备最小物料熔体供应计量是 5g/min，配以 24 孔喷丝板，设定供应计量为 5.5g/min，则每孔物料熔体恒定供应计量为 0.23g/min。为了获得细度为 1dtex 的 PEEK 纤维，需要卷绕速度达到 2000m/min。而此时出现大量丝条破裂，纺丝过程不稳定。可见，通过提高纺丝卷绕速度制备细度 1dtex 的 PEEK 纤维并不可行。再如图 1-9 所示的是物料供应计量与纤维细度的关系。可以看出，减少每孔物料供应量可有效降低卷绕速度和获得相应细度(1dtex)的 PEEK 纤维。拉伸前和拉伸后的纤维细度依赖于恒定卷绕速度条件下的每孔物料供应量。试验中使用丝板孔数至少为

48 孔,实验结果在表 1 – 4 中示出,试验中再没有遇到可纺性问题。可见,制备微细 PEEK 纤维减少物料供给量比提高卷绕速度更有效。

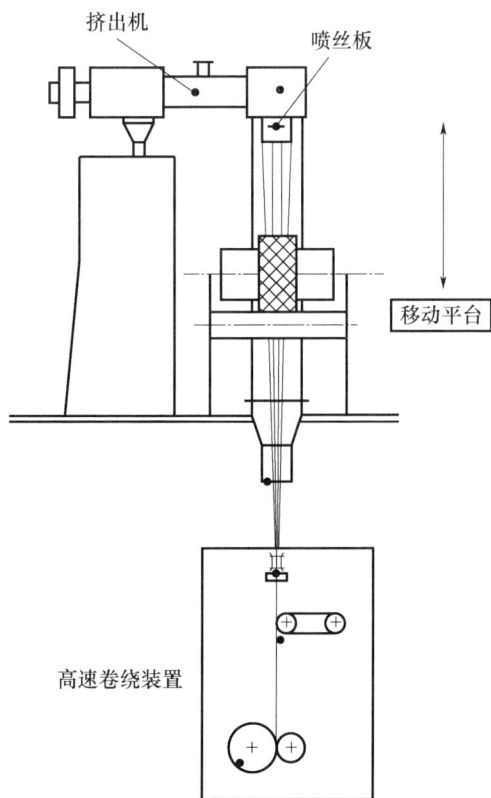

图 1 – 7　高温试验挤出纺丝设备示意图

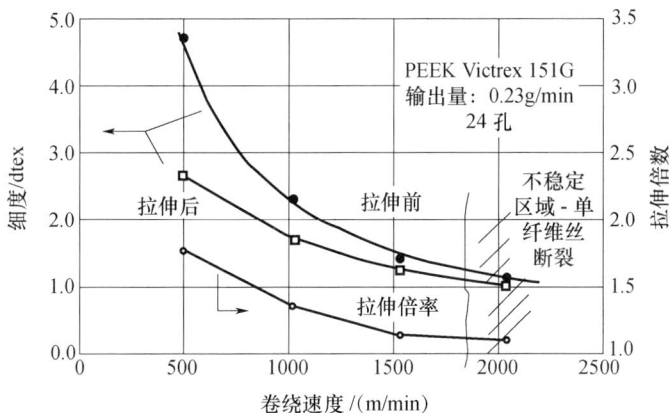

图 1 – 8　细度与卷绕速度的关系

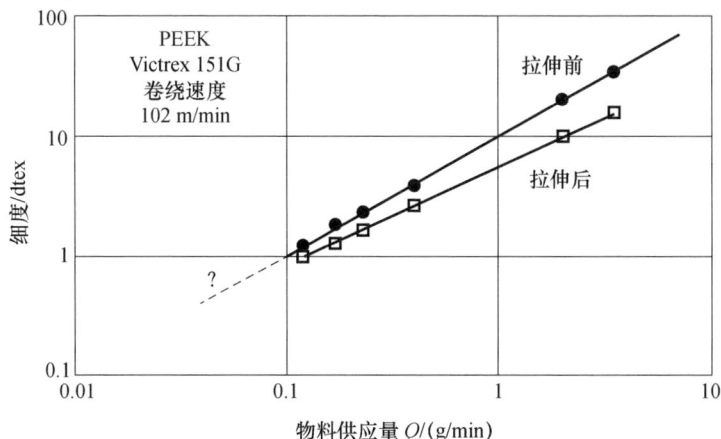

图 1-9　细度与物料供应量的关系

表 1-4　纤维细度为 1.5dtex 和 1.0dtexPEEK 丝的
熔融纺丝条件(PEEK Victrex® 151G)

	抽丝 1	抽丝 2
温度	400℃	400℃
卷绕速度	1500m/min	1500m/min
供料量(总体)	10.8g/min	7.2g/min
供料量(每单丝)	0.225g/min	0.15g/min
细度(总体)	7.2dtex f48	4.8 dtex f48
细度(每单丝)	1.5dtex	1.0dtex
直径	12μm	10μm

2. 超细 PEEK 纤维的制备

为了制备低于细度 1dtex 的超细 PEEK 纤维丝,减少物料供给量尤为必要。有研究报道[27],挤出纺丝试验设备物料供应计量最小为 5g/min,为了进一步得到更小的物料供给量,纺丝试验中使用了如图 1-10 所示的自控活塞圆筒装置。该装置是由可调节速度的驱动机构、可加热带活塞的圆筒和卷绕速度达到 1500m/min 的卷绕装置组成。此装置能够实现制备超细 PEEK 纤维丝所需要的 30mg/min 物料供给量——制备细度 0.2dtex 的 PEEK 纤维,也能实现 0.15mg/min 物料供给量(制备细度 0.1dtex 的 PEEK 纤维),甚至能实现向下拉

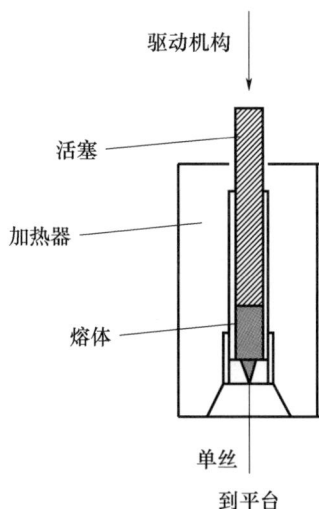

图 1-10　自控活塞圆筒装置示意图

伸比 DDR(丝板毛细孔截面与单纤维丝截面的比)大于9000。最细纤维丝达到直径2.5μm,细度为0.06dtex。但其纺丝过程不稳定,仅能持续数秒纤维丝便破裂。

1.3 PEEK 纤维的制备

1.3.1　PEEK 熔体的流变性能与可纺性

PEEK 树脂流变行为符合非牛顿型假塑性流体流变行为。PEEK 分子量对其熔点几乎无影响,但提高温度还是可以改善熔体的流动性。在低于350℃温度时,其熔体黏度很大,熔体流动性差。PEEK 分子量对熔体的流动性影响较大。分子量(特性黏数)对其流体稠度与流动行为指数都有影响。剪切速率对 PEEK 树脂熔体流动性的影响较大。试验证明[19,33,42,45,46],提高剪切速率,在适当温度范围(370~420℃),表观黏度明显下降,PEEK 熔体流动性改善,其可纺性提高。

1.3.1.1　PEEK 树脂的流变性能研究

1. 熔体流动指数(MFI)

工业生产中,熔融指数与高分子材料的加工性能、流变性能都有密切的关系,其中 MFI 与分子量、分子量分布之间关系是核心问题。随着聚合物分子量的增大,聚合物的 MFI 相应减小。从理论上讲,当聚合物分子量趋向于无穷大时,MFI 将趋于零;反之,MFI 趋于无穷大[55]。不同分子量 PEEK 树脂的 MFI 测试结果如图1-11所示。由表1-5可以看出,随着特性黏度的增大,即 PEEK 分子量增加,其 MFI 减小。

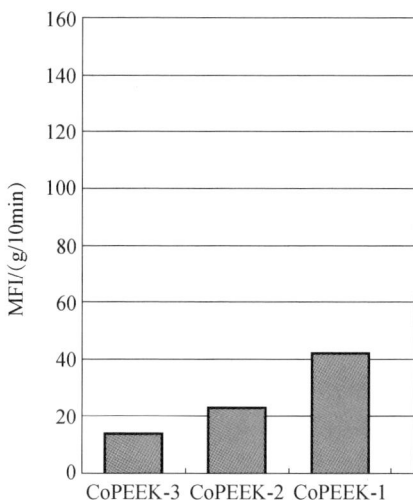

图1-11　不同牌号 PEEK 树脂的熔融流动指数

表 1 - 5 各牌号 PEEK 的熔体流动指数(MFI)与特性黏度

牌号	CoPEEK[①] - 1	CoPEEK - 2	CoPEEK - 3
MFI/(g/10min)	42	22	13
特性黏度	0.64	0.74	0.87
① 某牌号 CO - PEEK,无结构及其他物性含义			

2. PEEK 树脂的流动曲线

切应力与切变速率的关系曲线称为流动曲线。流动曲线按剪切速率可分为第一牛顿区($n=1$)、非牛顿区($n<1$)以及第二牛顿区($n=1$)。第一牛顿区在很低剪切速率下才能观察到[56]。而高聚物的第二牛顿区不容易到达,这是因为在高速剪切速率下,高聚物熔体会产生大量热量使温度升高,流动行为发生变化,而且在高剪切速率下,破坏了熔体流动的稳定性,会出现弹性湍流,使试验测量难以进行。因此,在一般的试验中,研究对象都是高聚物熔体的非牛顿区。图 1 - 12 是不同 MFI 的 CoPEEK 树脂的流动曲线。由测试范围内的各流动曲线能够看出,各型号 CoPEEK 树脂熔体呈现出较为典型的非牛顿流体行为,即当剪切速率增加到某一定值后,熔体黏度因剪切速率的增加而变小,熔体发生剪切变稀,表现出假塑性行为[57]。

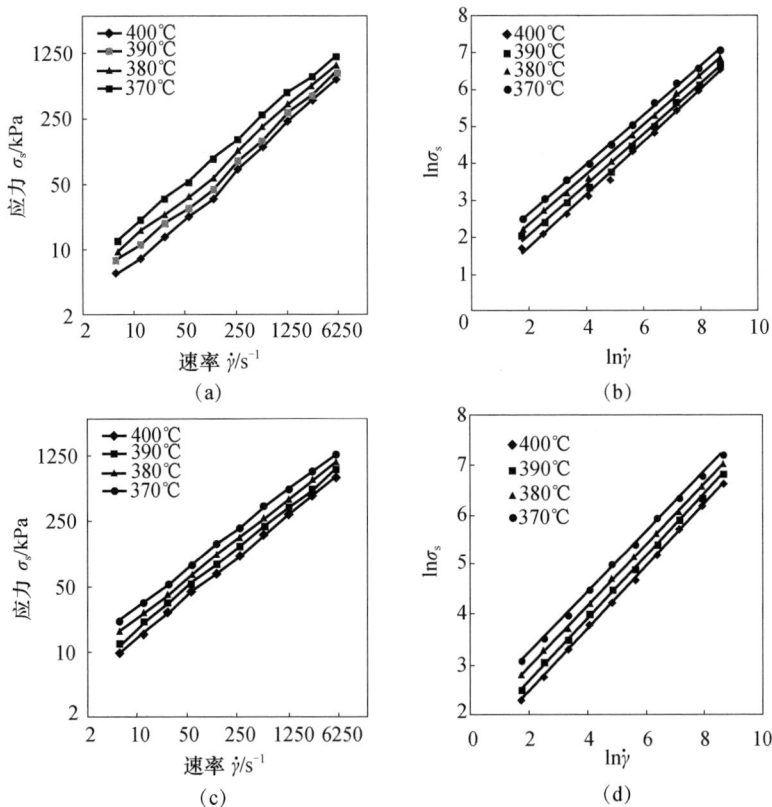

(a)

(b)

(c)

(d)

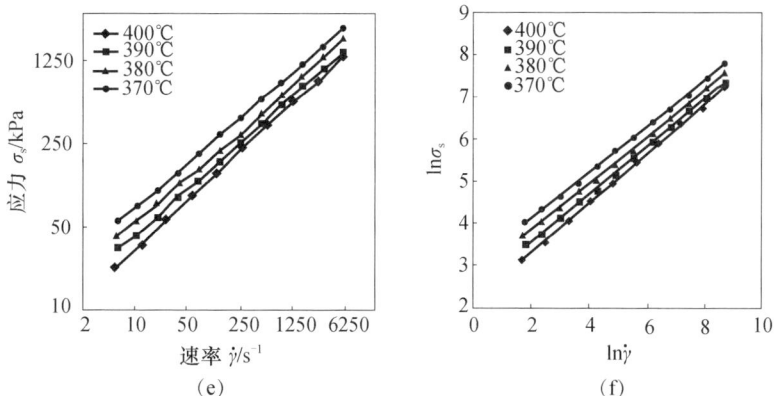

图 1-12　不同温度下的不同牌号 PEEK 树脂流动曲线和非牛顿指数计算
(a) CoPEEK-1；(b) CoPEEK-1；(c) CoPEEK-2；(d) CoPEEK-2；(e) CoPEEK-3；(f) CoPEEK-3。

假塑性流体的流动曲线都是非线性的,常用指数函数来表达剪切应力(σ_s)和剪切速率($\dot{\gamma}$)的关系,即 Ostwald-de Wale 幂律方程的经验公式:

$$\sigma_s = K \dot{\gamma}^n \tag{1-1}$$

式中　K——常数;

　　　n——表征偏离牛顿流动程度的指数,称为非牛顿性指数,也称为流动行为指数[57,58]。

依据流动曲线高切区直线部分的斜率,经计算得到非牛顿指数 n,其值表达的是聚合物熔体偏离牛顿流体的程度。n 值小,熔体的表观黏度随剪切速率的增加而下降越剧烈,剪切变稀越显著[61-63]。熔体的非牛顿指数是衡量熔体流变性的主要参数之一。由式(1-1)可得

$$\ln\sigma_s = \ln K + n\ln\dot{\gamma} \tag{1-2}$$

选择假塑性区域数据以 $\ln\sigma_s$ 对 $\ln\dot{\gamma}$ 作图,由线性回归可求得各试样的非牛顿指数 n,拟合曲线如图 1-12 (b)、(d)、(f) 所示,计算结果列于表 1-6。

表 1-6　不同温度下的 PEEK 树脂非牛顿指数

示例代码	非牛顿指数				
	370℃	380℃	390℃	400℃	$R^2$①
CoPEEK-1	0.665	0.679	0.681	0.715	>0.99
CoPEEK-2	0.601	0.609	0.617	0.631	>0.99
CoPEEK-3	0.549	0.559	0.566	0.593	>0.99
① 相关系数 R^2 检验					

能够看出,随着温度的提高,CoPEEK 的 n 值增大,CoPEEK 熔体的流动性提高,而弹性减弱,流体牛顿性增强。有研究解释升高温度可使熔体的自由体

积增加,分子间相互作用减弱,各个链段运动的能力增强,这使聚合物熔体的流动性能得到提高[57]。通过表 1 - 6 还可以看出,在同一温度下,CoPEEK 树脂的 n 值 CoPEEK - 3 < CoPEEK - 2 < CoPEEK - 1。这说明随着 MFI 的增加,CoPEEK 的 n 值也增加,即随着剪切速率的增加,熔体的表观黏度下降程度减弱,即剪切变稀现象减弱,此时熔体流动较为平稳,毛细管挤出物表面光滑。

3. PEEK 树脂的流变性能

高分子熔体在很低的剪切速率时能够表现为牛顿流体流动行为,剪切速率增加到某一值时会出现剪切变稀现象。高分子熔体可看作一个物理交联网络。各物理交联点由于高分子的热运动,不断地解体并不断地形成,位置不断变化。由于这个物理交联网络不断地变化,这种网络因此被视为"瞬变网络"。网络结构内部的缠结程度和分子间的相互作用决定了聚合物的流变特性。在低切变速率区,被剪切破坏的物理交联点来得及重建,表现出牛顿流体行为。切变速率增高到一定程度(临界剪切速率),物理交联点的破坏速度大于其重建速度,网络结构遭到破坏,链段沿流动方向取向,摩擦力减小,熔体黏度降低,熔体表现出剪切变稀行为。在多数试验中,由于很高剪切速率导致熔体黏性发热和流动的不稳定性,第二高剪切牛顿区很难达到[59]。

有研究表明,在不同实验温度下不同熔融指数的 CoPEEK 熔体的表观黏度均呈现出较为一致的趋势,即表观黏度均随着切变速率的增大而下降,但下降速度有所不同,高 MFI 的 CoPEEK 熔体表观黏度下降速度均较小。随着实验温度的提高,较低 MFI 的 CoPEEK 熔体的表观黏度在低切变速率时明显变小,不同 MFI 的 CoPEEK 熔体的表观黏度之间的差异变小。在纺丝过程中,切变速率与纺丝温度相对应,纺丝温度不同,所使用的切变速率也不同。在特定的纺丝温度下,切变速率应选在表观黏度随切变速率变化较小的区域。对于不同 MFI 的 CoPEEK,这种纺丝温度和切变速率的匹配范围是不同的,高 MFI 的 CoPEEK - 1 可选范围较宽,这说明其具有较好的可纺性。

由图 1 - 13 可以看出,随着温度的升高,不同 MFI 的 PEEK 表观黏度均降低。在相同的温度下,MFI 指数越小,其相应的表观黏度越高,熔体流动性越差。随着剪切应力的增大(图 1 - 13(a) ~ (d)),较低 MFI 的 CoPEEK - 3 的熔体表观黏度下降幅度较大,而高 MFI 的 CoPEEK - 1 的熔体表观黏度下降最小。由于较高 MFI 的 CoPEEK - 1 的流动性好,且随着温度、剪切应力的变化较小,这意味其具有较好的可纺性。随着 MFI 的降低,在同一温度下的 CoPEEK 的流变曲线向高黏度区推移。研究解释这是因为大分子的黏性流动虽然是链段运动的总和,但实际上分子链之间还是发生了相对位移。分子量越大,内摩擦阻力越大;分子链越长,分子链本身的热运动能力越差,整个分子向某一方向运动越受阻碍[65]。因此表现出随分子量的增加,表观黏度增大,剪切速率对其影响较大。此外,在 CoPEEK 合成和加工过程中部分苯氧阴离子(PO)端基引起支化和交联副反应,导致分子结构和性能上有很大差别,这是影响 CoPEEK 流动性的重要因素[60]。而在合成高分子量的 CoPEEK 树脂时,伴随副反应发生程度较高,存在一定的支化交联结构,这也使得分子量高的 CoPEEK 树脂表现出较大的剪切敏感性。

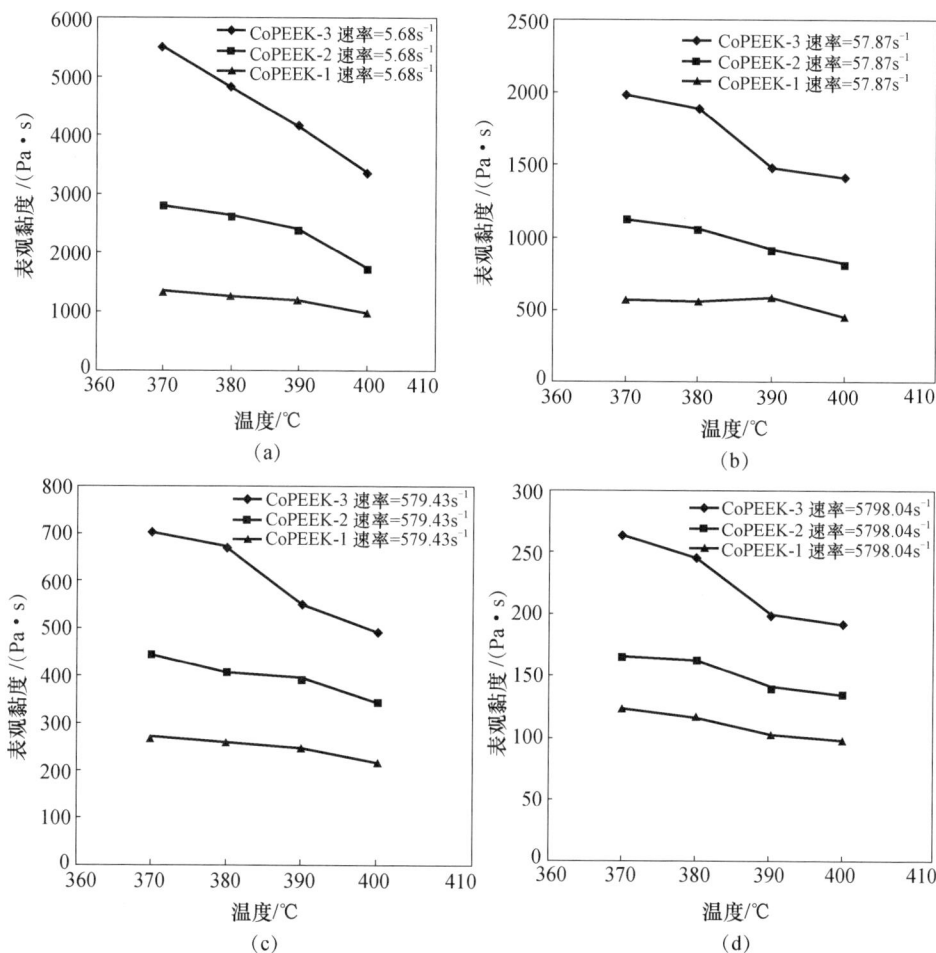

图 1-13 不同剪切速率的 PEEK 树脂熔体剪切黏度和温度变化关系

4. PEEK 树脂的黏-温敏感性

高聚物熔体在流动温度时,高聚物的黏度与温度的关系符合式(1-3)的关系。熔体由于自由体积随温度的升高而增加,其链段的活动能力增加,分子间的相互作用减弱,致使高聚物的流动性得到提高。随着温度的升高,熔体黏度以指数函数形式下降。温度成为高聚物加工中非常有效地调节黏度的手段。聚合物熔体黏度 η 与温度的关系可用 Andrade 方程[60]描述：

$$\eta = Ae^{\Delta E_\eta/RT} \tag{1-3}$$

式中　A——常数；

　　ΔE_η——黏流活化能，是分子向孔穴跃迁需要克服的周围分子的作用能量。

依据不同温度测得的熔体黏度，令 $\ln\eta$ 对 $1/T$ 作图，再进行线性回归可得到直线及其斜率，进而计算出 ΔE_η。

$$\ln\eta = \ln A + \frac{\Delta E_\eta}{RT} \tag{1-4}$$

高聚物材料的熔融加工受黏 – 温敏感性影响较大。黏 – 温敏感性大的材料，在温度升高时，其熔体黏度下降急剧，易通过提高温度的方法来改善材料的流动性，但由于黏 – 温敏感性大，在加工时更需要严格控制加工温度，加工条件比较苛刻；黏 – 温敏感性小的材料，一般多采用强剪切的方法改善其流动性。一般使用黏流活化能 ΔE_η 来表征材料的黏 – 温敏感性，ΔE_η 越大，材料的黏度对温度越敏感；ΔE_η 的基本物理含义是分子链段向"空穴"跃迁时所要克服的位垒，因此 ΔE_η 大小也表征了材料流动性的优劣。

由表 1 – 7 中数据可以看出，CoPEEK 的 ΔE_η 具有强烈的剪切速率依赖性，增加剪切速率，各型号树脂的 ΔE_η 减小，流动性变好，对温度的敏感性下降，这是"剪切变稀"熔体所共有的性质。由表 1 – 7 还可以看出，对于 CoPEEK，ΔE_η 随着 MFI 的减小而增大，这说明分子量大的 CoPEEK 树脂对温度的敏感性强，如果想使其具有良好的流动性，那么则需要升高其熔融温度。

表 1 – 7　不同剪切速率下的 PEEK 黏流活化能

示例代码	温度/℃	$\Delta E_\eta/(kJ/mol)$			
		$5.7s^{-1}$	$57.9s^{-1}$	$579.4s^{-1}$	$5797.5s^{-1}$
CoPEEK – 1	370 ~ 400	35.03	30.34	25.78	22.71
CoPEEK – 2	370 ~ 400	43.26	39.86	31.04	27.56
CoPEEK – 3	370 ~ 400	48.92	42.11	36.67	31.39

1.3.1.2　分子量及纺丝温度对可纺性的影响

不同分子量及其分布的 PEEK 树脂具有不同熔体流动指数（MFI），而这些不同 MFI 的 PEEK 树脂在不同温度下的流动性能各异（相关阐述在前面章节中已论述，在此不赘述）。而高 MFI 的 PEEK 具有较好的流动性，但其物理力学性能相对较差，而低 MFI 的 PEEK 树脂则具有较好的物理力学性能，但可纺性一般。由于 PEEK 大分子中有大量的内旋转位能较低的醚键,链段间相互缠结严重,造成聚合物的熔体黏度较高,纺丝时需要较高的温度,以提高链段的活动性和 PEEK 的流动性[66-68]。PEEK 可纺性的重要影响因素之一就是纺丝温度。如果纺丝温度过低,树脂熔体流动性较差,就不能形成稳定流动,导致丝条直径不均匀,纤维细度产生较大波动,严重时会造成熔体破裂,导致纺丝过程产生毛丝和断头,致使纺丝进程时而中断,不能正常纺丝。所以在 PEEK 纺丝过程中经常提高纺丝温度以降低其熔体黏度,但过高的温度又容易引起聚合物的交联、降解,而影响纤维的可纺性、外观以及物理力学性能。

1.3.2　PEEK 纤维纺丝设备

由于 PEEK 没有合适的溶剂,国内外主要是采用熔融纺丝方法制备 PEEK 纤维。

1. 纺丝熔体的制备

在 PEEK 纤维生产中,主要使用螺杆挤出机进行纺丝。采用螺杆挤出机熔融成纤高聚物,具有如下优点:

（1）由于螺杆不断旋转,推料前进,使传热面不断更新,提高了传热系数,使切片熔融过程强化,提高生产效率。

（2）螺杆挤出机能够强制输送各种黏度较高的熔体,适用于高黏度熔体纺丝。

（3）螺杆旋转输送熔体,熔体被塑化搅拌均匀,在机内停留时间较短,一般为 3~5min,有效减小了熔体热分解的可能性。

用于熔纺合成纤维生产的主要是单螺杆挤出机,其结构见图 1-14。

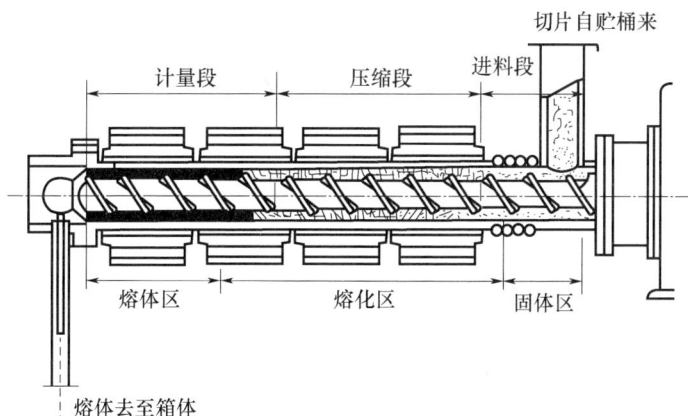

图 1-14　单螺杆挤出机结构简图[69]

1—螺杆;2—套筒;3—弯头;4—铸铝加热圈;5—电热棒;

6—冷却水管;7—进料管;8—密封部分;9—传动及变速机构。

根据螺杆中物料前移的变化和螺杆各段所起的作用,通常把螺杆的工作部分分为三段,即进料段、压缩段和计量段[70]。各段长度与被加工物料的性质有关。聚合物切片从料筒靠自重进入螺杆的螺槽中,螺杆由电动机带动在套筒中回转,推动物料在螺槽中向前移动。在进料段的物料基本上保持颗粒状态。在这一段的起始部分需要用水冷却,以防止物料过早地熔化发生黏结,影响正常进料,后半部为预热区。物料吸收套筒外部电热器所供给的热量,开始软化并部分熔融。在压缩段中,螺槽逐渐由深变浅,已预热的物料因连续加热而发生熔融同时被压缩,并把夹带的空气向进料段的方向排出。到计量段内,被压缩的熔体进一步混合并塑化,达到一定温度后以一定的压力定量地输送到箱体中进行纺丝。物料在螺杆挤压机内受温度和压力的作用,黏度和结构发生复杂的变化,在特别情况下还可能发生化学变化。

2. 高温熔融纺丝机的基本结构

由于 PEEK 具有较高的熔融温度(343℃),因此其纺丝设备各部件除具有耐高温性(>500℃)外,和普通熔融纺丝机的基本结构是一致的。由于目前国内耐高温纺丝设备研究发展的局限性,PEEK 高温熔融纺丝设备一般订制。其基本结构包括:

(1)高聚物熔融装置:单螺杆挤出机。

(2)熔体输送、分配、纺丝保温装置:弯管、计量泵、纺丝头组件及纺丝箱体部件。

(3)丝条冷却装置:纺丝窗及冷却套筒。

(4)丝条收集装置:卷绕机或受丝机构。

如图 1 - 15 所示,这些构成部分的结构并非一成不变,为制取高质量的卷绕丝,各部分结构仍在不断改进。

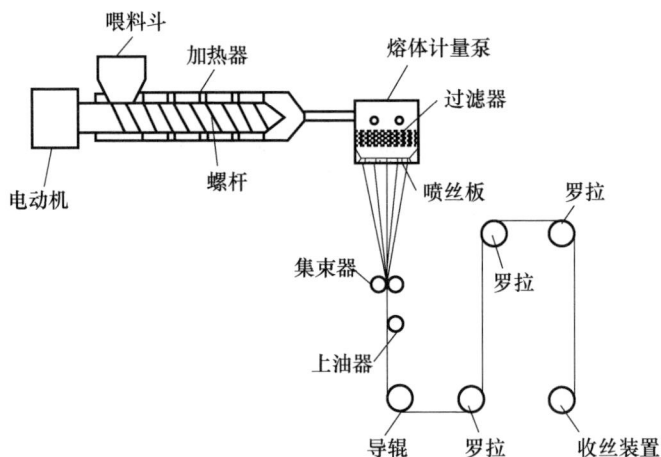

图 1 - 15　高温熔融纺丝机结构简图

1）纺丝箱体及纺丝组件

（1）纺丝箱体的加热。为了加热均匀和便于调节加热温度，电热棒在箱体内按组排列，可分成基本加热、辅助加热和调节加热分别加以控制，确保喷丝板前熔体温度均匀。

（2）纺丝头组件。纺丝头组件是喷丝板、熔体分配板、熔体过滤材料及组装套的组合件。其基本结构包括两部分（图1－16）：一部分是喷丝板、熔体分配板和熔体过滤材料等零件；另一部分是容纳和固定上述零件的几个组套装。纺丝头组件是熔体纺丝成型前最后通过的一组构件，除确保熔体过滤、分配和纺丝成型的要求外，还应满足高度密封、拆卸方便和固定可靠的要求。

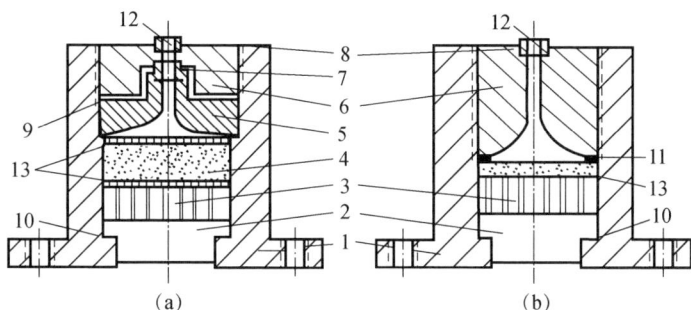

图 1－16　纺丝组件结构示意图

（a）高压式；（b）低压式。

1—组件壳体；2—喷丝板；3—耐压分配板；4—过滤材料（20、40、60 目/英寸）；5—自封压板；
6—螺纹压板；7,8—铝填圈；9—圆形铝密封环；10,11—薄形铝填圈；12—熔体进口；
13—过滤网（400、6000、10000 孔/cm^2）。

纺丝头组件的作用如下：一是过滤熔体，去除熔体中可能夹带的机械杂质与凝胶粒子，防止堵塞喷丝孔眼，延长喷丝板的使用周期；二是使熔体能充分混合，防止熔体发生黏度的差异；三是把熔体均匀地分配到喷丝板的每一小孔中去形成熔体细流。

2）计量泵与喷丝板

计量泵与喷丝板是化纤生产中使用的两个高精密度标准件，是纺丝过程中的关键性机件。熔纺计量泵均采用齿轮泵，其流量的准确性和均匀性以及喷丝板孔的精度，均直接影响成型纤维的质量。成纤高聚物熔体经计量泵以准确的计量送至喷丝头组件，再从喷丝板上的喷丝孔挤出完成纤维成型。

（1）计量泵。PEEK 熔体纺丝用计量泵属于耐高温高压齿轮泵类型，纺丝用齿轮泵为 JRG 型熔体计量泵。齿轮泵的结构比较简单，如图 1－17 所示，主要是由一对齿轮和三块板、联轴节等组成。这是单进液孔、单出液孔的计量泵，泵轴的轴头插在联轴节一头的槽中,转动轴转动时,主动齿轮被联轴节带动传动,从而使一对齿轮啮合而运转。联轴节装在轴套内,用压盖及内六角螺钉固定在泵板上,一对齿轮密封装在中间板的"8"形孔与上下板之间,借三块板之间高精度平面密合而不是用垫片来实现密封,可防止熔体渗漏。三块板用沉头内六角螺钉连成一体,整个泵通过三块泵板的四个(或六个)孔用螺钉连接在泵体上。为了适应多头纺的要求,可采用多层、多出液孔的计量泵,不仅简化泵的传动装置,而且成倍提高纺丝产量。

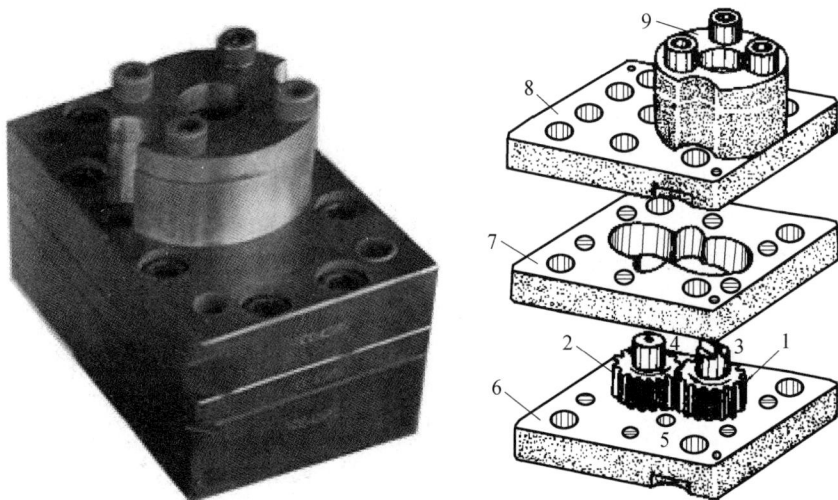

图 1-17　JRG 型熔体计量泵及其结构

1—主动齿轮;2—从动齿轮;3—主动轴;4—从动轴;5—熔体出口;

6—下盖板;7—中间板;8—上盖板;9—联轴节。

(2)喷丝板。喷丝板的形状有圆形和矩形两种,圆形喷丝板加工方便,容易密封,所以使用比较广泛。矩形喷丝板主要用于纺制短纤维。PEEK 长纤纺制采用圆形喷丝板。

喷丝孔的几何形状(图 1-18)直接影响熔体的流动特性,从而影响纤维成型。喷丝孔通常由导孔和毛细孔两段构成,除纺异形丝的喷丝孔外,毛细孔都是圆柱形的,导孔则有圆筒漏斗形(图(a))、圆筒平底形(图(b))、圆锥形(图(c))和双曲面形(图(d))等。最常见的是圆形导孔,其加工最方便;但为了控制熔体流动的切变速率和获得较大的压力差来源,还是圆锥形和双面形导孔为好,其加工较困难。

喷丝孔的直径根据成纤高聚物熔体在喷丝孔流动的剪切速率梯度确定。一般说来扩大孔径,挤出胀大现象减轻,因此对高黏度熔体的纺丝较为有利。若毛细孔长度不变,扩大孔径,效果就不明显,这是由于熔体的应力松弛情况与喷丝

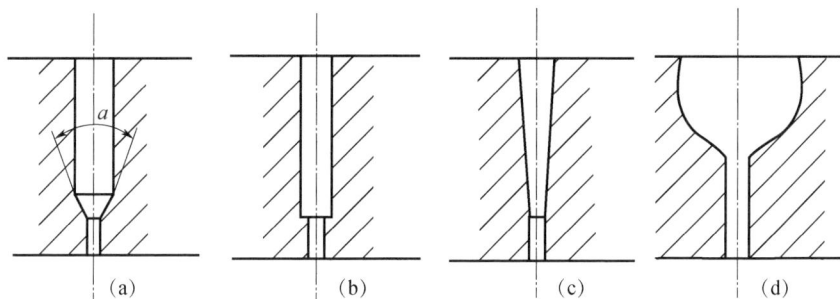

图 1-18 喷丝孔的几何形状

孔的长径比 L/d 密切相关。毛细孔加长,使熔体在流过毛细孔时产生更大的压力降和建立比较稳定的流动状态,使熔体自内部产生均匀温升,有助于熔体温度、黏度和压力的稳定。应该指出,长径比的提高固然有许多优点,但必然会给喷丝板的加工制造和清洗工作带来更大困难。

喷丝板孔眼的排列方式首先应考虑使各根纤维都有均匀一致的冷却条件;且应使熔体流动分配均匀,这样才能保证出丝均匀,透气良好,这对多孔短纤维喷丝板尤为重要;还应考虑孔眼的增多不使喷丝板强度削弱。孔眼的排列有同心圆、菱形、星形等形式。

3)丝条冷却装置

从喷丝孔喷出的熔体细流经纺丝吹风窗和冷却套筒,向周围空气放出大量凝固热,为此必须进行对流热交换。纺丝吹风窗使丝条在冷却过程中只受到定向、定量和定质的空气流冷却,冷却速度均匀一致,使纤维在连续成型中凝固位置固定,不受周围气流的影响。吹风形式主要有两种,即侧吹风和环形吹风。

(1)侧吹风。目前 PEEK 长丝纺丝常采用侧吹风进行丝条冷却,侧吹风窗的结构如图 1-19 所示。采用侧吹风时,空气直接吹在纤维还未完全凝固的区域,并与纤维成垂直方向,故传热系数高,冷却效果好。但往往不够均匀,尤其是单根纤维根数较多时,位于侧吹风侧和背风侧的冷却条件差异较大,因此侧吹风装置只适用于生产纤维细度较低的复丝。

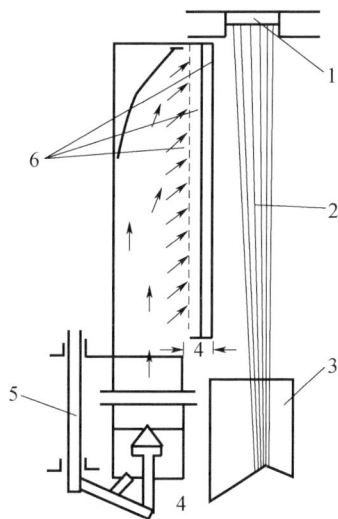

图 1-19 侧吹风窗的结构示意图

1—喷丝板;2—丝束;3—甬道;
4—风量调节阀;5—调节丝杆;
6—过滤材料。

(2)环形吹风。环形吹风是从丝束周围吹向丝条,可克服凝固的丝条偏离垂直位置产生的弯曲,甚至相互碰撞黏结与并丝等缺点。图 1-20 为一种结构较为简单的环形吹风装置。还有一种径向吹风装置,该装置是在圆形喷丝板中间的无孔区,自下方插入一个圆筒,圆筒壁系多孔材料制成(多孔青铜或多孔不锈钢),吹入空气能使所有的丝条均匀冷却。在采用900～1000孔甚至更多纺丝孔的喷丝板生产短纤维时,这是一种简单有效的均匀冷却方法,如图1－21所示。

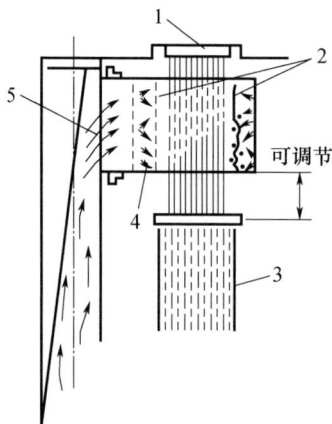

图1－20　环形吹风装置示意图
1—喷丝板;2—多孔环状板(2－多孔圆筒);
3—提拉套筒;4—吹风环;5—过滤材料。

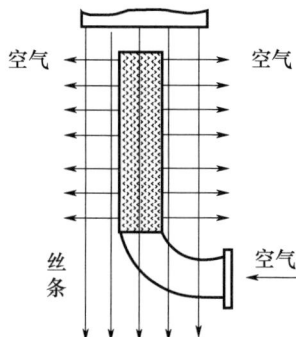

图1－21　径向吹风装置

（3）甬道。甬道的作用在于保证纤维不受损伤并继续冷却,甬道通常由铝制的圆筒或矩形管制成。

4）卷绕装置

成型的丝条经纺丝室和甬道冷却固化后,几乎是完全干燥的,为避免产生静电,并进行正常的卷绕,必须先行给湿和上油,然后按照一定规律卷绕。根据卷绕加工的特点,卷绕形式各异。长丝一般卷绕成筒,而短纤维则盛于大型条桶中。因此,卷绕机由上油机构、导丝机构和卷绕机构三部分组成。

（1）上油机构。PEEK高温熔融纺丝机的上油机构由油剂嘴、油剂槽、油剂泵和驱动电机及油剂管路组成。喷油嘴与丝条轻微接触,给经过其上的丝条上油。

（2）导丝机构。导丝盘(辊)也称纺丝盘,纺丝速度就是指导丝盘转动的线速度,丝的卷绕也应与它同步进行(无拉伸)。纺丝速度是纺丝成型过程中的重要参数,对丝条张力、丝条运动速度和温度分布有重要影响。

（3）卷绕机构。卷绕机主要用于初生纤维的卷绕成型。

长丝卷绕机的结构由往复机构、筒管及其传动装置组成,将卷绕丝卷成筒子形式(图1－22)。

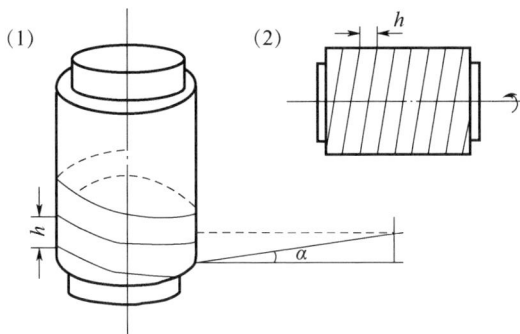

图 1－22　卷绕成型
(1)等升角卷绕;(2)等螺距卷绕。

1.3.3　PEEK 纤维纺丝工艺

PEEK 纺丝过程中有许多参变数,这些参变数决定纤维形成的历程和纺出纤维的结构和性质。

1.3.3.1　纺丝温度的选择与控制

熔体流出喷丝板孔道前的温度 T_s 称为纺丝温度或挤出温度。T_s 高于结晶高聚物的熔点 T_m。PEEK 的分子量、熔体温度与熔体黏度之间有一定依赖关系。PEEK 熔体黏度大,流动性差,其可纺性较差,而温度过高又易产生热降解,出现气泡,给纺丝成型带来困难,因此须选择合适的温度使熔体具有纺丝所需要的黏度。PEEK 的熔点为 343℃,PEEK 纺丝时,通常熔体温度比熔点高约 20 ~ 60℃,即为 360 ~ 400℃,不宜超过 410℃。纺丝熔体温度的提高是有一定限制的,它主要受到高聚物热裂解温度(T_d)和熔体黏度的限制。因此,选择纺丝熔体温度时应满足下式:

$$T_d > T_s > T_m(\text{或 } T_f)$$

PEEK 熔体温度应根据分子量、纺丝速度、喷丝板孔径及纤维细度等因素决定。此外,切片中添加抗氧剂或惰性气体等保护措施,以提高 PEEK 熔体的热稳定性,即提高了分解温度 T_d,从而扩大熔体温度选择的范围。为了确保熔体均匀,应该控制切片干燥均匀,在熔融和纺丝过程中杜绝与氧气接触,防止熔体氧化裂解,严格控制各加热区的温度,尽量减少加热温度波动。

1.3.3.2　喷丝条件与控制

为确保纺丝成型正常进行,要求熔体计量泵供料恒定,喷丝头组件结构合理,喷丝板质量良好,且熔体压力适宜与稳定。

1. 泵供量

计量泵供料量的精确性和稳定性直接影响成丝的纤维细度及其均匀性。熔纺计量泵的泵供量除与泵的转数有关,还与熔体黏度、泵的进口熔体压力等因素有关。有资料显示,当螺杆与纺丝泵间熔体压力达到2MPa以上时,泵供量与转速成直线关系,而在一定转速下,泵供量为一恒定值,不随熔体压力而改变。

螺杆的挤出量随挤出压力的大小而改变。当螺杆挤出量稍大于计量泵的输出量(总泵供量)时,二者之间产生一定的熔体压力,螺杆挤出量会相应地下降平衡(逆流量增加),熔体压力随着二者之间差值大小而改变。因此,若使泵供量恒定,就必须保持一定的熔体压力,亦要求螺杆转数一定,熔体挤出量恒定。

螺杆出口处装有压力传感器,以显示螺杆出口压力。为确保熔体压力与泵供量稳定,采用机头压力传感器与挤出机传动电动机相连,并接入速度负反馈电路。当主电动机转速下降时,测速电机电压下降,电流减小,此时晶闸管整流的输出电压上升,相反则形成负反馈,使电动机转速又复上升。这可减少由于进料原因而造成的螺杆转速波动,减小机头处压力波动,有利于稳定主电动机的转速,从而保证出口熔体压力稳定。

2. 喷丝头组件结构与质量

喷丝头组件的结构是否合理和喷丝板质量好坏,以及喷丝板清洗和检查工作的优劣,均对纺丝及纤维质量有较大影响。

由于喷丝毛细孔径很小,若熔体内夹有杂质,易使喷丝孔堵塞,产生"注头丝""细丝""毛丝"等疵病。所以熔体在进入喷丝孔前,应先经仔细过滤,可用粗细不同的多层不锈钢丝网作为过滤介质,也可以采用石英砂或金属砂和不锈钢丝网组合作为过滤介质,这样可以强化过滤,增加和稳定熔体压力,改善纤维细度不匀率。为了纤维成型良好,应使熔体均匀稳定分配到每一个喷丝孔中去,这个任务由喷丝头组件内耐压(扩散)板、分配板及过滤网、滤砂等来完成,尽可能使组件内储存熔体的空腔加大,保证喷丝板上熔体压力均匀,喷丝良好。

纺丝成型时,喷丝头组件要承受很高的压力,即采用常压纺丝工艺,组件内压力也达到10MPa,而采用高压纺丝工艺时,组件内压力高达20～50MPa。因此,组件可采用各层铝垫圈(或铜垫圈)或包边滤网,起严格密封作用。组件组装后,用油泵或机械外力压紧,以防"漏浆"。组件与泵体熔体出口处相接的铝垫圈(或铜垫圈),其质量和安装是否密封,对防止"泛浆"有重要影响,应充分注意。

在纺丝成型操作中,喷丝板板面温度应控制适当。若温度过高,会使熔体出喷丝板孔时黏附在拌面上,形成"注头丝";若温度过低,会使挤出时熔体破裂,形成"硬丝"。

1.3.3.3 丝条冷却固化条件

熔体纺丝时熔体细流自喷丝孔喷出后,在空气介质中冷却凝固成型,是一个单纯的物理过程(传热和受力变形),一般无化学变化。丝条冷却固化条件对纤维结构和性能有决定性影响。PEEK 纺丝温度较高,为提高其熔体细流的冷却速度及其均匀性,生产中常采取冷却吹风。

1. 冷却吹风

冷却吹风可加速熔体细流冷却速度,有利于提高纺丝速度;而且加强了丝条周围空气的对流,使内外层丝条冷却均匀,为采用多孔喷丝板创造了条件;冷却吹风使初生纤维质量提高,拉伸性能好,有利于提高设备的生产能力。尤其在纺织异形纤维时,采用急骤吹风冷却,有利于纤维异形截面的形成。

冷却吹风方式主要分为直吹风和横吹风两大类。直吹风是冷风和纤维平行流动,又分为顺流型上吹风和逆流型下吹风;横吹风是冷风吹向纤维或以一定角度吹向纤维的一种形式,它又分为单面侧吹风、双面侧吹风及环形吹风等不同方式。在纺长丝时,由于喷丝板孔数少,比较容易达到均匀冷却,多采用单面侧吹风。

2. 热甬道徐冷作用

有研究表明,热甬道对 PEEK 熔体纺丝有一定的影响。由于 PEEK 纺丝温度高,与室温的温差非常大,熔体从喷丝板被挤出后将迅速降温,流动性快速下降,处于拉伸变形区的 PEEK 丝条有可能处于流动性不良的高弹态,使得在一定初始拉伸倍数下形成的初生丝具有较高程度的分子取向,不利于后加工的进行。研究表明,在喷丝板下方加装热甬道,可改善初生丝的取向结构,提高可拉伸性。热甬道温度较高时,拉伸区的熔体丝条仍处于较好的流动状态,所得初生丝无分子取向,具有好的拉伸性能,有利于制造高强度的纤维(表 1 - 8)。

表 1 - 8　热甬道对初生丝结构、拉伸性能及纤维力学性能的影响

实验条件	初生丝取向因子	最大拉伸倍数	断裂强度/(cN·dtex^{-1})	断裂伸长率/%	初始模量/(cN·dtex^{-1})	拉伸丝取向因子
无热甬道	0.150	2.4	4.8	19.7	330.5	0.754
有热甬道	0.053	3.2	6.0	12.7	484.1	0.781
注:初生丝卷绕速度500m/min,纤度17.6dtex,拉伸温度270℃						

研究者还称,有热甬道时所得初生丝的取向度较无热甬道时要小,在同样的拉伸条件下,其所能达到的最大拉伸倍数较无热甬道时的初生丝要大,且所得纤维的物理力学性能也更好。两种方式所得的初生丝的 X 射线衍射图差异不大,根据文献给出的无定型 PEEK 的 X 射线衍射图,两者结晶度均可视为 0,如图 1 - 23 所示。由表 1 - 9 数据可知,热甬道温度较高时,所得初生丝的取向因子较小,基本接近于 0,初生丝具备更好的拉伸性能,有利于制备更高强度的 PEEK 纤维。

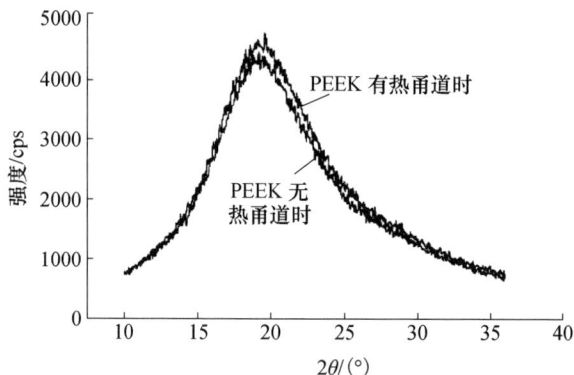

图 1 - 23　PEEK 初生丝的 X 射线衍射图

表 1 - 9　不同热甬道温度、不同卷绕速度对初生丝取向因子的影响

卷绕速度 /(m · min⁻¹)	热甬道温度/℃	
	280	300
300	0.080	0.002
500	0.122	0.053
700	0.224	0.066

1.3.3.4　卷绕工艺条件

1. 纺丝(卷绕)速度

卷绕速度也可称为纺丝速度,是影响卷绕丝预取向的重要因素。纺丝速度越高,纺丝线上的速度梯度也越大,且丝束与冷却空气的摩擦阻力提高,致使卷绕丝分子取向度高,双折射增加,后拉伸倍数降低。有研究表明,PEEK 复丝纺丝速度在 110m/min 以下时,其双折射率随着纺丝速度的提高而迅速增加。当大于 110m/min 纺丝速度时,其双折射率继续随着纺丝速度提高而提高,如图 1 - 24 所示。纺丝速度低于 110m/min 时,结晶(结晶区)取向度随着纺丝速度的提高而急剧增加。当纺丝速度达到 460m/min 时,结晶取向度达到饱和值(约 0.89)。非晶区双折射率值可由下式计算获得:

$$\Delta n = X \cdot \Delta n_c + (1 - X) \cdot \Delta n_a$$
$$\Delta n_c = f_c \cdot \Delta n_c^0 \tag{1 - 5}$$

式中　Δn——纤维试样的双折射率值;

Δn_c^0——结晶区极限双折射率值(0.321);

f_c——极限结晶取向度(约为 0.89)。

卷绕速度(纺丝速度)为 110m/min 以上时,纤维结晶区的双折射率值为 0.249 ~ 0.286,而非结晶区的双折射率值为 0.023 ~ 0.029,结晶取向因子如图 1 - 25 所示。

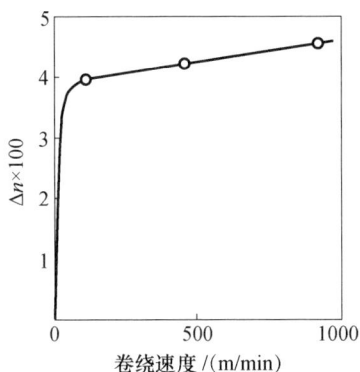

图 1 - 24　PEEK 初生丝的卷绕
速度与双折射值的关系

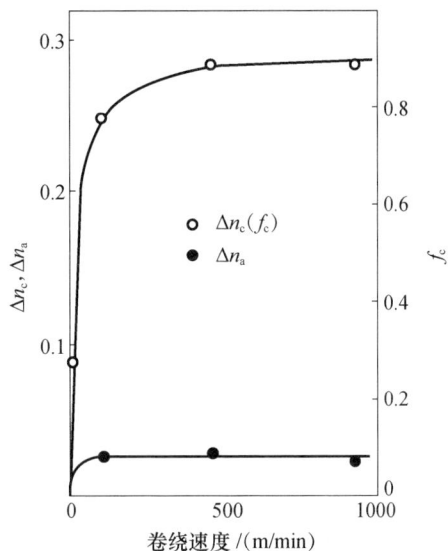

图 1 - 25　PEEK 初生丝结晶区和无定型
对双折射值贡献与卷绕速度的关系，
以及结晶取向因子

　　此外，卷绕速度对初生纤维的冷结晶温度和熔点也有一定影响。图 1 - 26 所示为自由落丝以外的初生纤维的冷结晶温度（T_c），熔点（T_m）与纺丝（卷取）速度的变化关系。随着纺丝（卷取）速度增加，初生纤维的冷结晶温度（T_c）略呈下降，而熔点（T_m）则呈现上升趋势。冷结晶温度（T_c）的变化主要归因于纤维分子取向变化。纤维分子的取向提高使冷结晶温度降低。

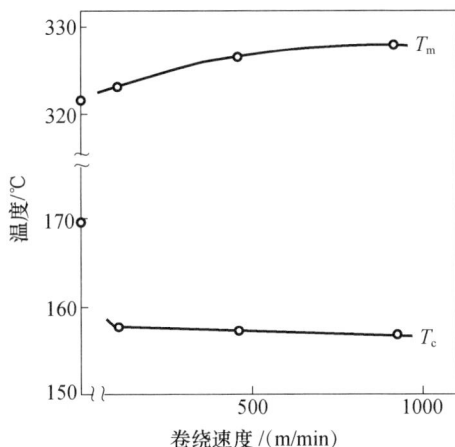

图 1 - 26　PEEK 初生丝的熔融温度和冷结晶温度与卷绕速度的依赖关系

　　纺丝速度也直接影响初生纤维丝的力学性能。由图 1 - 27 可以看出，随着纺丝速度的增加，初生纤维丝的断裂伸长率下降，而拉伸强度和拉伸模量上升。

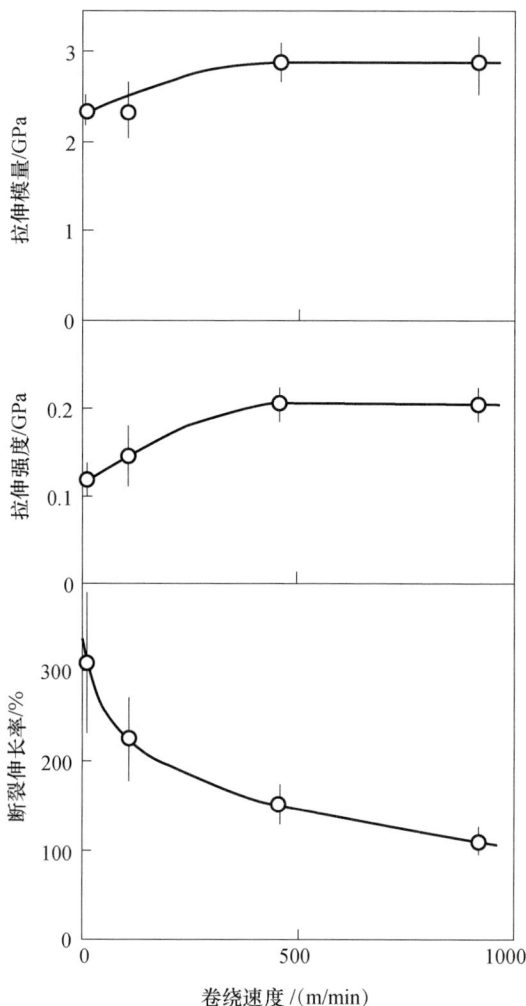

图 1-27　PEEK 初生丝的拉伸强度、拉伸模量和断裂伸长率对卷绕速度的依赖关系

纺丝速度对纤维结构与性能有较大影响，因此纺丝速度的选择与控制对 PEEK 加工具有重要意义。

2. 喷丝头拉伸比

喷丝头拉伸比是指第一导丝盘速度（约等于卷绕速度）与熔体喷出线速度之比。有文献表明，由于喷丝头拉伸是在熔体细流尚未固化的状态下发送的，此时大分子取向由于热松弛的原因大部分是可逆的，故喷丝头拉伸对卷绕丝预取向的影响不明显，但它仍然对最大拉伸倍数有一定的影响。有研究表明，随着喷丝头拉伸比的增大，所得初生丝的取向度增大，最大拉伸倍数减小，所得纤维的物理 - 力学性能下降，如表 1-10 所列。

表 1-10　卷绕速度对初生丝结构、拉伸性能及纤维力学性能的影响

卷绕速度 /(m·min⁻¹)	初生丝 取向因子	最大拉 伸倍数	断裂强度 /(cN·dtex⁻¹)	断裂伸长 率/%	初始模量 /(cN·dtex⁻¹)	拉伸丝 取向因子
300	0.002	3.5	6.6	14.6	558.4	0.788
500	0.053	3.2	6.0	12.7	484.1	0.781
700	0.066	2.7	5.2	15.6	454.5	0.759
注:拉伸温度270℃,热甬道温度300℃						

1.3.4　PEEK 纤维的后处理

1.3.4.1　PEEK 长丝后拉伸工艺流程与控制

前面几节内容讨论 PEEK 的纺丝成型工艺原理。通过纺丝成型的 PEEK 初生纤维的强力通常比较低,伸长大,结构不稳定[71],还不能直接使用。一般需要经过一系列后加工来完善其结构以提高其性能。

PEEK 普通长丝可以由常规纺的卷绕丝(UDY)或高速纺的预取向丝(POY)在拉伸机上经拉伸,制取具有取向度、高强力、低伸长的长丝,以适合后续加工使用。由高速纺丝拉伸一步法制得的 FDY 丝也属于普通长丝。现在 PEEK 长丝的生产既可以是 FDY,也可以采用 UDY 丝为原料,在拉伸机上完成拉伸作用。

1. 长丝后拉伸工艺流程

UDY 丝筒(或 POY 丝筒)→导丝器→导丝辊→给丝辊 + 分丝罗拉→拉伸辊 + 分丝罗拉→卷绕装置→卷绕筒管。

从图 1-28 可以看出,卷绕丝从筒子架引出,经导丝、导丝辊、给丝辊,被送到拉伸辊,在给丝辊和拉伸辊之间进行热(或冷)拉伸,从拉伸辊引出的拉伸丝,经导丝钩经卷绕装置卷绕在筒管上,形成拉伸丝。

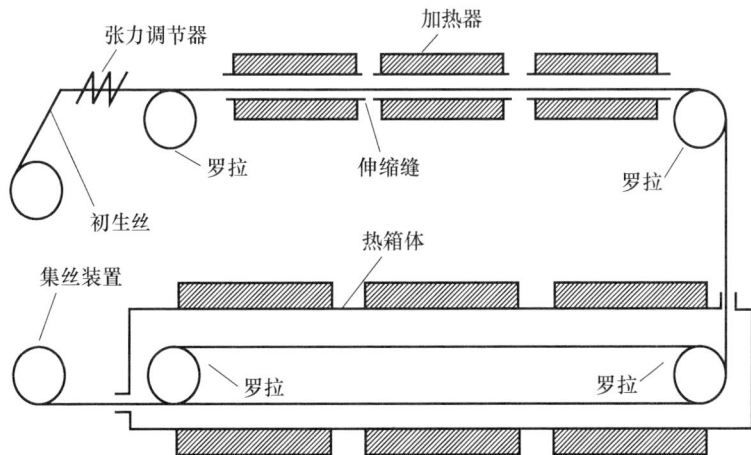

图 1-28　PEEK 纤维后拉伸装置示意图

2. 拉伸

在 PEEK 长丝后加工过程中,拉伸是一个关键工序。拉伸工艺路线及参数的选择应考虑两个方面的问题:一方面,根据不同的使用要求,确定工艺路线和参数,是纤维根据用途不同而具有适当的物理 – 力学性能和纺织性能,如强度、延伸度、弹性、沸水收缩率、染色性;另一方面,还必须从实际操作的实施和控制的可靠性、经济指标等来决定,同时要尽量减少纤维在拉伸过程中的断头率,否则将严重影响纤维的质量和产量,妨碍后拉伸过程的正常进行。

如果纤维的拉伸应力已经接近于断裂强度,那么在拉伸时很容易被拉断。因此,在拉伸过程中,尽可能降低拉伸应力,以减少拉伸断头率和提高拉伸倍数。由 PEEK 的拉伸特性可知,获得一定的拉伸倍数所需的拉伸应力,随温度升高而减小,即随着温度的升高,可用较小的外力获得较高的拉伸倍数。另一方面,提高拉伸温度也有利于取向和结晶的正常发展。当然温度太高,解取向增大,取向度反而降低。

在拉伸工艺中,可以用几种方式使纤维加热。一类是使丝条直接与热板(热辊)接触,这种方法简单,但容易造成传热不均匀,这种方法在长丝拉伸中使用较为广泛的方法。另一类采用介质加热的方法,是纤维通过液体浴或蒸汽浴。拉伸所采用的液体介质主要是热水和热油剂浴,这种方式在短纤维的拉伸中使用较为广泛。

1.3.4.2 后拉伸过程中的纤维结构与性能

拉伸是化学纤维生产中的重要工序之一,常被称为"二次成型"。它是使纺丝成型所得的初生纤维的织态结构发生重大改变并趋于完善,从而提高纤维物理 – 力学性能及其他性能[72]。

1. 后拉伸对纤维形态结构的影响

研究表明[73],较高品质的初纺丝经过拉伸定型以及退火等处理后,制备出的纤维在各方面性能也均较好。尤其是单丝经过后拉伸定型以及退火处理后,其表观形貌,纤维直径均匀性都有较大程度的提高。复丝相对于单丝,由于在它的初生丝品质较好,经过拉伸退火等处理后,纤维表面更加光洁,直径更加均一,截面质地紧密(图 1 – 29 和图 1 – 30)。但值得关注的是拉伸温度对纤维形貌的影响。图 1 – 31 是初生丝(复丝)分别在较低温度和较高温度下进行拉伸的 SEM 照片。可以看出较低的拉伸温度(低于 200℃)对纤维表面形态没有产生负面影响,但较高拉伸温度(高于 260℃)则使纤维表面产生了类似"橘皮"的纹理。

2. 拉伸温度对 PEEK 纤维结构与力学性能的影响

纤维的取向度与结晶度是纤维的力学性能最为重要的影响因素。PEEK 初生丝纺制出后,需要经过再拉伸才能使其分子取向和结晶得到完善,进而提高

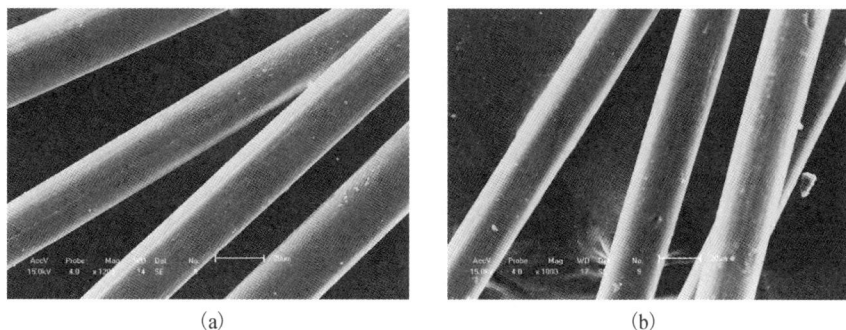

图 1 - 29　后拉伸的复丝形貌

（a）CoPEEK - 1；（b）CoPEEK - 3。

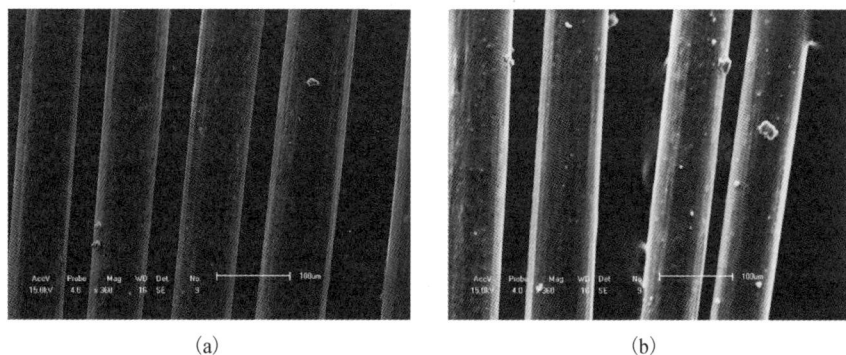

图 1 - 30　后拉伸的单丝形貌

（a）CoPEEK - 1；（b）CoPEEK - 3。

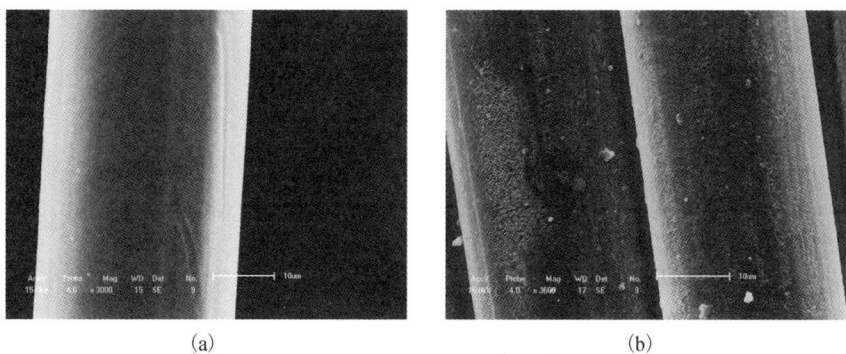

图 1 - 31　不同拉伸温度值得到的 PEEK 复丝的表观形貌

（a）160℃；（b）280℃。

PEEK 纤维力学性能。拉伸温度是后拉伸工艺中非常重要的一个因素,纤维的拉伸多在 $T_g \sim T_m$ 温度区间进行。

1）拉伸温度对纤维取向的影响

有研究指出,当拉伸温度在 120 ~ 240℃区间时,随着拉伸温度的升高,拉伸强度成单调增大。纤维的双折射是纤维取向的重要表征手段。如图 1 – 33 所示,在 120 ~ 240℃拉伸过程中,纤维的双折射率也呈现单调增加,这说明在此温度区间,随着拉伸温度的提高,纤维的取向也随之提高。由图 1 – 32(a)可以看出,随着拉伸温度上升,在 120 ~ 240℃范围,纤维的 WAXD 衍射峰强增大,半高峰宽变窄,峰形变得锐利,这说明随着拉伸温度升高,纤维的分子链的活动能力增强,在外力场的作用下,它在纤维中比较容易取向,同时其分子链堆砌也更加规整,纤维的取向与结晶度增加,这使得纤维的拉伸强度和模量得到提高。当温度继续升高,在 260 ~ 280℃范围拉伸时,WAXD 衍射峰强、半峰宽高以及峰形变化不大,稍有下降(图 1 – 32(b))。而此温度区间的制备的纤维双折射值也略有降低(图 1 – 33)。研究认为 PEEK 纤维的分子链在较高温度下的活动过于激烈,解取向发生增多,分子链的规整排列变差,从而影响了纤维的分子取向与结晶[73]。

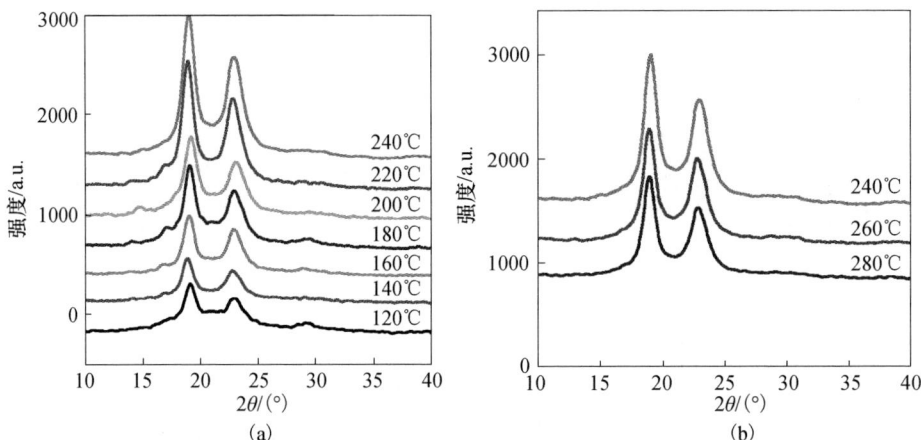

图 1 – 32　不同拉伸温度制备的 PEEK 纤维的 WAXD 曲线

(a) 120 ~ 240℃;(b) 240 ~ 280℃。

2)拉伸温度对纤维结晶的影响

有研究指出,如图 1 – 34 和表 1 – 11 所示,当拉伸温度在 140 ~ 180℃(T_g ~ T_c)范围时,随着温度的提高,纤维重结晶峰随之减小,熔融峰则反之,表明纤维的结晶度逐渐增加,尤其是到 160℃时,纤维的结晶度大增到 31.39%。这是由于 PEEK 纤维发生重结晶的温度范围为 160 ~ 180℃,纤维在 160℃拉伸过程中,在应力取向诱导下纤维迅速发生重结晶,结晶度也迅速增加;在 180℃下拉伸后的纤维重结晶峰很小,表明 180℃下拉伸纤维的结晶比较完善,纤维结晶结构基本稳定,纤维在 200 ~ 240℃($>T_c$ ~ T_m)拉伸时,纤维结晶度变化不大。当拉伸温度在 140 ~ 180℃范围时,随着温度的提高 T_c 随之增加,这是由于温度的增加导致分子链段运动更加活跃,分子链的规整排列更加难于进行,重结晶更加困难。

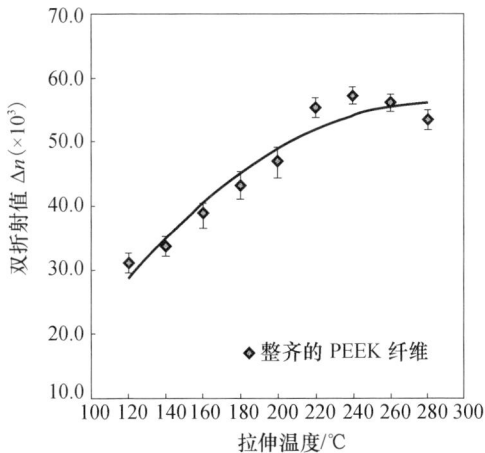

图1-33　PEEK纤维的后拉伸温度
与双折射值的关系

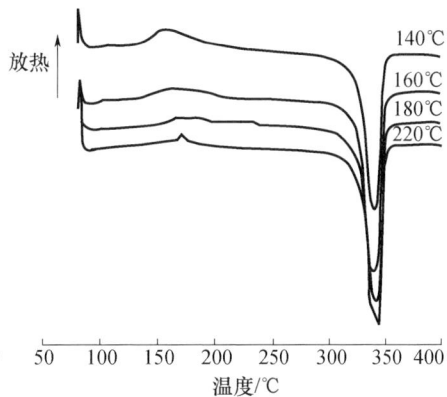

1-34　不同拉伸温度下拉伸3.5倍
后纤维的DSC曲线

表1-11　不同拉伸温度下拉伸3.5倍后纤维的DSC分析数据

拉伸温度/℃	T_g/℃	ΔH_c/(J·g^{-1})	T_m/℃	ΔH_m/(J·g^{-1})	X_c/%
140	157.4	9.605	340.7	-39.67	23.12
160	167.8	4.298	339.5	-45.10	31.39
180	169.3	2.686	342.5	-45.02	32.56
200	—	—	340.9	-44.70	31.28
220	—	—	344.0	-43.16	32.65
240	—	—	342.4	-43.08	31.25

　　还有研究[46]进一步利用软件(JADE)对结晶度采用分峰拟合法[75-77]进行计算。所得PEEK不同拉伸温度制备的纤维结晶度数据见表1-12,计算过程见图1-35。从表1-12可以看出,拉伸温度在120~240℃范围,纤维结晶度单调上升,而在260~280℃范围又略有下降。此外,在拉伸温度120~140℃范围内,PEEK纤维的结晶度比较低,分别为25.19%和28.9%。研究指出,PEEK的玻璃化转变温度T_g约为143℃,低于此温度也可以拉伸,但由于温度过低,分子链段运动能力差,在外立场作用下也会发生一定程度取向与结晶,但程度较小,因此测得的结晶度值较低。

表1-12　不同拉伸温度制备的PEEK纤维的结晶度

CoPEEK-2	拉伸温度/℃								
	120	140	160	180	200	220	240	260	280
结晶度/%	25.19	28.9	36.09	36.68	42.3	48.39	56.13	53.72	50.89

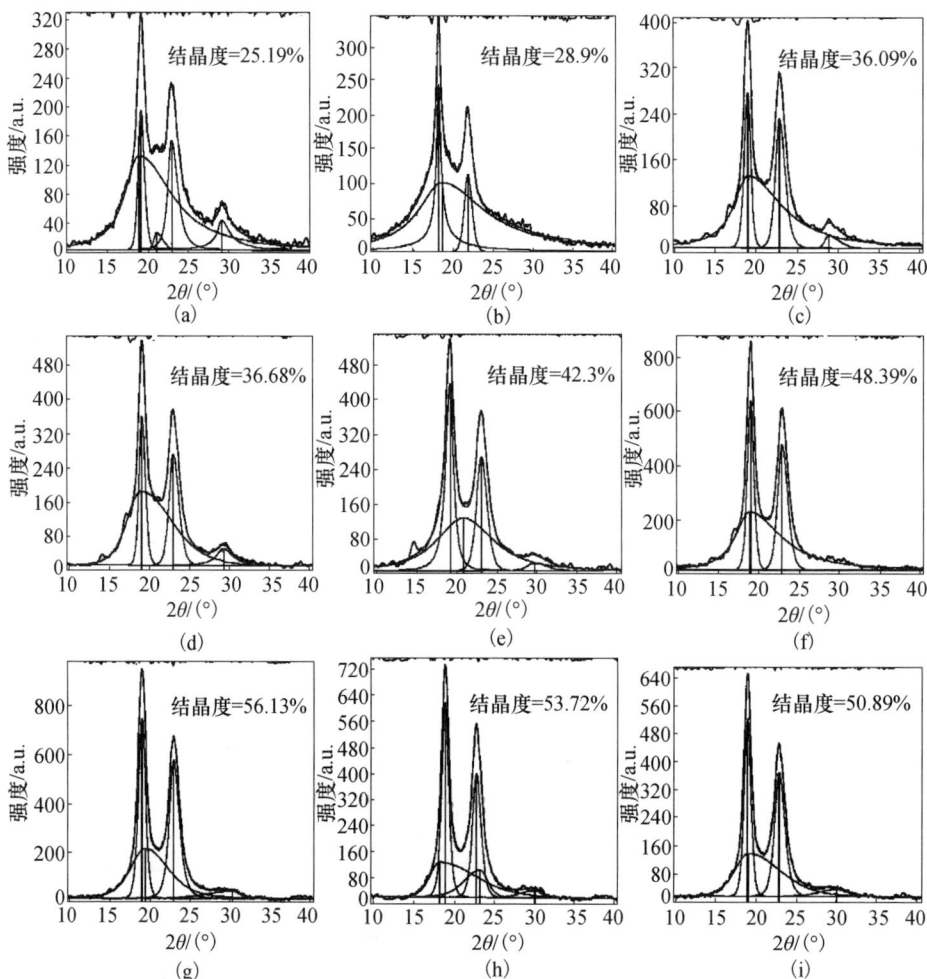

图 1-35 不同拉伸温度制得的 CoPEEK 纤维的 WAXD 分峰拟合曲线
(a) 120℃；(b) 140℃；(c) 160℃；(d) 180℃；(e) 200℃；(f) 220℃；(g) 240℃；(h) 260℃；(i)280℃。

3）拉伸温度对纤维力学性能的影响

提高拉伸温度一方面可以提高纤维的最大拉伸倍数,另一方面可以增加纤维的取向与结晶。但温度提高至一定值后,对纤维的力学性能提高影响效果并不如意,甚至略有下降。同时,持续过高温度也影响 PEEK 纤维热性能以及表观形貌,因此 PEEK 纤维较适宜的拉伸温度为 160~280℃。其对纤维的力学影响见表 1-13。

表 1-13 拉伸温度对各牌号 PEEK 纤维的力学性能影响

拉伸温度/℃	CoPEEK-1		CoPEEK-2		CoPEEK-3	
	断裂强度/(cN/dtex)	伸长率/%	断裂强度/(cN/dtex)	伸长率/%	断裂强度/(cN/dtex)	伸长率/%
120	4.31	13.10	4.77	13.81	5.62	12.15
140	4.46	12.60	5.04	12.60	5.73	12.31

（续）

拉伸温度/℃	CoPEEK - 1		CoPEEK - 2		CoPEEK - 3	
	断裂强度 /(cN/dtex)	伸长率 /%	断裂强度 /(cN/dtex)	伸长率/%	断裂强度 /(cN/dtex)	伸长率/%
160	4.70	13.70	5.66	13.83	6.04	11.14
180	4.90	12.56	5.69	12.80	6.28	11.96
200	5.10	12.10	6.17	12.02	6.50	11.97
220	5.21	12.31	6.30	12.97	6.76	11.65
240	5.37	11.89	6.36	12.51	6.80	11.63
260	5.19	12.01	6.22	13.08	6.69	11.73
280	5.08	11.69	6.10	13.51	6.66	12.03

注:表中各试样拉伸倍数为 3.0

3. 拉伸倍率对 PEEK 纤维结构与力学性能的影响

初生纤维强度低、伸长大,结构不稳定,远不符合纺织加工的要求,必须通过进一步加工工序,才能具有一定的力学性能和稳定的结构,达到纺织加工的要求及优良的使用性能。在热拉伸过程中,纤维的大分子链沿纤维轴向取向,同时伴随结晶等结构变化,可以显著提高纤维的力学性能。

1）拉伸倍数对纤维取向的影响

初生纤维的再拉伸倍数主要依据成品纤维强度要求和初生丝本身的最大拉伸限度而定。在保证拉伸工艺正常进行的情况下,更大的拉伸倍数能够显著提高产品纤维的强度。纤维取向度的表征通常可以采用声速或声速模量测量和纤维双折射率值测量。图 1 - 36 表示的是 PEEK 初生纤维在 220℃下热拉伸不同倍数后,声速沿纤维轴向的变化曲线。

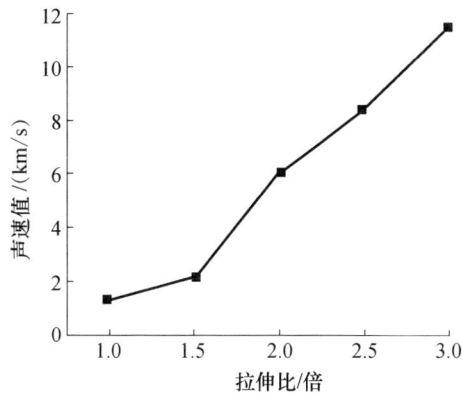

图 1 - 36　声速在不同拉伸倍数纤维中的变化曲线

随着拉伸倍数增大,沿纤维轴向方向声速值呈线性增大。在相同的拉伸温度下,随着拉伸倍数的增加,纤维的大分子链在外力作用下沿纤维轴向有序排列程度,即纤维取向度增大。

图1-37所示的是PEEK初生纤维在220℃下热拉伸不同倍数后,纤维双折射值的变化曲线。随着拉伸倍数的增加,纤维的双折射值也随之增加,纤维分子沿着纤维轴向有序排列的程度增大,即整体取向性增大。

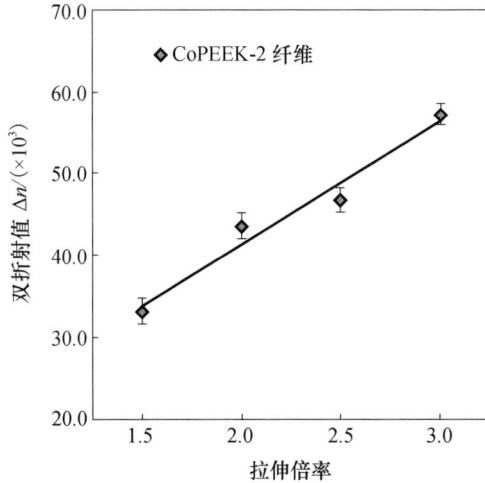

图1-37 不同拉伸倍数制得的PEEK纤维的双折射值

2)拉伸倍数对纤维结晶的影响

图1-38和表1-14显示的是在220℃下拉伸不同倍数的纤维DSC曲线及分析数据。从图1-38和表1-14可知,初生纤维的重结晶峰很大且非常尖锐,

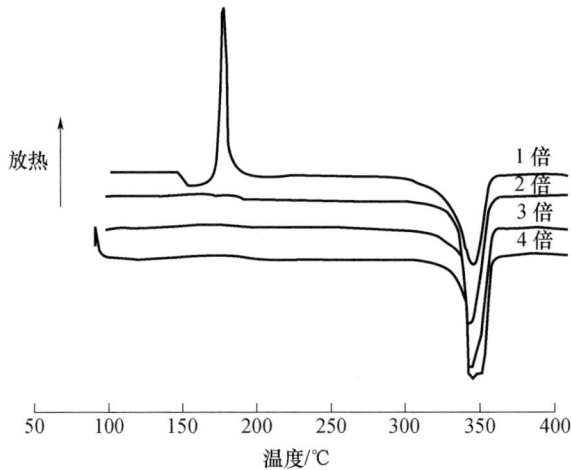

图1-38 不同拉伸倍数的PEEK纤维的DSC曲线

可知初生纤维的结晶度低,纤维在160～180℃升温过程中完成重结晶且重结晶速率很快。当纤维拉伸 2 倍及以上时,与初生纤维比较,重结晶峰迅速减小至难以分辨,由此可知,纤维的结晶主要是在拉伸过程中完成,并且熔融峰面积随着拉伸倍数逐渐增大,表明纤维的结晶度随之增加。原因在于分子链应力取向诱导、拉伸热效应、拉伸介质热诱导共同促进了纤维结晶度的增加。随着拉伸倍数增加,纤维的玻璃化转变区已经无法分辨。这是由于随着结晶度和取向度的增加,分子链的有序程度增高,同时非晶区大分子链段的活动和原子基团运动的自由度都降低,从而使分子链活动能力降低,当纤维升温过程中,分子链段的热运动不明显,因此难以观察到玻璃化转变。

表 1 – 14　不同拉伸倍数的 PEEK 纤维的 DSC 分析数据

拉伸倍数	$T_g/℃$	$T_c/℃$	$\Delta H_c/(J \cdot g^{-1})$	$T_m/℃$	$\Delta H_m/(J \cdot g^{-1})$	$X_c/\%$
1	142.2	168.7	17.23	337.7	−32.79	11.90
2	—	—	—	335.4	−37.66	28.81
3	—	—	—	336.5	−41.67	30.74
4	—	—	—	336.4	−42.30	30.86
注:T_g为玻璃化转变温度,T_c为重结晶温度,T_m为熔融温度						

图 1 – 39 是在 240℃ 不同拉伸倍数制备的 PEEK 纤维 WAXD 曲线。可以看出,随着纤维拉伸倍数的增加,WAXD 曲线在 19°(110) 和 23°(200) 处的衍射峰强增强,半高峰宽减小,峰形变锐利。这说明拉伸能够使 PEEK 纤维的晶粒尺寸变大,提高晶区取向与结晶。所以纤维的结晶度随着纤维拉伸倍数的增加而提高,表 1 – 15 数据(结晶度计算过程见图 1 – 40)充分说明了这一点。

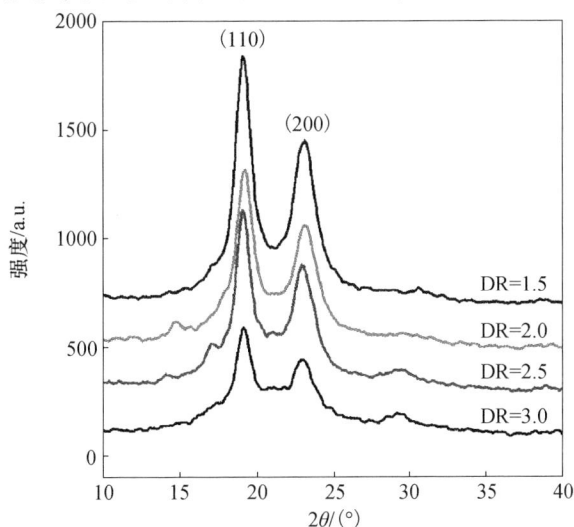

图 1 – 39　不同拉伸倍数制得的 PEEK 纤维的 WAXD 曲线

表 1-15　不同温度拉伸倍率制得的 PEEK 纤维的结晶度

CoPEEK-2	拉伸倍率			
结晶度/%	1.5	2.0	2.5	3.0
	36.04	42.86	45.52	53.31

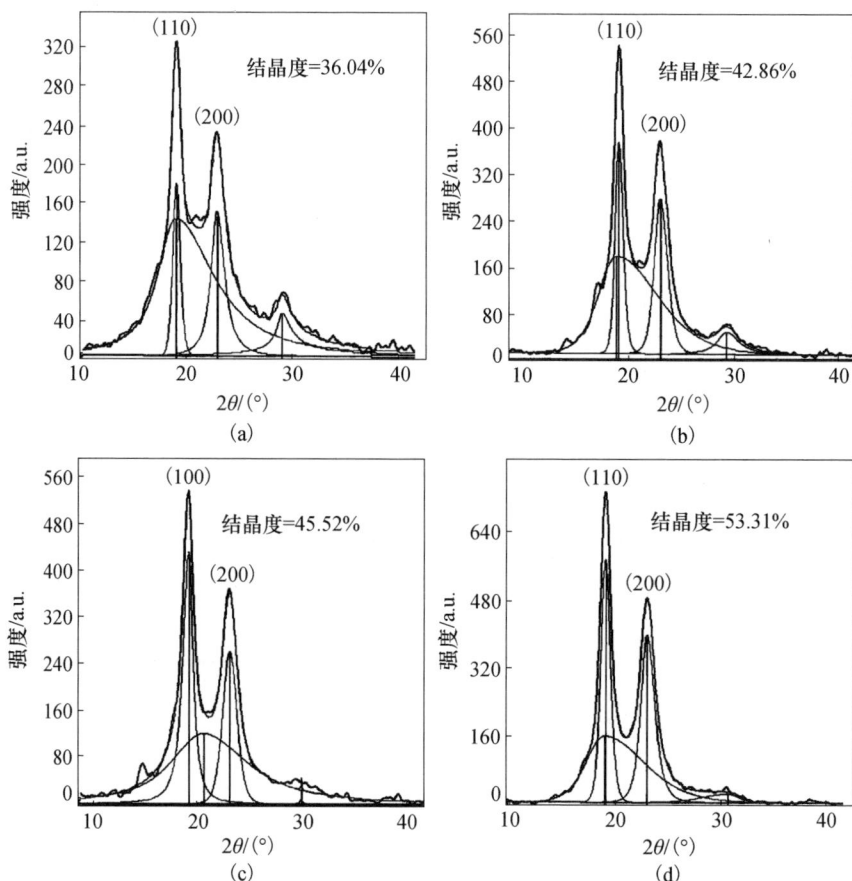

图 1-40　不同拉伸倍率制得的 PEEK(CoPEEK-2)
纤维的 WAXD 分峰拟合曲线计算

(a) DR=1.5;(b) DR=2.0;(c) DR=2.5;(d) DR=3.0。

纤维在拉伸过程中,拉伸介质热诱导、拉伸热效应、应力取向诱导等共同促进了取向和结晶度的增加,而拉伸倍率则起到尤为重要的作用。

3) 拉伸倍数对纤维力学性能的影响

纤维的力学性能与纤维的取向及结晶密切相关。由上可知,PEEK 纤维在拉伸过程发生取向和结晶的变化,因此拉伸对 PEEK 纤维力学性能有重要影响。

由表 1-16 可知,随着拉伸倍数的增加,纤维的断裂强度增加,断裂伸长率和线密度均减小,这是由于随着拉伸倍数的增加,纤维取向和结晶程度增加,分子排列的有序化程度增加。PEEK 纤维拉伸 2 ~ 3.5 倍时,纤维拉伸较均匀,未出现断丝,当拉伸倍数为 4 以上时,一些丝条发生断裂,产生毛丝和断头。

表 1 - 16　拉伸倍数对纤维力学性能的影响

拉伸倍数	线密度/dtex	断裂强度/(cN · dtex^{-1})	断裂伸长率/%
1.0	83.22	1.51	232.67
2.0	39.20	2.59	49.41
3.0	31.65	4.18	17.04
3.5	27.40	4.76	10.80
4.0	26.59	5.61	10.75

1.3.4.3　热定型工艺与控制

1. 热定型工艺

合成纤维在成型过程中,纺丝溶液或熔体从喷丝孔中挤出,固化后再经过后续的拉伸过程,其超分子结构已基本形成。但由于有些分子链段处于松弛状态,而另一些链段处于紧张状态,使纤维内部存在着不均匀的内应力,纤维内的结晶结构也有很多缺陷,在湿法成型的纤维中,有时还存在大小不等的孔穴。这都有待于在后续热处理中部分或全部消除。这种后续的热处理工序,通常称为热定型。热定型可在有张力作用下进行,也可在无张力作用下进行。根据有无张力或张力大小,纤维热定型可以完全不发生收缩或部分收缩。因而,热定型有以下四种热定型方式:

(1)控制张力热定型——热定型时纤维不收缩,而略有伸长(如 1% 左右)。

(2)定长热定型——热定型时纤维既不收缩也不伸长。

(以上两种方式统称为无收缩热定型,或紧张热定型。)

(3)部分收缩热定型,或称控制收缩热定型。

(4)自由收缩热定型,或称松弛热定型。

有研究对 PEEK 复丝可采用松弛定型方式进行热定型,其松弛温度为 250 ~ 320℃,松弛定型比为(0.8 ~ 0.98):1。

2. 热定型对纤维结构及力学性能的影响

经过热拉伸后的纤维的结构通常还处于热力学不稳定状态,纤维内部存在着不均匀的内应力,结晶结构也存在缺陷。热定型可以消除拉伸过程产生的内应力和缺陷结构,使大分子发生一定程度松弛,克服纤维的结晶缺陷,提高纤维的尺寸稳定性,从而提高纤维的力学性能。

1)热定型温度对纤维结晶的影响

由图 1 - 41 及表 1 - 17 可知,纤维经过热定型之后,重结晶峰消失;且随着热定型温度的增加,纤维的结晶度逐渐增加。表明纤维的非晶区减少,纤维的结晶更加完善。这是由于随着热定型温度增加,纤维大分子链段运动更加自由,更有利于消除纤维中不均匀的内应力,提高纤维的结晶度和尺寸稳定性。

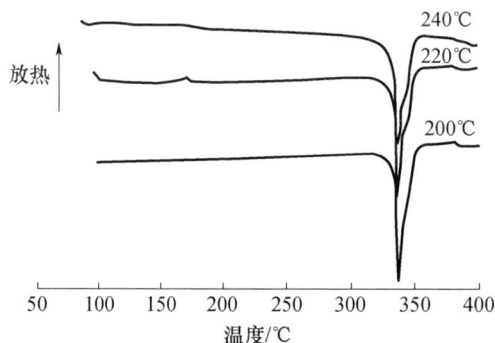

图 1 - 41　不同热定型温度纤维 DSC 曲线[①]

表 1 - 17　不同热定型温度纤维 DSC 分析数据[①]

热定型温度/℃	T_m/℃	ΔH_m/(J·g^{-1})	X_c/%
160	336.7	-38.21	29.39
180	338.2	-44.33	34.10
200	336.3	-46.12	35.48
220	336.7	-46.44	35.72
240	337.8	-46.99	36.15
260	343.2	-47.47	36.52

2) 热定型温度对纤维力学性能的影响

表 1 - 18 为在 220℃下拉伸 3.5 倍后,在不同热定型温度下热定型 2min 后纤维的力学性能。随着热定型温度的增加,纤维的结晶度逐渐增加,结晶结构更加完善,纤维的断裂强度逐渐增加,力学性能得到进一步提高。综上所述,PEEK纤维热定型温度应为 220~260℃。

表 1 - 18　热定型温度对纤维力学性能的影响

热定型温度/℃	断裂强度/(cN·dtex^{-1})	断裂伸长率/%
160	5.64	14.08
180	5.75	13.40
200	5.98	12.20
220	6.01	16.14
240	6.11	12.77
260	6.12	12.55

①　图 1 - 41 及表 1 - 17 为初生 PEEK 纤维在 220℃下拉伸 3.5 倍、不同热定型温度范围下热定型 2min 后,纤维的 DSC 曲线及分析数据。

3）热定型时间与温度的关系

对高聚物来说,热定型的温度和时间应该具有等效性,即在较高的温度下,用较短的时间可以达到定型的目的,也可在较低的温度下较长时间内达到定型的目的。表 1 - 19 为 PEEK 纤维在 220℃下拉伸 3.5 倍,在 180℃热定型不同时间后,纤维的 DSC 曲线分析数据。热定型时间的增加与热定型温度的增加,皆使纤维的结晶度增加,从而验证了 PEEK 纤维热定型过程具有时温等效性。

表 1 - 19　不同热定型时间纤维 DSC 数据分析

热定型时间/min	$\Delta H_c/(J \cdot g^{-1})$	$T_m/℃$	$\Delta H_m/(J \cdot g^{-1})$	$X_c/\%$
0	2.167	343.8	-43.91	32.11
1	—	336.1	-43.54	33.49
2	—	338.2	-44.33	34.10
3	—	343.3	-45.09	34.68

1.4　PEEK 纤维的性能

PEEK 纤维性能优异。拉伸强度 400 ~ 700MPa(单丝断裂强度约 25 ~ 40cN/tex,复丝可达 65 cN/tex),伸长率 20% ~ 40%,模量 3 ~ 6GPa,LOI 值 35,熔点 334 ~ 343℃,长期使用温度 250℃。它具有良好的物理性能(表 1 - 20)、化学稳定性能、耐热性能以及电绝缘性能。有难燃性和自熄性,PEEK 纤维还可回收再利用,原料回收率可达 90%[1]。

表 1 - 20　PEEK 纤维的物理性能

密度/(g/cm³)	1.32	比热容/(kJ/(kg·℃))	1.30
熔点/℃	343	电阻率/(Ω/cm)	5×10^{16}
玻璃化转变温度/℃	143	抗紫外线	良
最高使用温度/℃	250	抗放射线	优
导热系数/(W/(m·℃))	0.25	吸湿性/%	0.1

1.4.1　PEEK 纤维的物理性能

PEEK 纤维在 200℃下 24h 的强度仍能保持 100%,在 300℃还能保持一定强度(图 1 - 42)。PEEK 纤维柔韧与弹性较为均衡,抗冲击恢复性比钢丝好,PEEK 纤维还具有良好的综合耐磨性能。从图 1 - 43 可以看出,除 PA66 纤维在 20℃时具有超强的耐磨性外,其他纤维的耐磨性都较 PEEK 纤维差,而高温时的耐磨性能 PEEK 纤维最好。

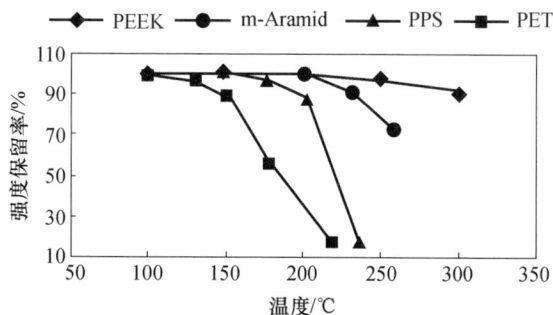

图 1 - 42　PEEK 纤维和其他纤维在不同温度下的强度残存比较

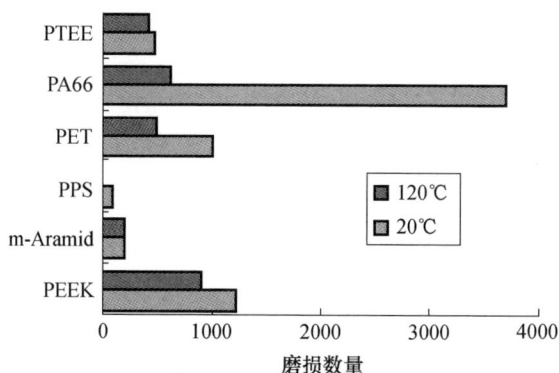

图 1 - 43　PEEK 纤维和其他纤维的耐磨性比较

1.4.2　PEEK 纤维的化学特性

PEEK 纤维耐溶剂性非常优良,除浓硫酸外其他化学试剂很难对其造成腐蚀[25],与其他树脂耐化学品腐蚀性能见表 1 - 21。PEEK 纤维还具有优良的抗水解性,在高温水或高温蒸汽中仍能保持其优良的性能。

表 1 - 21　PEEK 纤维的耐化学品腐蚀性能

纤维样品 / 强度保持率 / 试剂	PEEK	PPS	m - Aramid	PET	PA66	PP
10% 硫酸	100	100	32	98	0	100
10% 氢氧化钠	100	100	36	0	71	100
10% 硝酸	100	62	0	0	0	100
漂白液	100	36	7	94	7	63
5% 过氧化氢	100	5	9	94	0	30
亚甲基氯化物	94	94	90	93	90	80

1.4.3　PEEK 纤维热稳定性

PEEK 纤维热稳定性优异。在 250℃ 条件下仍保持优良的各项性能,在 300℃时还能够维持部分特性,其熔点为 343℃。其限氧指数 LOI 为 35,燃烧时释放烟气少,释放的烟气毒性在高性能纤维中最低。由于 PEEK 纤维的各项性能非常优异,因而它被广泛应用于各个领域。

PEEK 纤维耐热老化性能优异。由图 1-44 可知,PEEK 纤维的断裂强度随着热处理时间及热处理温度的增加而逐渐减小,但即使在 300℃下连续使用 7d 后,纤维的强度保留率仍在 70% 左右,纤维的断裂伸长保留率在 75% 左右,且在 250℃下连续使用 7d 纤维强度保留率在 80% 以上,这表明 PEEK 纤维具有优异的耐高温性能。这是由于 PEEK 具备全芳香族刚性分子结构,其热分解温度高达 505℃,PEEK 纤维在热处理过程中分子结构未发生变化,并且纤维在热处理过程中,结晶度显著增加,结晶更加完善,分子排列堆砌更加规整紧密,这也有利于提高纤维的耐热老化性能,而纤维在热处理过程中取向度的降低则导致纤维断裂强度降低。

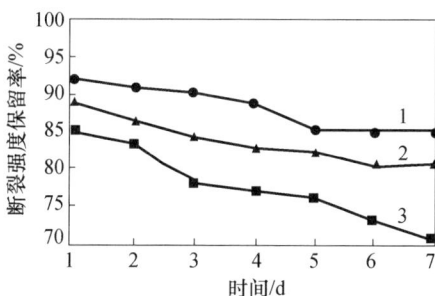

图 1-44　热处理时间对 PEEK 纤维力学性能的影响

1—200℃; 2—250℃; 3—300℃。

1.4.4　PEEK 纤维尺寸稳定性

有研究表明,PEEK 纤维具有很好的尺寸稳定性。图 1-45(a)表示在 220℃下拉伸 2 倍后,在不同热定型温度,松弛定型比为 2% 下定型 30s 的 PEEK 纤维干热收缩率;图 1-45(b)则为在 220℃下拉伸 2 倍后,在 240℃下定型 30s 的不同松弛定型比的 PEEK 纤维干热收缩率。从图 1-45(a)可知,在一定温度范围内,随着温度升高,纤维干热收缩率降低,温度达 240℃后,干热收缩率稍增高;而图 1-45(b)显示,随着松弛定型比增加,纤维干热收缩率逐渐减小。这是由于温度提高和松弛定型都有利于纤维在热定型过程充分的松弛收缩,消除内应力,从而获得更加稳定完善的超分子结构,而当温度过高,分子链段运动过于激烈则不利于形成稳定的超分子结构,因此干热收缩率又略微增大。因此,在适当温度和充分松弛下热定型,纤维干热收缩率可以控制在2%左右,这表明PEEK纤维具有优异的尺寸稳定性。

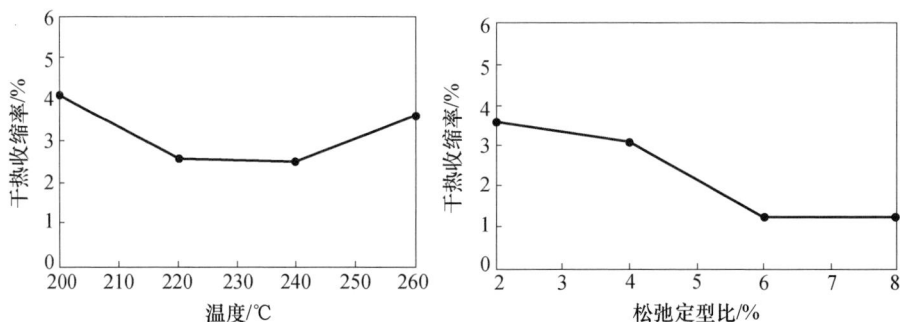

图 1-45　热定型温度及松弛定型比

1.4.5　耐紫外光老化性能

从表1-22可知,随着光老化时间增加,PEEK纤维的断裂强度、断裂伸长保留率降低,出现明显的脆化现象,这主要是由于紫外光诱导分子链发生断裂导致的。但即使在紫外光照射6d后,PEEK纤维断裂强度仍保留56%左右,PEEK纤维具有优良的耐紫外光老化性能。

表 1-22　紫外老化时间对 PEEK 纤维力学性能的影响

时间/d	断裂强度保留率/%	断裂伸长保留率/%
1	76. 27	51. 19
2	70. 97	49. 04
3	63. 82	48. 44
4	62. 67	45. 33
5	58. 06	40. 79
6	56. 45	40. 93

1.5　PEEK 纤维的应用

1.5.1　工业领域

1. 传送带

在 20 世纪 80 年代中期,Zyex 公司首先向市场推出了 PEEK 单丝,开发的目标是制造高温干燥用的传送带,商品名为"Zyex"。PEEK 纤维被用作造纸工艺螺旋卷的连接部或者网眼聚酯毛毯的边角增强体,主要起到增强与抗磨作用,能够有效提高送带的使用寿命。PEEK 纤维自身洁净且对其他接触物无污染,又容易除菌,PEEK 纤维也被制成网眼传送带,用于食品加工和制药行业等。

1)干燥用织物

这种织物通常织成具有网眼结构的传送带,这种传送带用来将产品送入高温环境中进行脱水,或对树脂进行固化。在造纸工业中,干燥用的 PEEK 基传送带选用直径为 0.4~0.5mm 的单丝织成双层结构,它带着湿的纸张通过烘箱或一系列大的热压滚筒使水分快速蒸发。用 PEEK 单丝织成的传送带具有以下几个优点:

(1)PEEK 织物的整理与聚酯织物的整理十分相近。

(2)织物具有高度的尺寸稳定性,传送带的尺寸十分稳定。由于 T_g 很高,即使传送带的宽度达到 10~12m 时,传送带的表面尺寸仍然十分稳定。

(3)温度及蒸汽对 PEEK 纤维的影响很小,至少在温度低于200℃下没有变化。在150℃的高压水蒸气下处理 PEEK 基传送带一周,传送带的性能没有变化。而在同样条件下,PET、PA 基的传送带就会完全毁坏。

(4)基传送带表面抗黏性好。计算表明 PEEK 织物与水的接触角为86°,明显超过 PA 织物(72°)、PET 织物(77°)、PET 与 PTET 的混纺织物(78°)。这一结果与 PEEK 基传送带对像纤维素这样的极性材料吸附性很小相一致。

2)螺扣式传送带

PEEK 和 PET 是少数几种能得到螺扣联结的热塑性材料。这种螺扣是简单的拉链式联结。这种螺扣式联结是由相交叉的螺旋通过其中插入第三根垂直的单丝或枢轴线来实现的。这是 PEEK 纤维最初涉足的织物领域。由于 PEEK 纤维的引入,使原来全聚酯传送带最薄弱的部分得到了有效的联结,同时提高了织物的耐化学腐蚀性、耐磨性,改进了织物的质量。

通过许多螺扣可以编织成完整的传送带,这种织物一般具有滑动轨迹的截面。具有这种结构的全 PEEK 传送带可以用来替代原来应用的非织造布、纺织加工用的金属丝传送带。这种织物所选用的 PEEK 单丝的直径为 0.5~0.9mm,并具有符合工艺要求的收缩特性。这种织物具有以下优点:

(1)具有良好的耐疲劳性及韧性,受力后的回复性好。

(2)优异的耐磨性,能经受住各种机械的损伤。与金属传送带相比较,金属丝传送带在某些场合会发生永久的形变,而在这种场合下,PEEK 基传送带可以恢复原形,不留下凹陷或损伤痕迹。

(3)由于 PEEK 纤维表面有良好的抗黏性,加之采用螺扣式织法,织物表面光滑,从而使传送带具有很好的抗黏作用。传送带的这种性能是十分重要的。

作为传送带,把产品从一种加工环境带到另一个加工环境要求产品不能黏附在传送带上。另外,如果传送的产品要求表面粗糙度很低,传送带对产品的抗黏性也就变得十分重要了。

(4) PEEK 的密度比金属低,所以同样功效的传送带,PEEK 基的传送带比金属带节约能源。

3) 加工用传送带

加工用的 PEEK 传送带织物结构有许多,有些传送带是与其他纤维混纺编织而成,有些还要经过涂层。这一系列的加工过程形成了适合于各种加工条件的工业用传送带。与其他用途的 PEEK 基传送带一样,耐高温、耐化学腐蚀性对于这一类传送带同样是至关重要的。这些优良的性能保障了传送带在整个加工过程的不同环境条件下仍然保持其原有的功能。这类传送带从 PEEK 纤维种类来看,可以是各种直径的单丝、束丝或短纤维,这主要取决于加工工艺对传送带的要求。PEEK 纤维的另一个重要性能是其抗张强度大,这就保证了传送带横向尺寸的稳定性。同时,PEEK 纤维的耐疲劳性好,用 PEEK 制成的传送带能很好地紧附在传送罗拉上,不会因为使用时间长而变松。

加工用的传送带主要用于化学工业、木浆制造业、印花定型、织物胶和以及食品工业。它的优点列举如下:

(1) 耐化学情性,水蒸气以及大多数化学物质对传送带影响很小。

(2) 耐磨性,对于 PEEK 基的传送带,如用 PEEK 作为缝纫线来对传送带进行加固,这种 PEEK 的缝纫线对传送带的耐磨性具有辅助的效果,同时 PEEK 纤维也是一种理想的缝纫线。

(3) 易于控制尺寸,PEEK 纤维可以从 $180\sim260℃$ 宽广的范围里进行热处理以控制得到符合传送带工作环境要求的无收缩 PEEK 纤维。

2. 过滤网

PEEK 纤维同样抗油污、耐腐蚀特性,因此它(常用直径 0.15mm 以下的 PEEK 单丝)能被编织成细密的机织物,用于航空飞机和汽车的燃料过滤器。同时由于 PEEK 在高温高湿高压等环境下仍能保持优良的性能,因此由 PEEK 单丝(0.15~0.30mm,也可用 PEEK 复丝)织造带压式过滤织物可用于化工药品生产领域,帮助粉末浆脱水或过滤热熔融黏合剂;也用于医学领域,在透析、诊断装置或者层析仪器中使用,可以保证纯净度。

3. 高温气体过滤织物

这一类织物包含了稀布的增强织物,并用短纤维附在稀布上针刺而成。这种针刺毡具有细小孔洞,纤维疏松曲折地形成网状,从而能对高温蒸汽中的小颗粒进行分离。用于增强的 PEEK 稀布比表面重为 $50\sim100g/cm^2$,实践表明这个比表面重的过滤效果最好。用于织稀布的纤维的纤度为 550D/30F 至 275D/15F。

由于 PEEK 纤维的强度重量比大,织成符合增强效果的稀布质量轻,这部分下降的质量可以用来加入更多的短纤维,增加过滤网的厚度从而增加过滤效果。

稀布也可以用卷曲的 3.3dtex 的 PEEK 短纤维进行针刺成紧实的毡,它的质量比在 $400 \sim 550 \text{ g/cm}^2$。用 PEEK 纤维织成袋状过滤网可以用于以煤为能源的发电厂、工业用焚化炉的烟气过滤,效果极佳。与用其他材料制成的气体过滤毡相比较,PEEK 基过滤网的热稳定性比 Nomex 基、PPS 基的好。用 PEEK 纤维制成的过滤毡,抗撕拉能力强,抗压破能力也有提高。除此之外,PEEK 毡的尺寸稳定性好,并可在对耐磨要求高的场合下应用。

PEEK 基过滤织物的主要优异性能如下:

(1) 优异的强度及韧性。

(2) 对大多数废气包括 NO_x、SO_2 以及 HCl 等具有优异的抗腐蚀性。

(3) PEEK 纤维是理想的缝纫线,可以用于 PEEK 纤维基或其他材料混织的滤尘袋连接用线。

1.5.2　医学领域

由于纯度高、无毒(FDA 认可),并且具有非常好的耐消毒性、射线透射性和良好的人体相容性,PEEK 纤维的医用前景也十分广阔。例如,细密的机织网可以用作病灶修复手术和外科再造手术(如眼眶的修复)的增强体,肠和韧带修补材料,导管和气管的代用材料等,特制的纤维材料可以用于移植的器官上并且可以长期使用。PEEK 纤维织制的过滤网因其无污染、耐腐蚀、能高温蒸煮清洗,在透析、诊断装置以及层析仪器中使用,能够保证仪器纯净度要求。用于医疗场合的 PEEK 产品还包括管状体、连接体、过滤装置、过滤器板等。

1.5.3　复合材料

PEEK 纤维用于复合材料织物是 PEEK 纤维最重要的应用领域,可用于航空航天、高级轿车、医疗及体育领域,尤其在航空航天领域发展很快。宇航工业所要求的结构材料是质轻、具有杰出热性能及物理机械性能并且在着火时对乘客及机务人员危害性小的材料,PEEK 纤维作为一种高性能纤维完全满足上述要求。这种复合材料织物通常是以 PEEK 纤维与其他增强纤维,如玻璃纤维、对－芳纶、碳纤维按一定比例和方式结合起来的复合材料。用 PEEK 复丝与高强高模的碳纤维进行三维编织制得预制件,预制件加热后在一定压力下固化,这样 PEEK 纤维就会熔融流动并覆盖碳纤维,从而制得具有优异性能的三维编织碳纤维增强 PEEK 复合材料。而采用单向编织技术与热压方法结合,可以解决因 PEEK 熔点高、熔体黏度大等特点造成的预浸料的铺敷困难,而且可以保持碳纤维的单向强度,从而制备出具有优异的抗蠕变、耐湿热、耐老化、耐磨损的高性能热塑性树脂基复合材料。另外,用 PEEK 纤维制成复合材料还可用作增强高压蒸汽管、热水膨胀波纹管、耐热耐压的增强化学药品管等,应用于需要耐高温、耐水解、耐高机械作用和化学应力作用的场合。

1. CF_{3D}/PEEK 复合材料

三维编织复合材料是近 20 年来诞生的一种新型复合材料,从根本上克服了传统层合板层间剪切强度低、易分层的缺点,已广泛应用于航空、航天、医疗、体育等领域。对于三维编织碳纤维来说,由于其编织结构紧密,基体对纤维的浸渍困难。有研究指出,如果提高碳纤维与基体结合性能,提高复合材料的界面能,从而能够提高复合材料的综合性能。

PEEK 树脂是一种综合性能优异的高性能热塑性树脂材料,具有耐高温、耐腐蚀、耐摩擦、耐辐照等突出优点,在航空、机械、石油、化工、核电、轨道交通、医疗等众多领域有着极其广泛的应用。三维编织纤维增强复合材料具有强度高、整体性好等优异特性。因此,有研究采用三维编织技术与热压技术结合,制备三维编织碳纤维增强 PEEK(CF_{3D}/PEEK)复合材料,可在高载、高温及高磨损环境中得到广泛的应用。

CF_{3D}/PEEK 三维编织预制件如图 1-46 所示。CF_{3D}/PEEK 三维编织复合材料一般采用热压工艺进行制备。其基本工艺路线如图 1-47 所示。

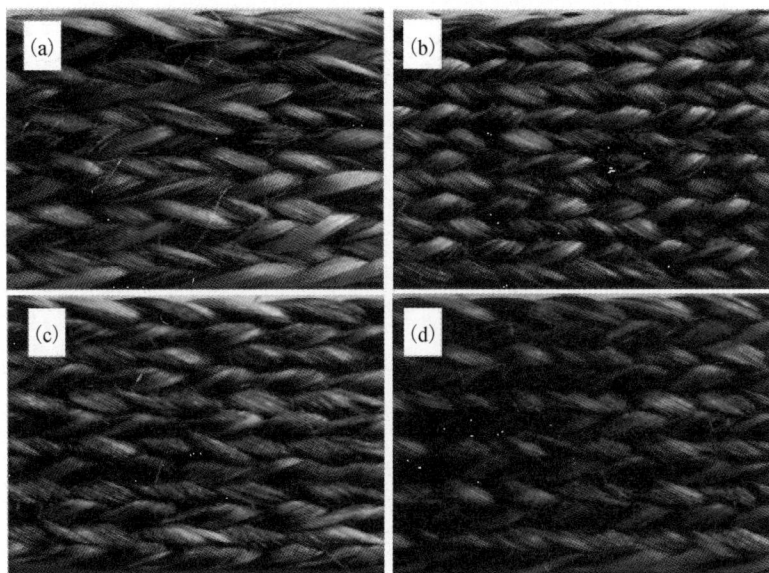

图 1-46 CF_{3D}/PEEK 三维编织预制件实物图

三维编织复合材料因其强度高、整体性好等优势而受到关注,但其表面性能较低、亲水性差、与涂层结合力较弱,难于进行某些表面涂覆处理,从而限制了其在某些方面的应用。因此,有研究对 CF_{3D}/PEEK 三维编织复合材料表面进行改

铺放纤维	模具放入热压成型机干燥 2h	升温至树脂熔点以上，保温 40min
纤维表面处理	调节温控、真空及压力系统参数	加适当压力去除真空
开盖冷却取出试样	停止加热，维持压力缓冷至 300℃	继续保温 40min

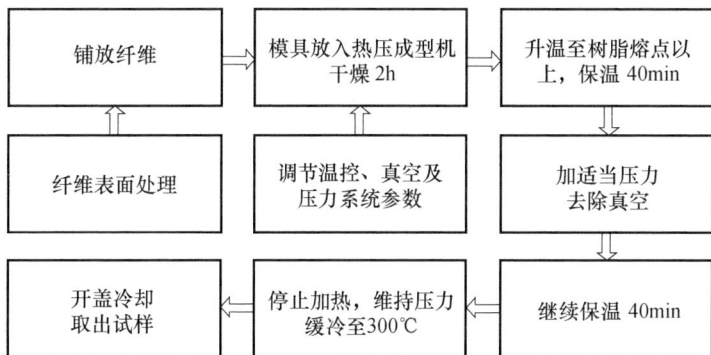

图 1-47　C_{3D}/PEEK 复合材料制备基本工艺流程图

性处理,如对三维混编纤维进行氧化处理、等离子处理等。氧化液为 $(NH_4)_2HPO_4$ 溶液(据文献报道效果良好且不引入毒性杂质)。研究结果表明,当碳纤维体积含量 V_{CF} 达到 60% 时,并在合适的工艺参数(三维混编纤维和模具在真空下预干燥 3h,并且一直保持真空状态,之后加热至 390℃ 的熔融热压温度,保温 50min,然后在 0.5MPa 成型压力)条件下,可制得 CF_{3D}/PEEK 表面状态良好,无气孔或其他明显缺陷的高碳纤维体积含量的 CF_{3D}/PEEK 复合材料。研究还指出,在一定碳纤维体积含量内,随着碳纤维体积含量的增加,CF_{3D}/PEEK 复合材料的弯曲性能和冲击韧性都有显著提高,体现了碳纤维对于复合材料的增强效果。当碳纤维含量达到 60% 甚至更高时,CF_{3D}/PEEK 复合材料弯曲强度等力学性能的增强效果开始减弱,冲击韧性显著提高,表明 CF_{3D}/PEEK 复合材料开始由中等塑性材料向脆性材料转变。碳纤维经 $(NH_4)_2HPO_4$ 表面氧化处理后,复合材料的弯曲强度和冲击韧性都显著提高。同时,CF_{3D}/PEEK 也具有较好的耐磨性能(摩擦系数约为 0.23,磨损率约为 $0.315 \times 10^{-6} mm^3 \cdot N^{-1} \cdot m^{-1}$)。当碳纤维含量不大于 54% 时,随着碳纤维体积含量的增加,复合材料的摩擦系数和磨损率减小,CF_{3D}/PEEK 复合材料的耐磨性更好。适当的润滑介质(如海水)可以显著降低 CF_{3D}/PEEK 复合材料的摩擦系数,提高复合材料摩擦性能。

2. 单向编结 CF/PEEK 复合材料

连续碳纤维增强 PEEK 复合材料属于热塑性树脂基复合材料,具有优异的综合性能,已在航空、工业、建筑、医疗等领域中得到广泛应用。对于高性能热塑性树脂 PEEK,熔融温度高,熔体黏度大,成型压力高,工艺性能差,在室温下几乎不溶于任何溶剂。如何将 PEEK 制成单向预浸材料是热塑性树脂复合材料成型中的一个技术难点,也是连续成型热塑性复合材料成型工艺中首先要解决的问题。

20 世纪 80 年代英国 ICI 公司首先通过拉挤熔融的方法制备出单向碳纤维增强 PEEK 预浸料,并相继研制了一系列牌号为 APC 的预浸料。APC-1 是最早实现商业化的连续碳纤维增强 PEEK 复合材料预浸料;APC - 2 比 APC - 1 有着更优异的综合性能,是目前最著名的牌号,商业化的 APC - 2 由一系列厚度为 125μm 的单向预浸带构成,碳纤维体积含量约为 60%。APC - 2 具有优异的力学性能,其拉伸强度通常大于 2000MPa,拉伸模量大于 135GPa,弯曲强度通常大于 1700MPa,弯曲模量大于 120GPa。虽然 APC 系列有着一系列优异的性质,但出于商业方面的考虑,ICI 公司对 APC 系列的成型技术严格保密。

近年来,伴随着对于连续碳纤维增强 PEEK 复合材料需求的不断扩大,一系列新的成型技术不断出现,有效克服了 PEEK 浸渍困难的问题。这些新技术主要包括粉末浸渍法和混杂纤维法,混杂纤维法因其浸润效果好、实现方便以及对环境友好等特点而越来越受到重视。混杂纤维法指的是通过各种手段将增强纤维与热塑性纤维连续均匀地混杂成一束纤维纱,混杂纤维纱仍然保留了纤维特有的柔韧性和悬垂性,既可以进行单向或多向铺层,也可进行二维/三维编织,甚至还能编织成复杂曲面结构,这大大扩展了其应用范围。PEEK 树脂良好的加工性确保了其可以通过熔融纺丝的方法制备性能优异的纤维,满足了混杂纤维法对热塑性树脂必须可纺的基本要求。

碳纤维与 PEEK 纤维的混杂可以通过多种途径来实现,但最终目的都是要保证碳纤维与 PEEK 纤维的分散尽量均匀,最好能达到单丝级的分散,同时在混杂过程中尽量减少对碳纤维的损伤。目前较为常见的混杂方法包括以下几种:缠包纱、核纺纱、拉伸断裂纤维纱、混纤纱等。

缠包纱是采用热塑性纤维将增强纤维缠绕并包覆起来,此种技术制备的混杂纤维束可较好地保护增强纤维在随后的工艺过程(如编、织等工艺)中免受破坏。但是由于增强纤维和基体纤维的分布不均匀,将需要较高的加工温度和压力以达到良好的浸渍效果。

核纺纱指的是将热塑性短纤维以连续的增强纤维为核心进行纺织。通过这种技术制备的纤维纱非常柔软,便于进行进一步加工。但是核纺纱要求加捻数高以保证纱线稳定,而加捻将降低生产速率和纤维强度。

拉伸断裂纱指的是将增强纤维和基体纤维拉伸断裂到预定的长度并加捻而形成纤维纱。加捻提高了纱的柔性和延伸性,但由于纤维的不规整排列,纵向强度和硬度较低。

混纤纱是目前为止效果最好的混杂方法,理论上热塑性纤维和增强纤维可以达到单丝级的分散水平,基本克服了上面介绍的几种纤维混杂方法的缺点。由于保密等原因,详细的混纤纱制备技术未能公开。概括地讲,混纤纱的制备有以下几种方法。一种方法是将每种纤维铺展开并互相叠在一起,紧接着在水中混合,然后成束并将水分移除。这种方法使增强纤维所受的应力很小,但很难使热塑性纤维和增强纤维真正达到单丝水平的分散。另一种方法是将热塑性纤维和增强纤维分别形成连续均匀的并展开到同一宽度的纤维束,然后采用空气变形法将两种纤维紧密、连续、均匀地混合。这种方法需用特殊的空气喷嘴,空气的压力需小心选择以达到紧密混合但最小程度地损伤纤维的目的。空气变形法的生产速度高于水混合法,并且由此法所得的混纤纱柔软,适当地加捻将有利于纱线稳定并有利于将其应用于进一步的加工工艺。应当注意,传统的空气混合不适用于高模量的纤维,主要是由于高模量纤维很脆而容易断裂,从而导致强度降低。为此,混纤纱的制备通常采用热空气变形法,混合温度为 $0.25 \sim 0.9 T_m$(T_m 指热塑性纤维的熔点)。另外静电法也被用来混合纤维。从上面所叙述的各种方法上来看,要获得真正意义上的单丝水平分散的混纤纱比较困难,这也是纤维混杂法制备热塑性复合材料所存在的主要问题之一。

　　一般来说,由混纤制品制备的热塑性复合材料的力学性能低于由预浸带制备的复合材料的力学性能。混纤复合材料力学性能的降低主要是由于纤维损伤(混纤纱制备和编织等过程引起)以及纤维与基体之间界面不好造成的。另外,混纤制品中纤维的缠结、弯曲以及错排等对复合材料力学性能也有不利影响。虽然纤维混杂法还存在一定的缺陷,但是由于其易于实现、对环境友好无污染等特点,目前已越来越受到人们的重视,特别是对混纤纱的研究在近几年发展非常迅速。由德国 BASF 公司结构材料部研制的 PEEK/AS4 混纤纱已成功商业化并被用于制备航空复合材料制件等,其单向拉伸强度能达到 1500MPa,拉伸模量可以达到 125GPa。

1.5.4　其他领域

　　经常使用 0.2~0.3mm 染成黑色的 PEEK 单丝编织成衬套,来保护与飞机发动机和汽车排气系统相近的电子线路。在这种使用场合,PEEK 纤维优良的耐弯曲疲劳性能、耐磨损和耐剪切性能都显得很重要。

　　PEEK 纤维还可应用于航天和原子能工业,如高性能刷子、过滤布、隔音材料等。

　　可以使用 PEEK 复合丝做成绳索,用于过滤织物和带的增强体。

　　另外,还开发了特殊的体育用弦,特别是网球拍弦。在这种使用场合要求材料能够保持张力,没有明显应力下降,另外,还能在高速交变应力的作用下保持良好均匀的弹性回复。利用 PEEK 纤维还开发了许多管乐弦,如吉他和小提琴弦。

1.6　PEEK 纤维的最新研究成果与展望

　　PEEK 纤维是一种重要的高性能纤维,力学性能、耐化学品性能、热性能好,在工业、航空航天、医学、环保等方面具有广泛的用途。目前,全球 PEEK 类纤维的产量约为 50 t/a,产品种类有几十种,其中一半以上由 Zyex 公司生产。

但由于原料和市场等原因,目前我国 PEEK 纤维的研究基本还处于实验阶段,尚无规模化生产,PEEK 纤维及其产品主要靠国外进口。目前国内 PEEK 纺丝存在的问题主要有以下几点:

(1)原料问题。纺丝级 PEEK 对树脂的纯度及相对分子质量及分布等要求很高,目前国内能满足纺丝要求的 PEEK 树脂品种很少。

(2)纺丝技术和设备问题。PEEK 熔体黏度大,流动性差,要求的纺丝温度较高,因而对纺丝设备也提出了更高的要求。

作为新一代纤维,PEEK 纤维的开发及应用基本还处于萌芽状态,但 PEEK 纤维作为一种高性能纤维具有许多其他潜在的应用领域,因此具有广阔的市场前景,其必将在国防及民用各工业领域中起到越来越重要的作用。目前,各国都在加紧对 PEEK 纤维的研究,我国更应加大对 PEEK 纤维的研发扶持,尽快促使国产 PEEK 纤维商品化,提高纤维制造的自动化程度和生产率,降低 PEEK 纤维生产成本,以带来更大的社会效益和经济效益。

参 考 文 献

[1] 牛海涛,焦晓宁,程博闻. 聚醚醚酮(PEEK)纤维的特性及其应用[J]. 北京纺织,2004(3):30-32.

[2] 张丽. 有机硅树脂增韧聚醚醚酮及其复合材料的性能研究[D]. 长春:吉林大学,2011.

[3] Blundell D J,Osborn B N. The morphology of poly(aryl-ether-ether-ketone)[J]. Polymer,1983,24:953-958.

[4] 吴忠文. 特种工程塑料聚芳醚酮[J]. 化工新型材料,1999(11):18-20.

[5] Ivanov D A,Legras R,Jonas A M. Interdependencies between the Evolution of Amorphous and Crystalline Regions during Isothermal Cold Crystallization of Poly(ether-ether-ketone)[J]. Macromolecules,1999,32:1582-1592.

[6] 赵纯,张玉龙. 聚醚醚酮[M]. 北京:化学工业出版社,2008.

[7] 白杉,周洁. 聚醚醚酮树脂应用现状[J]. 化工科技市场,2004(8):21-23.

[8] 马刚. 聚醚醚酮/硅灰石复合材料的制备及性能研究[D]. 长春:吉林大学,2011.

[9] Patel P,Hull T R,McCabe R W,et al. Mechanism of Thermal Decomposition of PEEK From a Review of Decomposition Studies[J]. Polymer Degradation and Stability,2010,95:709-718.

[10] Akh M N,Ellis G,Gómez M A,et al. Thermal decomposition of technological polymer blends 1. Poly(aryl ether ether ketone) with a thermotropic liquid crystalline polymer[J]. Polymer Degradation and Stability,1999,66:405-413.

[11] Zhang S,Wang H,Wang G,et al. Material with high dielectric constant,low dielectric loss,and good mechanical and thermal properties produced using multi-wall carbon nanotubes wrapped with poly(ether sulphone) in a poly(ether ether ketone) matrix[J]. Applied Physics Letters,2012,101:1-4.

[12] Geng Z,Ba J,Zhang S,et al. Ultra low dielectric constant hybrid films via side chain grafting reaction of poly (ether ether ketone) and phosphotungstic acid[J]. Journal of Materials Chemistry,2012,22:

23534 – 23540.

[13] Mishra A K. Effect of flow rate during injection molding on crystallization kinetics and ultimata properties of PEEK and its short fiber composites[D]. University of Delaware,1989.

[14] Ma G,Yue X,Zhang S,et al. Effect of the addition of silane coupling agents on the properties of wollastonite – reinforced poly(ether ether ketone) composites [J]. Polymer Engineering & Science, 2011, 51 (6): 1051 – 1058.

[15] Rong C,Ma G,Zhang S,et al. Effect of carbon nanotubes on the mechanical properties and crystallization behavior of poly(ether ether ketone)[J]. Composites Science and Technology,2010,70:380 – 386.

[16] AI 汽车网. http://auto. vogel. com. cn/2011/0720/paper_6836. html.

[17] Amin M H G,Hanlon A D,DHall L,et al. A versatile single – screw – extruder system designed for magnetic resonance imaging measurements[J]. Measurement Science and Technology,2003,14:1760 – 1768.

[18] 吴忠文. 特种工程塑料聚醚砜、聚醚醚酮树脂国内外研究、开发、生产现状[J]. 化工新型材料, 2002(6):15 – 18.

[19] 李明月. 熔融法纺制聚醚醚酮纤维的研究[D]. 北京:北京服装学院,2008.

[20] Shimizu J,Kikutani T,Ookoshi Y,et al. melt spinning of polyether ether ketone (peek) and the structure and properties of resulting fibers[J]. Sen – I Gakkaishi,1987,43(10):507 – 519.

[21] Shimizu J,Kikutani T,Ookoshi Y,et al. The Crystal Structure and the Refractive Index of Drawn and Annealed Poly(ether ether ketone) (peek) Fibers[J]. Sen – I Gakkaish,1985,41(11):461 – 467.

[22] Ohkoshi Y,Kikutani T,Konda A,et al. Melt Spinning of Poly Ether Ether Ketone (peek) Cooling, Thinning,and Structure Development on Spin Line[J]. Sen – I Gakkaish,1993,49(5):211 – 219.

[23] Ohkoshi Y,Nagura M. Intrinsic Birefringence of Poly(butylene terphthalate)[J]. Sen – I Gakkaish,1993, 49(11):601 – 604.

[24] Ohkoshi Y,Ohshima H,Matsuhisa T,et al. Structures and Mechanical Properties of PEEK Filaments[J]. Sen – I Gakkaishi,1990,46(3):87 – 92.

[25] Ohkoshi Y,Park C,Gotoh Y,et al. Cooling Behavior of the Spinning Line of Poly(ether ether ketone)[J]. Sen – I Gakkaishi,2000,56(7):82 – 93.

[26] Lee S,Kim B M,Hyun J C. Dichotomous behavior of polymer melts in isothermal melt spinning[J]. Korean Journal of Chemical Engineering,1995,12(3):345 – 351.

[27] Brünig H,Beyreuther R,Vogel R,et al. Melt spinning of fine and ultra – fine PEEK – filaments[J]. Journal of Materials Science,2003,38:2149 – 2153.

[28] Perrot C,Piccione P M,Zakri C C,et al. Influence of the Spinning Conditions on the Structure and Properties of Polyamide 12Carbon Nanotube Composite Fibers[J]. Journal of Applied Polymer Science,2009, 114:3515 – 3523.

[29] Lee L H,Vanselow J J,Schneider N S. Effects of mechanical drawing on the structure and properties of peek [J]. Polymer Engineering & Science,1988,28(3):181 – 187.

[30] 维信网. http://www. vertinfo. com/vertnewsview. asp? id = 29685.

[31] 毕鸿章. Zeus 公司开发 PEEK 纤维[J]. 高科技纤维与应用,2009(4):45.

[32] Bruce M M,Mcintosh B M,宣亮. PEEK 纤维基织物的新进展[J]. 产业用纺织品,1992(1):33 – 36.

[33] 于建明,边栋材,周晓峰,等. 聚醚醚酮纤维研制[J]. 纺织学报,1995(5):4 – 7.

[34] 于建明,边栋材,周晓峰,等. 热定型对 PEEK 纤维性能影响[J]. 高分子材料科学与工程, 1997(S1):107 – 110.

[35] 于建明,边栋材,周晓峰,等. 聚醚醚酮纤维拉伸工艺研究[J]. 天津纺织工学院学报,1996,15(1):

23 – 27.

[36] 邹黎光,张天骄. 耐高温纤维的加工技术及性能[J]. 合成纤维,2005(3):18 – 21.

[37] 李明月,张天骄. 聚醚醚酮熔纺工艺的研究[J]. 北京服装学院学报(自然科学版),2008,32(4):47 – 51.

[38] 李明月,张天骄. 拉伸方式对聚醚醚酮纤维结构和性能的影响[J]. 合成纤维工业,2009,32(3):21 – 23.

[39] 许忠斌,吴舜英,益小苏,等. 新型特种工程塑料 PEEK 超细纤维成型过程的难点分析[J]. 合成材料老化与应用,2000(1):14 – 18.

[40] 许忠斌,吴舜英,益小苏,等. 特种工程塑料螺杆挤出纤维的成型机理[J]. 华南理工大学学报(自然科学版),2003(10):6 – 10.

[41] 许忠斌,吴舜英,益小苏,等. 特种塑料 PEEK 纺丝机理和纺丝技术的研究进展[J]. 材料工程,2000(7):43 – 46.

[42] 胡安,刘鹏清,徐建军,等. 聚醚醚酮纤维的结构与性能[J]. 合成纤维工业,2009,(6):14 – 17.

[43] 胡安,刘鹏清,徐建军,等. 聚醚醚酮纤维的拉伸定型后处理研究[J]. 合成纤维,2008,(9):21 – 25.

[44] 王贵宾,张淑玲,张云鹤,等. 聚醚醚酮纤维研究与其复合材料制备技术[C]//中国塑料加工工业协会专家委员会第二届一次全体大会暨塑料新技术、新材料、新成果交流大会,包头,2010 年.

[45] Luan J,Zhang S,Wang G,et al. Influence of the Addition of Lubricant on the Properties of Poly(ether ether ketone) Fibers[J]. Polymer Engineering & Science,2013,53(10):2254 – 2260.

[46] Luan J,Zhang S,Wang G,et al. Preparation and characterization of high – performance poly(ether ether ketone) fibers with improved spinnability based on thermotropic liquid crystalline poly(aryl ether ketone) opolymer[J]. Journal of Applied Polymer Science,2013,130(2):1406 – 1414.

[47] 王贵宾,陈逊,姜振华,等. 一种改性聚醚醚酮纤维的制备方法. 中国,CN 101387107[P]. 2009 – 03 – 18.

[48] 王贵宾,周政,等. 具有较高较热稳定性的聚芳醚酮类树脂及其制备方法. 中国,CN 101864162A[P]. 2010 – 10 – 20.

[49] 王贵宾,任殿福,等. 纺丝级聚醚醚酮树脂专用料及其制备方法. 中国,CN 101215404A[P]. 2008 – 07 – 09.

[50] 王贵宾,张淑玲,等. 聚醚醚酮纤维的熔融纺丝热拉伸定型制备方法. 中国,CN 101225555A[P]. 2008 – 07 – 23.

[51] 李明月,焦志峰,张天娇. 聚醚醚酮纤维的制备、性能及应用[J]. 化工新型材料,2012,40(5):116 – 128.

[52] 汪晓峰,李晔. 耐高温纤维的发展及其在产业领域的应用[J]. 合成纤维,2004(2):1 – 4.

[53] Bruce M. McIntosh,Noel A. Briscoe. PEEK 纤维材料在医疗上的应用[C]//2002 中国国际产业用纺织品及非织造布论坛暨德国高新产业用纺织技术论坛,上海,2004.

[54] 卫亚明. 空心聚醚醚酮单丝[J]. 产业用纺织品,2002,20(2):44.

[55] 许俊龙,刘国捷. FDY 纺细旦黑色涤纶丝熔体流变性及可纺性的研究[J]. 广东化纤,1998(1):15 – 19.

[56] 王贵宾. 含氟聚芳醚酮的研究[D]. 长春:吉林大学化学学院,2000.

[57] 何曼君. 高分子物理[M]. 2 版. 上海:复旦大学出版社,1990.

[58] 王锦燕. 聚合物流变参数拟合及主曲线的生成[D]. 郑州:郑州大学材料科学与工程学院,2003.

[59] 田怡. 增塑聚乳酸结晶动力学和流动性能的研究[D]. 杭州:浙江工业大学化学工程与材料学院,2006.

［60］吴忠文,曹俊奎,黄智华. 聚醚醚酮分子结构对流动性和热性能的影响[J]. 高分子学报,1994(1):27－33.

［61］刘凤岐,汤心颐. 高分子物理[M]. 北京:高等教育出版社,1995.

［62］张晓明,刘其贤,张淑萍. PEEK 流变特性及其流动性能改善研究[J]. 纤维复合材料,1998(3):1－4.

［63］张晓明,张淑萍,刘其贤. PEEK 树脂的流变性能研究[J]. 纤维复合材料,1990(3):16－21.

［64］张淑萍,张晓明,刘其贤. 聚醚醚酮分子量对熔体黏度的影响[J]. 纤维复合材料,1991(2):7－11.

［65］臧昆,臧己. 纺丝流变学基础[M]. 北京:纺织工业出版社,1993.

［66］董纪震,罗鸿烈,等. 合成纤维生产工艺学[M]. 北京:纺织工业出版社,1993.

［67］Grasser W,Schmidt H,Giesa R. Fibers spun from poly(ethylene terephthalate) blended with a thermotropic liquid crystalline copolyester with non－coplanar bipheylene units[J]. Polymer,2001,42:8517－8527.

［68］Nandan B,Kandpal L D,Mathur G N. Poly(ether ether Ketone)/poly(ary ether sulfone)Blends:helt Rheological Behavier Joumal of Polymer Science:Part B polymer Physics,2004,42:1548－1563.

［69］叶光斗,刘鹏清,李守群,等. 聚苯硫醚纤维发展现状与应用[J]. 北京服装学院学报(自然科学版),2007(4):52－59.

［70］Macosko C W. Rheology:Principles,Measurements,and Application[M]. 2rd ed. New York:VCH Publishers,1994.

［71］刘鹏清. 改性聚芳酯的合成及性能研究[D]. 成都:四川大学高分子科学与工程学院,2011.

［72］于伟东,储才元. 纺织物理[M]. 北京:中国纺织出版社,2009.

［73］Fougnies C,Damman P,Dosière M,et al. Time－Resolved SAXS,WAXS,and DSC Study of the Annealing of Poly(aryl ether ether ketone)(PEEK) from the Amorphous State[J]. Macromolecules,1997,30:1392－1399.

［74］Lee L H,Vanselow J J,Schneider N S. Effects of mechanical drawing on the structure and properties of peek[J]. Polymer Engineering & Science,1988,28(3):181－187.

［75］许俊龙,刘国捷. FDY 纺细旦黑色涤纶丝熔体流变性及可纺性的研究[J]. 广东化纤,1998(1):15－19.

［76］吕洪,孟家明,陶涛,等. 熔融纺丝成型条件对 PET 初生丝超分子结构及其力学性能的影响——不同纺速下 PET 初生丝超分子结构及其力学性能的研究[J]. 合成纤维,1994(1):10－15.

［77］Alexander L E. X－Ray diffraction methods in polymer science[M]. New York:Wiley,1969.

第2章

聚苯硫醚(PPS)纤维

2.1 PPS 树脂及纤维概述

2.1.1 PPS 树脂概述

聚苯硫醚,全称聚亚苯基硫醚(Polyphenylene Sulfide,PPS)是一种以苯环在1,4 位连接硫原子而形成的刚性链聚合物。自从 1967 年美国飞利浦斯公司取得以对二氯苯和硫化钠为原料,在 N-甲基吡咯烷酮极性溶剂中合成 PPS 的专利以来,PPS 就凭借其优良的性能而被人们广泛关注。当 20 世纪 70 年代,由于石油危机而引起世界范围内的特种工程塑料大衰退时,PPS 却凭借其优异的耐热性能($T_g = 85℃$,$T_m = 285℃$,长期使用温度可达 $165 \sim 180℃$)而继续发展,成为工程塑料中发展最快,生产规模最大的品种之一,是特种工程塑料第一大品种,也是继聚碳酸酯、聚酯、聚甲醛、尼龙和聚苯醚之后的"第六大工程塑料",在电子电气工业、机械工业、化工行业等领域得到了广泛的应用。其结构通式如图 2-1 所示。

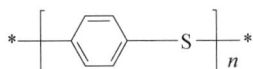

图 2-1 PPS 结构通式

自 1975 年以来,美国飞利浦斯公司集中精力研制和开发了性能更优异、用途更广泛的第二代 PPS——高分子量聚苯硫醚(HMWPPS)。由于较高的分子量和良好的流动性能,HMWPPS 不仅可以作为塑料,更可加工成纤维和薄膜。随着材料科学发展和塑料改性技术水平提高,特种工程塑料需求量日益剧增。PPS 作为应用范围最广、用量最大的特种工程塑料,世界平均消费量以年均 15% ~25% 的速度递增,我国消费量近 3 年更是成倍增长。2006 年,我国聚苯硫醚自给率仅为 13%,主要依靠进口。

国内在 20 世纪 70 年代,四川大学、上海华东化工学院、上海合成树脂研究所、天津合成材料研究所、广州化工研究院等单位对 PPS 进行了研究与生产应用工作,从小试到中试,先后建了数十套生产装置,耗资数以亿计。由于在原料精制,聚合工艺,产物后回收,生产成本,产品开发及工程放大等方面有很多关键技术没有取得突破而陆续废弃或只能小批量生产。其中研究最早和最有实力的单位是四川大学材料研究所,取得多项国家专利。七八十年代,广州化工研究所、四川长寿化工厂、天津合成材料研究所相继进行了 PPS 树脂研制,中试生产装置也先后通过了鉴定[1,2]。20 世纪 80 年代后半期,主要是在四川地区的一些中小企业,以四川大学技术为基础建设了一批多为年产几十吨规模的小装置,生产低分子量的涂料级 PPS 树脂。2001 年,四川华拓科技有限公司与四川大学合作,在国内获得了领先的发展,2005 年和 2006 年陆续建了 2 套 6000t/a 生产装置,对我国 PPS 工业化生产具有重大意义[3]。

2.1.1.1　PPS 树脂的合成方法

早在 1963 年,飞利浦斯公司就以硫化钠和对二氯苯为原料在极性有机溶剂中合成了 PPS。合成 PPS 的工艺有硫磺和苯聚合,以硫磺和对二氯苯为主要原料合成 PPS(Macallum 熔融法和硫磺溶液法),对卤硫酚或卤硫盐的自缩合,硫化钠和对二氯苯在 N – 甲基吡咯烷酮溶液中缩聚(硫化钠法),二苯二硫醚在路易斯酸作用下的聚合等多种方法,但目前用于工业化生产的方法只有硫化钠法和硫磺溶液法两种,其中硫磺溶液法为我国所特有[3,4]。

PPS 产品一般分为线型、交联型和支链型三种类型。以下简单介绍几种 PPS 的合成方法。

1. Macallum 法

该方法起源于 1948 年,由 A. D. Macallum 提出,反应方法:对二氯苯、硫和碱金属盐(如碳酸钠),在 275 ~ 360℃加压,熔融缩聚制得。反应式如下:

$$Cl-\!\!\boxed{}\!\!-Cl + S \xrightarrow{\text{熔融}} *\!\left[\!\boxed{}\!-S\right]_n\!*$$

在 Macallum 法中反应物的配料比很大程度上决定了 PPS 树脂的性能与结构。硫和碳酸钠与对二氯苯的摩尔比为 1.5 : 1.0 时,生成坚硬和高软化点的聚合物,摩尔比为(2.0 ~ 3.0) : 1.0 时,则生成低软化点的橡胶状聚合物。该缩聚反应分两步进行,首先是硫与碳酸钠在熔融状态下反应,生成硫化钠,芳香族卤化物的存在会大大加速这一转化。如果直接加入硫化钠,仍需加入少量的硫来催化缩聚反应。当硫化钠与硫的摩尔比为 1.0 : (0.1 ~ 0.2)时,在 300℃下反应 2h,得到 PPS,产率可达 95% 以上。

用该法合成的 PPS 树脂具有良好的化学稳定性,力学性能优良。但该反应为放热反应,且放热大,过程难以控制,由于副反应的出现,聚合物的分子量较低,含有不定的多硫结构,产物呈块状,实验的重复性差。

2. 对 - 卤代苯硫酚盐自缩聚路线

1959 年,美国道化学公司的 Lenz 和 Handtouits 提出了对 - 卤代苯硫酚盐自缩合合成路线,1963 年道化学工业公司开始工业探索,并生产有部分产品。

其反应方法为,对卤代苯硫酚、卤代多亚苯基硫酚的碱金属盐以及这些盐被烷基、芳核取代基取代后的衍生物,在惰性气体及吡啶存在下自身熔融或者溶液缩聚。反应式如下:

$$nX \longrightarrow \boxed{} \longrightarrow S^-M^+ \longrightarrow *\left[\boxed{} \longrightarrow S \right]_n * \ nMX$$

式中　M——铜、锂、钠、钾;

　　　　X——氟、氯、溴、碘。

反应特点:本体缩聚反应在低于盐熔点 10 ~ 20℃ 的温度下进行,温度越高副反应产物越多,从而限制分子链的增长,如果高于熔点,则反应无法控制,得到不溶不熔的聚合物,无使用价值。溶液缩聚的反应温度在 250 ~ 310℃,原料纯度应大于 90%。常用的溶剂为吡啶、喹啉、二甲基吡啶等。溶液缩聚的速度比本体缩聚高 50 ~ 100 倍。产物具有较好的线性结构,在 400℃ 以下具有优良的热性能,在 600 ~ 900℃ 氮气中失重率为 50%。

此法不需要调节单体比例,可得到标准线型 PPS 树脂,但是存在单体生产工艺长,原料毒性大,价格昂贵,反应副产物——环状 PPS 低聚物以及在生产工艺过程中的难点太多而未能完成工业化。

3. 硫化钠法(Phillips 法)

这是世界上最早实现工业化生产的方法,也是目前最主要的工业化生产方法。1969 年,美国飞利浦斯公司的 Edmond 和 Hill 在专利中第一次发表了使用对二氯苯和硫化钠在极性有机溶剂中直接缩聚,合成线型 PPS 树脂的溶液聚合法。该反应是由等摩尔的对二氯苯和硫化钠或硫氢化钠在极性有机溶剂中,通氮气保护,反应压力为常压,约为 6.87MPa,反应温度为 170 ~ 350℃。这是一种合成线型 PPS 树脂的溶液聚合法。反应式如下:

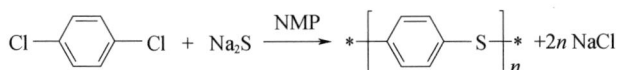

$$Cl \longrightarrow \boxed{} \longrightarrow Cl \ + \ Na_2S \ \xrightarrow{NMP} \ *\left[\boxed{} \longrightarrow S \right]_n * +2n\,NaCl$$

反应特点:原料价格低廉易得,工艺路线短,产品质量稳定,反应产率高,产物重复性好。以上优点引起人们的普遍重视,业内广泛开展了类似的合成研究工作。

在类似的研究工作中,采用的极性有机溶剂主要为酰胺类、内酰胺类和砜类化合物,如 N - 甲基吡咯烷酮(NMP)、六甲基磷酰三胺(HMPA)、四甲基脲、己内酰胺、N - 乙基己内酰胺、二甲基甲酰胺、N、N′ - 亚乙基二吡络烷酮和低分子量聚酰胺等。其中,以 NMP 和 HMPA 效果最好。Darryl 和 Carlton 对该反应机理的研究结果表明:反应开始时,$Na_2S \cdot H_2O$ 将与溶剂发生作用,形成新的络合物,表示为 $Na_2S \cdot NMP \cdot H_2O$,反应机理为 S_NAr 过程,而以 NMP 作为溶剂能够有效地促进 S_NAr 历程的进行。

若采用的硫化钠可以在反应前以减压加热的方法事先脱去其结晶水,以无水硫化钠的形式加入反应釜中进行合成反应,该方式称为釜外脱水法;也可以将含结晶水的硫化钠直接加入反应釜中,通过溶剂的加热回流,逐步蒸馏而脱去其结晶水,该方式称为釜内脱水法;有的甚至还采用一种在釜内脱水的基础上往体系中加入能与水形成共沸物的低沸点有机溶剂而将水分尽快带出的方式,该方式又称为共沸脱水法。

对二氯苯与碱金属硫化物的摩尔比一般近于 1∶1,如果其中有一种原料单体过量,将导致反应产物分子量下降。随着反应的温度升高,时间延长,也会使产物分子量明显下降。

1971 年,飞利浦斯公司采用硫化钠釜内脱水方式,在 NMP 中进行溶液缩聚的工艺,成功地进行了 PPS 树脂的工业化生产,产品以 Ryton 为商标投放市场,树脂品种有 V-1、P-4、P-6 等多种品质和牌号,包括涂料用、复合改性用的中强度或高强度品种。直到 1985 年以前,由于受到专利的保护,世界上只有该公司进行 PPS 树脂的生产。该合成法产率高(大于 90%),产物重复性较好,但在早期的工业化过程中存在生产工艺流程长、原料精制难度大、产品分子量较低、抗冲击性能较差且由于无机盐的存在而使得产品的耐湿性、电器特性继而成型性下降等缺点。为提高树脂分子量,降低树脂流动性,满足加工需求和提高复合材料的性能,在聚苯硫醚早期的工业化生产中采用两种方式来提高树脂分子量:一种是将合成的普通分子量的树脂在高温下进行热氧交联处理,通过与氧的支化或交联反应,降低树脂的流动性,获得支化型或低度交联的 PPS 树脂;另一种是在反应体系中加入少量高活性的第三反应单体,通过其扩链作用制得高分子量的 PPS 树脂,第三反应单体多采用多卤代芳烃,通常为 1,2,4 - 三氯代苯。当然,这样合成的高分子量树脂也是支化型的。

4. 硫磺溶液缩聚路线

该法由我国四川大学陈永荣、伍齐贤等[5]研究开发成功,并在国内进行了 150t/a 规模的工业化生产。该合成路线采用硫磺和对二氯苯在极性有机溶剂中进行常压缩聚,反应按照两步进行:首先,硫磺在极性有机溶剂中与还原剂及助剂反应,被还原为 S^{2-},之后 S^{2-} 与对二氯苯在极性有机溶剂中于 170~220℃进行常压聚合,反应采用的极性有机溶剂主要为六甲基磷酰三胺(HMPA)和 NMP,反应式和反应机理如图 2-2 所示。

$$S \xrightarrow{\text{还原剂}} S^{2-}$$

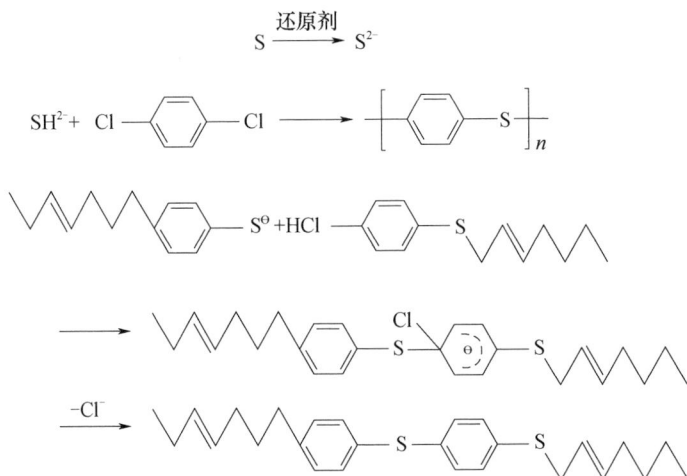

图 2-2 硫磺法制备 PPS 反应机理

在该法中,由于使用硫磺作硫源,具有原料纯度高和储存稳定性好的特点,硫磺可在反应体系内定量还原为 S^{2-},能保证配料的准确性,同时避免了硫化钠在储存中存在的氧化、吸潮和吸收 CO_2 等带来的有害杂质和配料不准的问题,省去了硫化钠的脱水步骤,因而反应周期短、投资和生产成本低、反应能耗低、溶剂易于回收。杨杰等采用[6]该路线合成了包括线型、微支化型、支化型等多种结构在内的高分子量 PPS 树脂,并认为该反应机理与硫化钠反应机理一致,都为亲核取代反应。该法的缺点是技术难度较大,由于还原剂及助剂的加入,使得副产物较多,产物纯化也比较困难。但随着多年来对该合成工艺的不断改进,其技术也不断完善。严永刚等采用复合催化体系进一步提高了聚合反应的重要性和稳定性,制备了高分子量韧性 PPS 树脂。目前,新的硫磺溶液法还改变了原方法使用的还原剂的助剂体系,使得副产物大为减少,硫磺完全定量还原为 S^{2-},且转化利用率比以前大为提高,产品质量和生产效率获得进一步的提升,该方法是 PPS 工业化生产的一个新选择。

5. 线型高分子量 PPS 树脂的合成

Mile[7] 和 Edmonds[8] 等人采用炼气厂中的 H_2S、NaOH、P-DCB 为原料加入复合催化剂如无水醋酸钠、碳酸钠,在 270℃、490~980kPa 下于 NMP 溶剂中反应得到了线型高分子量的 PPS。但该反应需加压、高温,反应时间长,对设备要求苛刻且腐蚀严重,产品后处理困难,收率低,成本高。罗吉星等[9]采用硫铁矿发生的 H_2S、NaOH、P-DCB 为原料,采用单一催化剂,常压下在 190~235℃ 于六甲基磷酰三胺(HPTA)中反应得到线型高分子量 PPS。该反应体系活性高,无须加压,反应温度低,反应时间较短,产物易洗涤过滤,后处理周期短,产品收率高,成本低。罗吉星[10]、谢美菊[11] 等以天然气脱硫厂酸气或含硫废气为原料,

以 Na_3PO_4 为单一助剂,不加催化剂在常压合成了线型高分子量的 PPS。杨杰等[5]以硫磺和 p-DCB 为原料,常压下合成了线型高分子量 PPS。古旗高[12]开发了均相合成工艺,该工艺以络合物状态的硫化钠与分子状态的 p-DCB 为原料,在 HMPA 中低压聚合得到了高分子量 PPS,分子量达到 80000 g/mol。工艺要点:120~200℃下硫化钠与助剂、溶剂作用生成加成复合物,复合物与 p-DCB 快速反应生成预聚物,在 200~240℃和准均相条件下使预聚物缩聚 2~6h 生成线型高分子量 PPS。

6. 支链型高分子量 PPS 树脂的合成

支链型高分子量 PPS 流动性差,用于塑料和层压材料。Campbell[13]、Edmends[14]等提出了以碱金属硫化物,对二氯苯为原料,引入活泼第三单体 1, 2,4-三氯苯和碱金属盐助剂,在极性有机溶剂 NMP 中,加压合成支链型高分子量 PPS。其反应式如下:

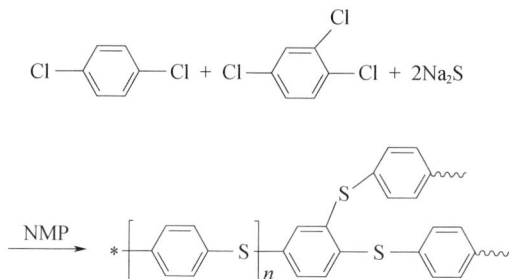

该方法合成的 PPS,相对分子量高达 200000 g/mol,由于有支链,导致结晶度降低,缺点是流动性较差和加工困难。杨杰等以硫磺和 p-DCB 为原料,加入带反应活性 $-NO_2$ 的 2,5-二氯硝基苯作共聚单体,在极性有机溶剂中用溶液硫磺法合成了带支链的高分子量 PPS。反应中,$-NO_2$ 首先被还原成 $-NH_2$,$-NH_2$ 在高温下与芳环进一步发生支化反应,得到支链型 PPS。

2.1.1.2　PPS 树脂的工业化生产

1. 间歇式聚合方法

PPS 的合成路线有多种,但已经工业化或具有工业化价值的路线只有两条:一条是已经工业化的 Phillips 路线;另一条是具有工业化价值的硫磺溶液缩聚路线(即硫磺溶液法)。国外成功的硫化钠法(图 2-3)都以精制工业硫化钠(含水)和对二氯苯为原料在极性有机溶剂 NMP 中进行加压缩聚,区别在于各自的催化体系和工艺控制条件与手段,这是 PPS 研究中最通用的合成方法,同时也是最成熟的工业化路线。在解决了精制工业硫化钠的来源和反应催化体系后,国内采用该路线的四川得阳科技股份有限公司也成功进行了 PPS 的工业化生产,而国内开发 PPS 的绝大部分单位采用了釜外脱水的方式制备无水硫化钠,再在极性有机溶剂六甲基磷酰三胺中与对二氯苯常压下反应,这样一条不成熟的工艺路线,生产中往往在硫化钠的精制方面就遇到了较大的困难,加之反应催化体系落后,工业控制困难,导致溶剂回收率低,生产成本高,产品重现性差,相对分子量低,因而使得这些研发和试验纷纷以失败告终。以硫磺和对二氯苯为原料在极性有机溶剂中常压或加压缩聚的硫磺溶液法,由于使用硫磺做硫源,它的含量稳定,贮存稳定性好,因而容易准确配料,产品质量稳定。该工艺路线是我国特有的,早期的硫磺溶液法已通过了 150t/a 规模的工业化试验,更新后的硫磺溶液法还有待于工业化生产规模的检验。

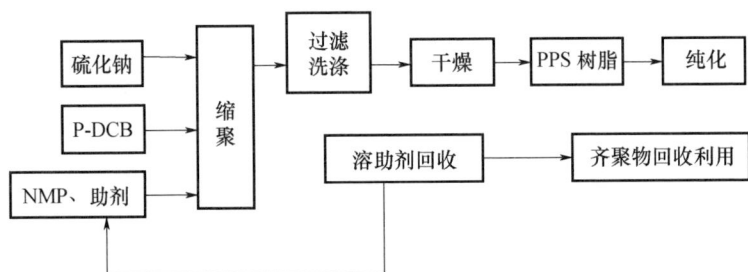

图 2-3   硫化钠法工艺流程图

1)硫化钠法

由于 PPS 树脂的生产普遍采用该路线,其简要工艺流程如图 2-3 所示,将极性溶剂 NMP、硫化钠及反应助剂加入反应釜中,在通氮气保护的情况下升温脱水,之后加入对二氯苯进行缩聚反应。反应完成后经闪蒸出去部分溶剂,并使釜温下降,进行固液分离,固体部分用水反复洗涤后干燥即为聚合物成品,液体部分经精馏回收后,在供缩聚反应使用。

2)硫磺溶液法

如图 2-4 所示,将溶剂 NMP 或 HMPA、工业片碱、助剂及硫磺加入反应釜,升温反应,待脱水合格后终止反应,回收溶剂,反应过程中产生的尾气经洗涤后即可达到排放标准,直接排空。回收溶剂后,固相物用水洗涤以除去未反应物、副产物氯化钠以及其他无机物,这一过程在洗涤槽中进行。洗涤过程中的分离过程采用离心机完成,分离后的液体放入洗涤贮槽,洗涤过程采用逆流洗涤,将最后经去离子水洗涤合格后的树脂干燥、包装,或送造粒工序与增强填充类材料相混,进行挤出造粒,制得 PPS 复合改性材料。

洗液经萃取回收溶剂后进入集水池,回收的溶剂经精馏后重复使用。多个集水池中的水用于逆流循环洗涤产品,最后一个集水池中的水经处理后进水燃烧器以蒸发水分,浓缩副产盐,然后使副产盐结晶分离出来。

比较硫化钠法和硫磺溶液法可以发现,硫磺溶液法由于原料硫磺具有高纯度和贮存稳定性好的特点,可在反应体系内定量还原为 S^{2-},能保证配料的准确

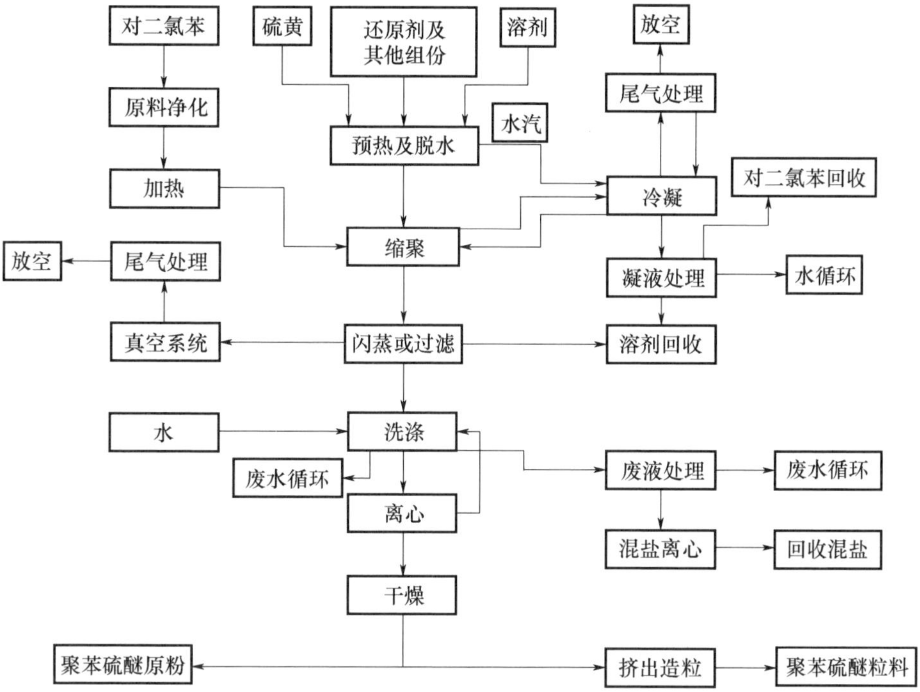

图 2-4 的流程图内容（方框文字）：

对二氯苯 → 原料净化 → 加热 → 缩聚

硫黄

还原剂及其他组份 → 预热及脱水 → 缩聚

溶剂

水汽

放空 ← 尾气处理 ← 冷凝

对二氯苯回收

冷凝 → 凝液处理 → 水循环

放空 ← 尾气处理 ← 真空系统

缩聚 → 闪蒸或过滤

凝液处理 → 溶剂回收

闪蒸或过滤 → 洗涤

水 → 洗涤

废水循环 → 离心

废液处理 → 废水循环

混盐离心 → 回收混盐

离心 → 干燥

聚苯硫醚原粉　　挤出造粒 → 聚苯硫醚粒料

图 2-4　硫磺溶液法合成聚苯硫醚的工艺流程图

性,同时避免了硫化钠贮存中存在的氧化、吸收 CO_2 和吸潮等带来的有害杂质和配料不准的问题,省去了硫化钠法耗时的脱水步骤,因而反应周期短、能耗低;同时,由于反应体系中存在着未反应完的还原剂,可以保护反应体系中的硫离子,减少硫离子的氧化,保证反应的顺利进行。硫磺溶液法的缺点是加入还原剂为助剂,增加了反应副产物和树脂纯化处理的工作量。

2. 连续聚合法

飞利普斯公司于 1976 年公开了一种半连续聚合制备聚苯硫醚树脂的方法,其采用多个聚合反应釜串联来完成不同阶段的反应,每个釜中的反应条件固定不变,从而避免了间歇式聚合过程中,因改变聚合条件而引起的不稳定反应。连续聚合反应容易控制,所得 PPS 树脂质量稳定,聚合反应效率较高。图 2-5 为其专利所报道的反应装置示意图,其基本反应步骤如下:

(1) 精确计量的 $Na_2S \cdot xH_2O$、NMP、对二氯苯、催化剂等物料分别从不同管道加入第一反应釜,在一定反应温度和压力下搅拌足够时间,形成具有一定相对分子质量的聚合物浆液;反应过程中形成的自由水、部分对二氯苯以及 NMP 在背压控制系统的控制下逐渐排出反应系统。

(2) 反应混合物在压力差的驱动下从第一反应釜进入第二反应釜,后者温度高于前者,继续进行聚合反应,聚合物分子量得到进一步提高;由于反应的进

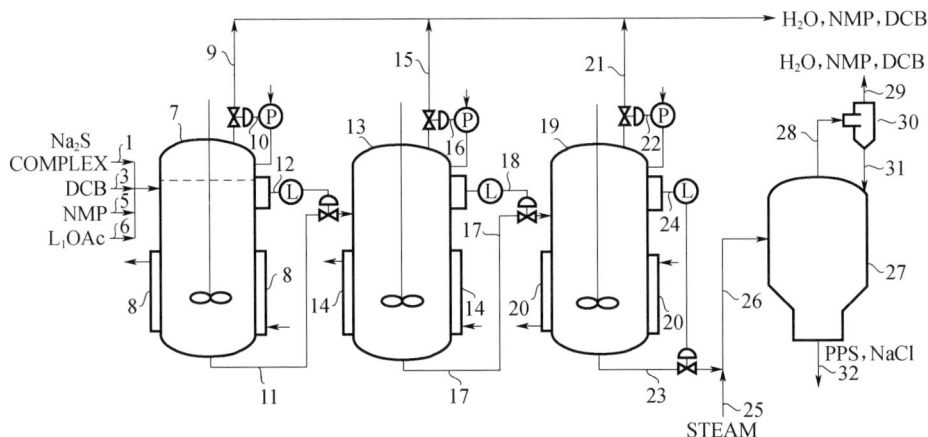

图 2-5 PPS 树脂连续聚合反应装置示意图

行及部分液态物质排出反应体系,聚合物浆液的固含量也进一步增加。

(3)以此类推,各反应釜之间反应温度逐渐升高,压力逐渐降低,直至反应产物的分子质量达到要求。一般通过两级或三级反应釜的反应,即可得到所需产物。反应结束后,体系中 NMP、水、残余单体等通过热蒸汽带出并进行精馏回收;而聚合物浆液则进入水洗工序,经多次洗涤除去钠盐及低分子量的齐聚物后,即可得到线性高分子量的聚苯硫醚树脂。目前,飞利浦斯公司 PPS 树脂生产即为连续聚合,但其具体工艺路线是否为专利所公开的方法,则未见相关报道。

2.1.1.3 树脂纯化

PPS 树脂纯化的方式和工艺流程较多,这里选取其中一种进行简单的介绍。图 2-6 是针对 PPS 树脂进行一步纯化的工艺流程,这是为了满足制备 PPS 纤维、薄膜等用树脂的需求而制定的,纯化后的 PPS 树脂纯度比普通工程塑料级 PPS 树脂的纯度高,是高纯度 PPS。

(1) 树脂预洗:PPS 聚合反应完成后,经过固液分离工序后的固体部分为 PPS 树脂(标记为聚合物 A),其中包括反应中使用的溶剂 NMP 以及反应中的副产物碱金属盐、低聚物和反应中残存的单体、催化剂等,将 A 经水在温室漂洗 2 次后,在高温用水和水与乙酸的混合溶液漂洗两次,再将 A 与废液(漂洗液)过滤分离。

(2) 杂质萃取:将过滤后的包含水/低聚物/杂质的 A 经过流路 1 进入带有冷凝器与搅拌器的干燥器 2,与由流路 3 加入的溶剂 NMP 混合并加热,通过顶部流路除去分水的部分 NMP,然后将干燥过的包括聚合物/低聚物/杂质/溶剂的混合物通过底部流路 7 达到萃取器 6,加热保持一定时间。从萃取器出来的

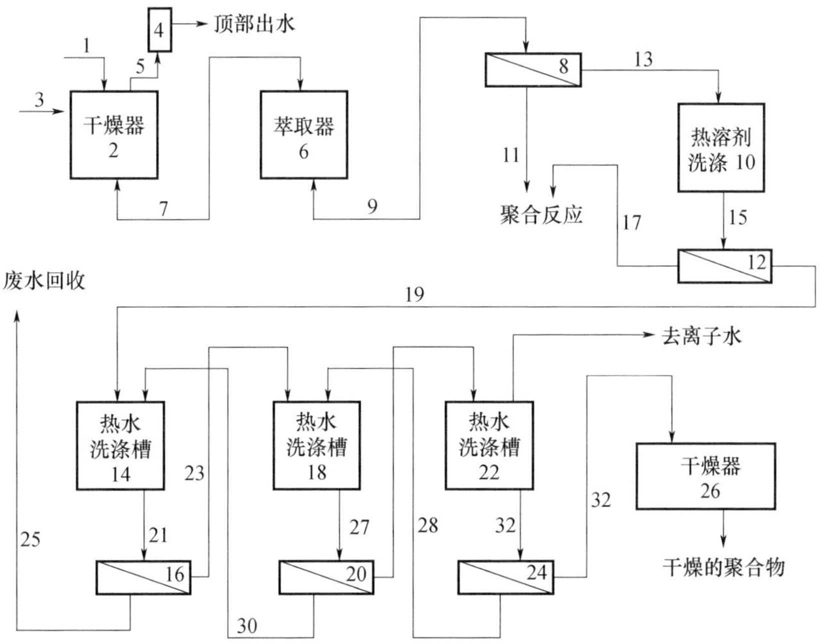

图 2-6　PPS 树脂纯化工艺流程

淤浆经过流路 9 达到分离器 8,含有溶解的低聚物和杂质的溶剂通过流路 11 处理后用作萃取或聚合反应。

(3)溶剂洗涤:经过纯化的聚合物通过流路 13 到达溶剂洗涤器 10,在加热状态下进行洗涤,然后通过流路 15 到达分离器 12,将含溶剂的滤液分离并回收或经过流路 17 处理回收。溶剂洗涤次数可根据需要在 1~3 次范围进行调整。

(4)水洗:经过纯化的聚合物通过流路 19 到达一系列水洗槽 14、18、22,通过由流路 33、30、23 进入的去离子水在加热状态进行逆流洗涤,聚合物依次经过流路 21、27、29 到达分离器 16、20 和 24,并通过流路 23、29、31 直至到达干燥器 26。此时聚合物的纯度得到进一步提高。最后的废水依次通过流路 29、27、21、25 回到废水回收池中。水洗次数可根据需要在 1~5 次范围调整。

2.1.2　PPS 纤维概述

2.1.2.1　国外 PPS 纤维发展现状

PPS 纤维在国外已有较长的研究历史。Bartlesville 等在 1975 年开始研究 PPS 的纺丝。菲利普斯公司于 1979 年研制出纤维级的 PPS 树脂,1983 年 PPS 短纤维实现工业化生产,其商品名称为 Ryton。1985 年菲利普斯公司专利失效后,美国、日本以及西欧许多发达国家纷纷建设 PPS 树脂生产装置,1988 年日本吴羽化学开发出第二代线性 PPS(Fortron)。1998 年,日本东丽公司开始生产

PPS 纤维,其商品名称为 Torcon,2000 年该公司宣布并购美国 Fibers&Yarns 公司的 PPS 纤维部门,从而成为全球世界上 PPS 纤维的最大供应商。同时,日本东洋纺、吴羽化学等公司相继进行了 PPS 纤维的开发。东丽公司 PPS 短纤维产能 1500t/a,长丝产能 100t/a,2006 年产量约 1000t/a;东洋纺公司 PPS 短纤维产能 3000t/a,2006 年产量约 1500t,日本吴羽化学公司的 PPS 纤维产量约 400t;日本帝人公司也生产 PPS 纤维[15,16]。

美国菲利普斯公司在 20 世纪 90 年代,将纤维级 PPS 树脂及其纤维生产技术转让给东丽公司后不再生产 PPS 纤维,但由于 PPS 纤维市场愈来愈被看好,最近拟重新开发纤维级 PPS 树脂,但不生产纤维。欧洲地区奥地利兰精公司有一套 PPS 纤维生产线,但由于东丽公司同兰精公司签署了欧洲市场分销合同,兰精公司承诺不再生产 PPS 纤维。奥地利 Inspec Fibers 公司于 2003 年开发出了耐高温纤维 P84 及 PPS 纤维(Procon),目前这两种纤维国内主要用于高温过滤。荷兰 Diolen 工业纤维公司首次开发出高韧性 PPS 复丝,并将这一产品推向市场。据悉 Diolen 工业纤维公司 PPS 纤维产量较大,但未见公开报道。除此之外,日本帝人公司、德国拜耳公司都有类似产品销售。

综上所述,目前日本上述公司已为全球 PPS 纤维的主要供应商,PPS 纤维产品有短纤、长丝、中空纤维、复合纤维、非织布和毡等。PPS 纤维生产技术也主要掌握在日本几家公司手中,其产量占世界总产量的 60% 以上。全球 PPS 纤维的总产量尚无准确的统计,估计在 20000 t/a。

关于 PPS 的纺丝工艺,1987 年,P. L. Carr 等首先研究了 PPS 纤维的纺丝行为,从理论上分析了纤维的形态结构。K. Nogami 等认为 PPS 的纺丝温度一般要控制在 310 ~ 340℃,得到的纤维的断裂强度大于 3.0cN/dtex,断裂伸长小于 10%。Sugimoto Takeshi 等研究了 PPS 纤维的热定型条件,认为在一定温度范围内,随着热定型温度的升高,纤维的结晶度增加,纤维的断裂强度提高。根据研究,其纺丝温度应在 320 ~ 340℃、纺丝速度约为 100 ~ 200m/min。Koketsu Tomota. Ka 等研究了 PPS 纤维的后拉伸条件,通过对纤维进行多级拉伸试验,发现 PPS 的结晶度会随着拉伸倍数的增大而增加,认为是由于拉伸过程中的热诱导、应力取向诱导以及拉伸热效应共同作用的结果。Tsubaki Yasushi 等研究了一种紧张热定型的方法,提出在一定预张力、200℃下进行 100h 和 400h 的热处理后,可明显改善 PPS 纤维的力学性能[17]。

关于 PPS 长丝的加工,切片的干燥效果、纺丝设备和纺丝工艺条件等因素对长丝的强伸均匀度、条干不匀率和后拉伸加工过程的稳定性以及成品丝的质量影响很大。日本专利曾公开了聚苯硫醚纤维熔融低速纺丝低速拉伸的两步法工艺和设备,即以 300 ~ 400m/min 速度纺丝卷绕后,在拉伸设备上进行拉伸定型,再卷绕生产 PPS 长丝,但是该方法能耗大、加工成本高、效率低,且生产出的

PPS 长丝均一性差、毛丝多。

2.1.2.2　国内 PPS 纤维发展现状

PPS 纤维是我国"十一五"规划期间产业化重点发展的高性能纤维之一。随后,国家发改委和工信部联合确定《2010 年国家重点产业振兴和技术改造中央投资年度工作重点》,其中"高性能纤维产业化及其应用"中明确包括"碳纤维、芳纶、高强聚乙烯、聚苯硫醚等高性能纤维的产业化及产品的开发应用"。2011 年,我国制定了新材料"十二五"规划,再次把聚苯硫醚纤维列为重点发展的高性能纤维之一。

国内最早于 20 世纪 90 年代初开始研究 PPS 纤维。四川省纺织工业研究所与四川大学等单位合作,结合国家"863"计划研究开发 PPS 短纤维,先后列入四川省科委、四川省计委、原纺织工业部的重点技术攻关项目计划,于 2004 年取得中试研究成果,并获得两项发明专利,通过验收鉴定,技术水平达到国内领先。天津工业大学的"国产聚苯硫醚纤维的开发研究"项目列入天津市自然科学基金项目,于 1999 年 6 月通过了天津市科委组织的验收。2004 年,中国纺织科学研究院与国内已实现规模化生产的 PPS 原料制造商四川得阳科技股份有限公司合作,成功地研制了纤维级 PPS 树脂并对纺丝技术进行了开发,试制出了 PPS 短纤维。在中试放大过程中,完成了 PPS 短纤维纺丝关键设备和成套技术的开发,较好地纺制出 PPS 短纤维,然后加工成过滤袋,应用于烟道过滤系统,得到了用户好评。2008 年 1 月 11 日,由中国纺织科学研究院承建,以国产 PPS 树脂为原料,国内最大规模的 5000t/a PPS 纤维生产装置,在四川得阳科技股份有限公司建成投产,实现了 PPS 短纤维的工业化。2010 年,德阳安费尔高分子材料有限公司也开始生产 PPS 短纤维。国内一些纺织、环保骨干企业采用进口 PPS 纤维加工滤袋用于烟道除尘,从而也加速了我国 PPS 纤维从科研部门向工业部门转化的速度[18]。经过多年的自主研发,我国在国产纤维级聚苯硫醚树脂和高性能聚苯硫醚纤维的工程化成套技术方面取得重大突破,国内现在聚苯硫醚长短纤维的生产能力为 9500t/a 左右,打破了过去由国外公司价格垄断和限量供应的局面。但由于国内纤维级 PPS 原料的研究和开发相对落后,尚不能满足正常纺丝的要求,除利用进口原料或用国内 PPS 树脂代替部分国外纤维级 PPS 树脂纺丝外,目前基本处于停顿状态,而我国以 PPS 纤维为原料,生产 PPS 织物和非织造布材料所需的高品质 PPS 纤维主要靠国外进口生产。2014 年,全国 PPS 纤维使用量约 10400t,尚处于供不应求的状况,主要用于烟道过滤,其中国产约 5400t,进口约 5000t。要解决我国环保、化学品过滤等领域所用 PPS 纤维,预计 2020 年将达到 20000t 以上。经过近几年的努力,生产工艺技术取得重大突破,已具备与进口产品竞争的能力。

制约我国 PPS 纤维发展的主要是其原料问题,初步分析有如下三个原因:

（1）对纤维级 PPS 树脂的技术指标要求认识不足。长期以来从事 PPS 树脂研究的科研人员，主攻方向是用于注塑产品和涂料，树脂中大分子有少量交联对注塑加工无影响，但对纤维级 PPS 树脂在分子量、分子量分布、机械杂质以及聚合时生成的凝胶对纺丝的重要影响认识不足。PPS 树脂研究和生产已有多年，纤维级 PPS 树脂的研究开发滞后，原料问题始终没有解决。

（2）合成过程中无法有效控制纤维级 PPS 结构。目前所用的对二氯苯、硫化钠是普通工业级的，合成前杂质除去不完全，在合成过程中易于交联。形成不带过多支链和交联结构的线型大分子控制技术尚有待进一步研究和提高。

（3）纺丝技术和装备问题尚没有从根本解决。由于时间和条件所限，对 PPS 大分子的结构特点研究尚不深入，有必要根据 PPS 熔体的性能，选择适宜的纺丝设备以及与此相匹配的最佳纺丝工艺参数，才能纺出高品质的纤维。

由上所述，我国 PPS 纤维在原料方面与国外先进水平上有较大差距。但令人欣慰的是，纤维级 PPS 树脂现已逐渐认识清楚，研究也始终没有停止。浙江新和成特种材料有限公司的 PPS 树脂产能为 5000t/a，自动化程度高，生产的树脂质量稳定，可以满足 PPS 纤维的生产需要，而且正在建设 10000t/a 的纤维级 PPS 树脂生产装置；中化集团昊华西南化工有限责任公司在前期 PPS 树脂研究基础上，建有 2000t/a 纤维级 PPS 树脂生产装置；敦煌西域特种新材股份有限公司以及玖源化工分别建成产能 3000t/a 的纤维级 PPS 树脂生产装置，这些研究和装置建设为实现规模化纤维级 PPS 树脂的生产奠定了较好基础。

2.1.2.3　PPS 纤维的性能

PPS 纤维是重要的高性能纤维之一，具有耐高温、耐腐蚀、阻燃、物理性能优良、尺寸稳定性和电性能优异等特点，在环保、化学品分离等领域具有广泛的应用[19]。其主要性能如下：

（1）外观：PPS 纤维为微黄色，截面可为圆、三叶形、中空等各种形态。

（2）密度：PPS 纤维密度随其结晶度不同而不同，而结晶度由加工条件决定。拉伸前，PPS 纤维的结晶度为 5%，密度接近 1.33 g/cm^3，经拉伸后结晶度可增加到 30%，密度可升高到 1.34 g/cm^3，进一步对其进行热处理，结晶度将继续增加，当热处理温度从 130℃增加到 230℃时，结晶度可从 30%增加到 60%，密度可达 1.37 g/cm^3。

（3）优异的耐热性：在 200℃的环境下，其拉伸强度保持率为 60%，在 250℃时为 40%；在 250℃以下时，其断裂伸长基本保持不变；在 180℃下收缩率为 2%以下，因此可在此温度下长期使用。

（4）优良的热稳定性及阻燃性：由于结构上耐高温的苯环和硫键的存在，PPS 纤维具有出色的耐高温性能。由 PPS 纤维加工成的制品很难燃烧，其极限氧指数 LOI（%）≥35，在正常的大气条件下不会燃烧，把它置于火焰中虽会发生燃烧,但离火即熄。数据显示,不用阻燃剂,其阻燃性即可达到 UL－94V－0 级,阻燃级别高。在氮气气氛下,在 500℃ 以下时基本无失重,超过 500℃ 时失重开始加剧;在空气中,超过 520℃ 时失重才开始加剧,当温度达到 700℃ 时才发生完全降解。PPS 纤维在 200℃ 的环境下,其强度保持率为 60%。在 250℃ 时,其强度保持率为 40%;在 250℃ 以下时,其断裂伸长基本保持不变,可在 200～220℃ 高温下长期使用。此外,PPS 纤维不水解,可暴露在热空气中。

(5)优良的耐腐蚀性能:PPS 在 200℃ 下不溶于任何已知溶剂,PPS 纤维在极其恶劣的条件下仍能保持其原有的性能,具有突出的耐化学腐蚀性能,仅次于聚四氟乙烯纤维,基本上不受酸碱侵蚀。只有高温下的强氧化剂(如浓硝酸、浓硫酸和铬酸、双氧水等)才能使纤维发生剧烈的降解。PPS 纤维制成滤袋在 93℃ 的 50% 硫酸中具有良好的耐蚀性,强度保持率无显著影响。在 93℃、10% 氢氧化钠溶液中放置 2 周后,其强度也没有明显的变化,PPS 纤维织物可长期暴露在酸碱环境之中。

(6)优良的电绝缘性能:PPS 纤维的介电常数一般低于 5.1,介电强度可达到 17kW/mm,因此,在高温高湿等条件下,其纤维具有优良的电绝缘性。

(7)吸湿性:PPS 树脂的吸湿率及其纤维的回潮率很低,在相对湿度为 65% 时,吸湿率为 0.2%～0.6%。

(8)力学性能:PPS 纤维具有结晶能力,力学性能较好,且尺寸稳定,在使用过程中形变小。通常 PPS 纤维的断裂伸长率 ≥20%,断裂强度可达 4.0cN/dtex,模量可达 6.9GPa,收缩率(在 204℃ 下经历 2h)为 5%,具有较好的纺织加工性能。PPS 短纤维的力学性能如表 2－1 所列。

表 2－1　PPS 短纤维力学性能表

项目	标准值
断裂强度/(cN/dtex)	≥4.2
断裂伸长/%	≤46
线密度偏差/%	±7.5
180℃ 干热收缩率/%	≤4.5
初始模量/(cN/dtex)	26～40

2.2　PPS 切片的质量指标、可纺性及干燥

2.2.1　PPS 树脂的质量指标

PPS 切片的质量对纺丝、拉伸及纤维质量有重大影响。切片的相对分子质

量及其分布、熔融温度、熔融指数、化学组成、灰分、氯元素含量、粉尘及凝胶含量等将直接影响 PPS 熔体的流变行为、均匀性及细流强度。对 PPS 切片质量的要求,随纤维品种、纺丝方法和设备而异。用于熔体纺丝制备化学纤维的高聚物,必须在熔融时不分解,有很好的成纤性能和初生纤维后拉伸能力的增加,保证最终所得的纤维具有一定的综合性能。由于纤维成型的特殊性,作为纤维级的 PPS 树脂,在性能上比注塑级的 PPS 树脂有更高的要求。用于纺丝的 PPS 树脂应具有以下条件:

(1)PPS 树脂为线性高分子量聚合物。由低分子量经交联提高黏度的 PPS 树脂,形成了支链结构,破坏了高分子的线性状态,不能用于纺丝。

(2)纺丝熔体熔融指数在 100～250g/10min,最好为 120～230g/10min。熔融指数太低,熔体黏度太大,流动性差,黏弹性高,纺丝比较困难;熔融指数太高,即分子量很低,成丝性能差。

(3)纤维级的 PPS 树脂对杂质的含量也有很高的要求,杂质含量太高的 PPS 树脂在高温纺丝过程中易氧化交联,给纺丝带来困难,甚至会中断纺丝,还会严重影响纤维的性能。

根据生产 PPS 普通短纤维的技术指标,结合 PPS 树脂的特性及其纺丝工艺的研究,从国内外生产的多种 PPS 树脂中,筛选出的原料需达到表 2 - 2 所列基本要求。

表 2 - 2　PPS 树脂的基本要求

项目	技术指标	试验方法
MI 310℃ ,5kg/(g/10min)	100～230	GB/T 3682
密度/(g/cm^3)	1.29～1.43	GB/T 1033 排代法
外观	浅黄色颗粒	—
熔点/℃	280～290	GB 4608
灰分/%	≤0.15	GB 9345
含水率/%	≤0.3	GB 1034
化学组成	〔—Ar—S—〕n	元素分析
分子量/(g/mol)	50000 ± 10000	GPC
分子分布/(M_w/M_n)	≤2.5	GPC

2.2.2　PPS 切片的可纺性

PPS 的分子结构由苯环与硫交替连接而成,分子链有很大的刚性及规整性,为结晶型聚合物。按 PPS 树脂结构区分可分为支化(交联)型和线型 PPS 两类树脂;按其产品、用途又可分为几大类:涂料级、工程塑料级、电子封装级树脂;长纤维级、短纤维级、单丝级等纤维级树脂;薄膜级树脂和先进复合材料级树脂等。但即使纤维级树脂纺 PPS 纤维也有困难,需要解决 PPS 熔体的流变性和初生纤维的拉伸性能。

2.2.2.1　PPS 切片可纺性的主要表现

PPS 切片的可纺性贯穿于长丝和短纤维的全部生产过程,下述现象可反映切片的可纺性:

(1)粒料的筛选:若混在 PPS 切片中的粗大粒子和粉末较少,易通过过滤而除去,可避免切片在干燥或纺丝时产生堵料、架桥、结环、熔融不均等现象,可纺性好。

(2)螺杆纺丝压力:若切片进料均匀,螺杆纺丝压力稳定,泵供量均衡稳定,可使喷出丝条不匀率降低。正常情况下,螺杆压力波动应小于 0.3MPa。

(3)纺丝组件的升压速度:若切片中的凝胶粒子和机械杂质越多,越容易堵塞过滤网,组件压力提升速度快,从而使组件更换周期缩短,严重影响纺丝的连续性和产量,可纺性较差。

(4)拉伸毛丝、断头率:若 PPS 熔体的细流强度高,经得住拉伸应力作用,拉伸时不易发生毛丝、断头现象,则卷绕丝内在结构和性能优良,可纺性良好。

(5)成品纤维的物理性能:若切片可纺性差,则成品纤维的断裂强度和断裂伸长率低,纤维的物理性能差。

2.2.2.2　PPS 切片的流变行为

良好的聚合物流变行为是纺丝成型加工的基础,在聚合物熔体中,大分子相互缠结,形成超分子结构,这种相互缠结的程度及相互之间的作用决定聚合物熔体的流变特性,由此决定聚合物纺丝成型的难易程度和加工工艺条件的确定。由于高聚物的黏弹性导致其具有显著的非牛顿特性,即流体的表观黏度随剪切速率的变化而改变。根据 PPS 树脂原料的不同,其流变行为主要有两类,如图 2-7 所示。从图 2-7(a)中熔体表观黏度与剪切速率的关系曲线可以清晰地看出,在剪切速率为 $200\sim500\ s^{-1}$ 范围内,PPS 树脂出现了剪切变稠现象,当温度为 330℃ 时剪切增稠的现象尤为明显。出现剪切增稠的可能原因有两方面:①PPS 树脂在高温下易发生一定程度的氧化交联,导致黏度上升;②PPS 树脂的支链较长,随剪切速率的增大,当分子链沿流动方向有一定取向后,大分子的支链和主链之间相互交错,形成了物理交联的网状结构,从而导致剪切黏度的增大。出现剪切增稠这种黏度的不稳定变化,使得物料在螺杆中输送快慢不均匀,从而导致挤出机机头压力波动很大,严重影响了纺丝的稳定性。而当剪切速率大于 $500s^{-1}$,随着剪切速率增加,出现明显的剪切变稀现象,这是在剪切作用下分子链的缠结结构遭到破坏的反映。图 2-7(b)中,在 300℃ 和 310℃ 时并没有出现剪切增稠的现象,说明这种 PPS 树脂在此温度下并没有发生剪切增稠现在,比较稳定,利于纺丝。

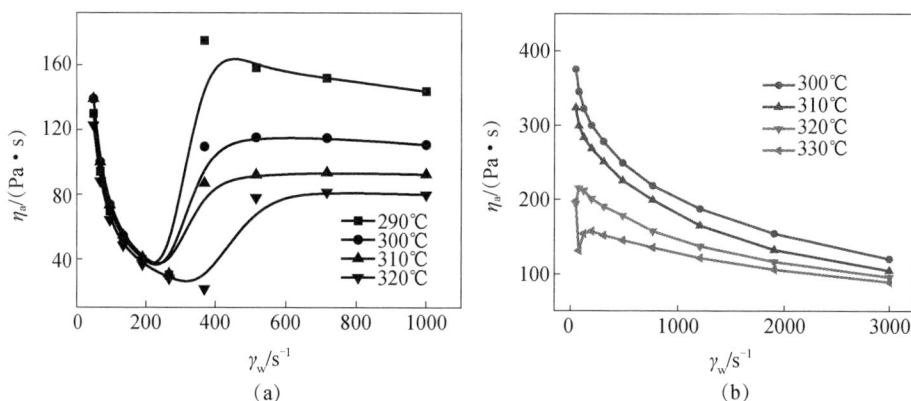

图 2-7   PPS 树脂表观黏度与剪切速率关系曲线

2.2.3   PPS 切片的干燥

2.2.3.1   切片干燥的目的

1. 除去水分和残留溶剂

PPS 粒料含有约 0.15% 的水分,不能直接用于纺丝,需要经过干燥,使其 PPS 粒料水分含量小于 60×10^{-6},才能达到纺丝要求。而且,未经干燥的 PPS 切片中残留少量的溶剂(如 NMP 等),水分和残留溶剂在纺丝时会发生汽化,从而产生气泡丝甚至断丝现象,会影响纺丝的连续性和成品纤维的质量。

2. 提高 PPS 切片的结晶度和软化点

PPS 熔体通过挤出铸带及切粒后形成 PPS 切片,挤出铸带是在水中急剧冷却的,所得 PPS 切片基本为非晶结构,软化点较低,如不提高结晶度,其进入螺杆挤出机后会发生软化黏结、架桥、结环等现象,进料困难。PPS 树脂的冷结晶起始温度为 120℃ 左右,在干燥过程中,会使 PPS 切片发生充分结晶,结晶度及硬度增加,软化点得到提高,在螺杆口不易发生环结阻料现象,利于纺丝的顺利进行[20]。

2.2.3.2   切片干燥工艺控制

1. 真空度

PPS 切片的干燥必须在真空环境下进行,否则切片会发生高温热氧化交联、降解等现象,严重影响 PPS 切片的可纺性,因此,PPS 切片干燥,真空度一般需控制在 20Pa 以内。

2. 温度

温度高则干燥速率快，所需干燥时间缩短，干燥后切片的平衡含水率降低。但温度太高，会发生 PPS 切片黏结、色泽变深等现象，而且大分子易发生热交联，影响切片的可纺性。因此，PPS 切片干燥温度一般控制在 140℃ 以内，由低温逐渐向高温进行分阶段干燥。

3. 干燥时间

干燥时间取决于采用的干燥方式和设备，对于相同干燥设备，干燥时间取决于干燥温度。PPS 切片通常采用沸腾床气流干燥设备，由已经干燥后的空气流带走粒料中的水分，干燥总时间 12h，其中干燥温度 80℃ 下 2h、120℃ 下 2h、140℃ 下 8h，干燥后 PPS 的含水率小于 60×10^{-6}。

2.2.3.3 切片干燥设备

1. 真空转鼓干燥机

设备的主体是带有导热油或蒸汽夹套的倾斜旋转圆鼓，切片在鼓内被翻动加热，水分蒸发并借助真空系统将水汽抽出。该设备的优点：①结构简单，流程短，干燥质量高，能耗低；②更换切片方便，出料灵活；③操作环境好，噪声低。其缺点是：①切片干燥周期长、单机产量低；②切片干燥后产生的粉尘较多；③各批次切片干燥质量有差异。

2. 沸腾床式气流干燥机

设备主要由空气过滤器、加热器、沸腾床主机、旋风分离器、布袋除尘器、高压离心风机、操作台等组成。沸腾干燥器是利用经过滤后的洁净空气，通过热交换器的对流换热，使空气温度上升到一定值后进入主机分风筒，经阀片分配进入沸腾器，湿物料从加料器进入干燥器。由于风压作用，物料在干燥器内形成沸腾状态，在气流中上下翻动，互相混合与碰撞，使热空气与物料进行充分接触，增强了传热传质过程，能在较短时间内使物料中的水分蒸发分离。物料干燥后由排料口排出，废气由沸腾床顶部排出，经旋风除尘器组合布袋除尘器回收固体粉料后排空。

2.3 PPS 纤维的制备

2.3.1 PPS 纤维的纺丝

PPS 属于结晶性高聚物，熔点为 285℃ 左右，其熔融温度 T_m 低于热分解温度 T_d，又由于其在 200℃ 下几乎不溶于任何溶剂，难以进行湿法纺丝，因此常采用熔体纺丝法。熔融纺丝如图 2-8 所示。熔体纺丝的基本过程包括：①纺丝熔体的制备；②熔体自喷丝孔挤出；③熔体细流经拉伸并冷却固化；④丝条上油、卷绕或落桶。熔体在纺丝过程中,固体高聚物形成初生纤维属物态变化,即固体高聚物在高温下熔融转变为流体,并在压力下挤出喷丝孔,在冷却气流作用下凝固为固态丝条。熔融纺丝中只有传热而没有传质过程,熔体细流的运动速度连续增加,丝条不断变细,温度逐渐降低,聚合物大分子在拉伸作用下,逐渐形成具有一定结构和性质的固态纤维,即初生纤维。常规纺丝方法获得的初生纤维取向度低、聚集态结构不完善,需经热拉伸定型等后处理,才能成为具有实用价值的成品纤维。

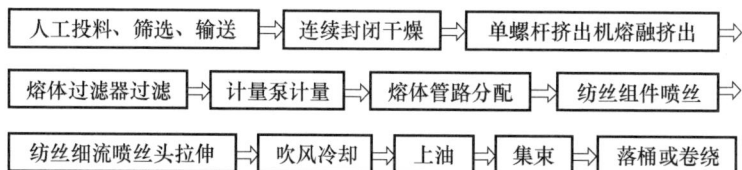

| 人工投料、筛选、输送 | → | 连续封闭干燥 | → | 单螺杆挤出机熔融挤出 | → |

| 熔体过滤器过滤 | → | 计量泵计量 | → | 熔体管路分配 | → | 纺丝组件喷丝 | → |

| 纺丝细流喷丝头拉伸 | → | 吹风冷却 | → | 上油 | → | 集束 | → | 落桶或卷绕 | → |

图 2 - 8　PPS 纤维的纺丝流程

2.3.1.1　PPS 纺丝熔体的制备

1. 设备

在 PPS 的熔融纺丝中,主要采用单螺杆挤出机对切片进行熔融和输送,主要有如下优点:

(1) 螺杆不断旋转,使传热面积不断更新,大大提高了传热系数,同时由于螺杆的剪切作用,能使切片熔融过程进一步强化;

(2) PPS 熔体的表观黏度一般在 $100 \sim 200 Pa \cdot s$,采用单螺杆挤出机易于输送黏度较高的熔体;

(3) PPS 树脂在高温下容易发生热交联甚至碳化,而单螺杆挤出机使熔体在设备中的停留时间短,一般为 $5 \sim 10 min$,大大减小了熔体交联、碳化的可能性;

(4) 单螺杆挤出机压力容易控制,利于纺丝稳定进行。

2. 工艺控制

(1) 螺杆温度:螺杆一般分为进料段、压缩段和均化段三部分。PPS 纺丝时,进料段温度一般控制在 $280 \sim 290℃$,并采用循环水冷却,易保证物料顺利进入螺杆挤出机中;压缩段的温度一般控制在 $300 \sim 315℃$,PPS 切片开始熔融;均化段的温度控制在 $315 \sim 330℃$,物料在此阶段充分熔融并形成均匀稳定的熔体。螺杆温度若高于 $330℃$,容易使 PPS 发生热交联甚至碳化。

(2) 螺杆转速:一定直径的螺杆只适宜在一定的转速范围内使用,转速太低,物料所受推力小,物料与螺杆之间容易产生结环现象,切片正常输送将会中断,不利于熔体增压,工艺难于控制;另外转速太低,PPS 物料在螺杆中停留时间长,容易引起交联、碳化等。转速太高,剪切太强,温度过高,同样有可能引起

PPS 树脂的交联、碳化现象。一般螺杆转速由机头压力反馈控制,PPS 纺丝机头压力一般控制在 10MPa 左右,通过自动调节螺杆转速实现。

2.3.1.2　PPS 纺丝熔体的计量、分配、过滤、喷丝

PPS 熔融纺丝过程中的熔体计量、分配、过滤、喷丝等过程是在纺丝箱体中完成的。

1. 熔体分配

PPS 纤维工业化生产中,一根螺杆往往向多个纺丝位供料,即熔体自螺杆挤出后,经熔体管路分配至各纺丝位的计量泵和纺丝组件。纺丝箱体中的熔体分配原则是:确保熔体到达每个纺丝位的距离相等,管径的选择和管线安排应尽可能缩短熔体在分配过程中的停留时间,并尽可能避免各纺丝位间管路阻力差异。通常熔体分配有两种形式:分支式和辐射式。分支式以八位纺丝为例,如图 2-9 所示,熔体经总管至纺丝箱后,先经一个三通分成两个熔体支路,两个熔体支路再各以一个三通分至四个子支路,每个子支路再经一个三通分至两个纺丝位。辐射式是指熔体经总管到达箱体后,再经一个分配头集中分出管线到各纺丝位。纺丝熔体辐射式分配管中的停留时间相对较短,目前熔融纺丝主要采用这种分配形式。

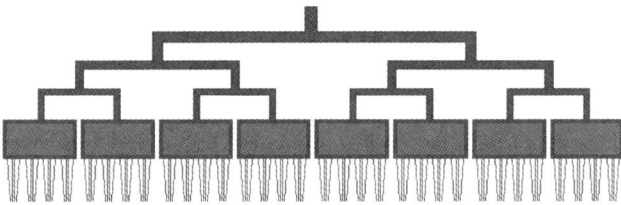

图 2-9　PPS 熔体分配管道示意图

2. 熔体计量

熔融纺丝中纺丝熔体的计量一般采用高温齿轮泵,是纺丝过程中的关键性部件,计量泵计量的准确性和均匀性将直接影响成型纤维的质量,其结构如图 2-10 所示。齿轮泵是由一对齿轮和三块泵板、联轴节等组成。图 2-10 所示为单进液口和单出液口的计量泵工作原理,泵轴的轴头插在联轴节一头的槽中,转动轴转动时,主动齿轮被联轴节带动转动,从而使一对齿轮相齿合运转而完成熔体计量。为了适应多纺丝位的纺丝要求,可采用多层、多出液口的计量泵,不仅简化了泵的传动装置,且成倍提高纺丝产量。计量泵温度一般控制在 315~330℃,通过改变计量泵转速,可以控制所得纤维的直径规格。

3. 熔体过滤

经精确计量的纺丝熔体进入喷丝组件后,首先经过滤网对熔体进行过滤,以

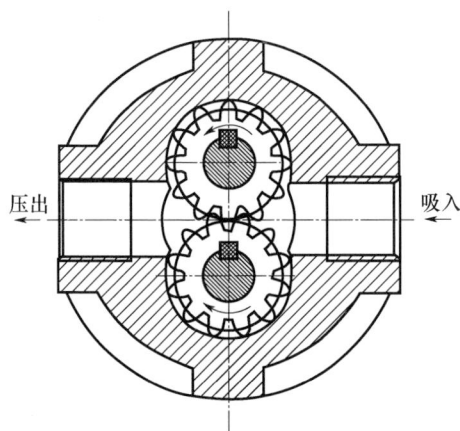

图 2 - 10　齿轮泵工作原理

去除熔体中可能夹带的凝胶粒子和机械杂质,防止其堵塞喷丝孔,延长喷丝板使用周期。熔体过滤层通常由过滤砂或金属滤网组成,过滤砂包括金属砂、石英砂等,而金属过滤网主要是由多层不同孔径的不锈钢网制成。

4. 喷丝

经过滤的纺丝熔体通过分配板均匀地分配到喷丝板的每个小孔中,最后通过喷丝孔挤出纺丝细流。喷丝板是 PPS 纺丝过程中的又一精密部件,其几何形状直接影响熔体的流变行为,从而影响纤维的最终成型。喷丝孔通常由导孔和毛细孔组成,常见的喷丝孔几何形状如图 2 - 11 所示。喷丝孔的长径比一般根据呈现高聚物熔体在喷丝孔内流动的剪切速率梯度来决定。PPS 纺丝时,喷丝孔的孔径一般为 0.2 ~ 0.4mm,长径比在 2 ~ 4。

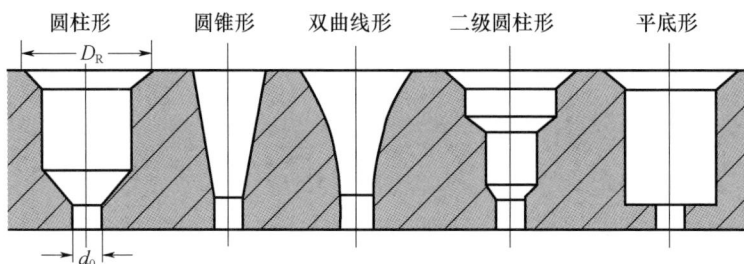

图 2 - 11　常见喷丝孔几何形状

2.3.2　PPS 纺丝细流的拉伸及冷却

经喷丝孔喷出的 PPS 纺丝细流进入甬道,受到拉伸应力作用并冷却固化后形成具有一定结构和性能的固化丝条,此过程是 PPS 熔融纺丝的主要控制过程,直接影响最终纤维的结构和性能。主要控制因素包括喷丝头拉伸比、冷却速度等。熔体由喷丝板喷出后,通过低阻尼环吹风头,受空气冷却固化后进入卷绕机。丝条出喷丝板后在很短的时间内由熔体细流变成塑状的单丝,其结构发生变化,这种变化受环吹风上的空气流的速度均匀性影响很大。环吹风风压采用先进的高精度的控制系统,使环吹风装置吹出的风的压力保持恒定,不受进风系统的风压变化的影响。甬道高度一般为 3~4m。

2.3.3　PPS 纤维的上油、集束及落桶或卷绕

在甬道中经拉伸冷却固化的 PPS 初生丝条,经过上油装置,对丝束进行上油给湿,增加纤维的抱合力,提高纤维的抗静电性能,减少纤维与设备、纤维与纤维之间的摩擦力,利于纤维的后加工。完成上油的 PPS 丝条再经集束后进行落桶或卷绕得到 PPS 初生纤维。

经过长时间的工艺探索,总结出如下合适的纺丝工艺,如表 2-3 所列。

表 2-3　纺丝工艺表

项目	参数	项目	参数
螺杆温度 1 区	270~310℃	组件孔数	300~1000 个
2 区	280~340℃	环吹风温度	20~35℃
3 区	295~340℃	风速	0.25~0.7m/s
4 区	295~340℃	湿度	60~90 RH%
5 区	290~340℃	纺丝速度	400~1200 m/min
箱体	300~340℃	油剂浓度	1%~10%

2.3.4　PPS 纤维的后处理

2.3.4.1　PPS 短纤维的后处理过程

1. 主要工艺流程

初生纤维→集束→调节张力→一级拉伸(油浴或水浴)→二级拉伸(蒸汽)→干燥→上油→机械卷曲→松弛定型→冷却→切断→打包。

2. 后处理工艺条件

PPS 初生纤维应在盛丝桶中平衡 2~20h 再进行拉伸,拉伸分为两段:一级拉伸所需的拉伸温度是 70~95℃,由主拉伸油浴或水浴槽提供,一级拉伸完成总拉伸比的 75%~95%;二级拉伸温度是 100~160℃,是利用蒸汽箱来加热实现的,完成总拉伸比的 5%~25%。通过二级拉伸后,PPS 纤维的分子链获得了充分的取向,从而使纤维能达到较好的力学性能。经过拉伸的 PPS 纤维送入卷曲机进行机械卷曲,出卷曲机的丝条在铺丝机作用下均匀铺至松弛热定型机板,

在 100~200℃下定型 15~45min,而后经强制风冷却、干燥的丝束喂入切断机中,切成所需的长度。切断刀轮可在后加工不停机的情况下更换。切断的纤维通过风送到打包机凝棉箱,由打包机完成纤维的计量及包装,然后将成品入库。

2.3.4.2 PPS 长丝的后处理过程

PPS 初生纤维强度低、伸长率大、结构不稳定,几乎没有应用价值,必须进行后处理,主要包括初生纤维的热拉伸和热定型。干热拉伸使纤维大分子链沿纤维轴向排列取向,同时伴有结晶等结构的形成,可以明显提高纤维的力学性能;而热定型的主要作用是消除纤维的内应力,通过拉伸和定型使纤维达到较好的使用性能[21]。

1. 拉伸温度与最大拉伸倍数

拉伸温度是影响 PPS 纤维拉伸性能的重要工艺条件。聚酯、聚酰胺等常规纤维在玻璃化与熔点之间均可正常拉伸,拉伸温度范围比较宽。而 PPS 纤维拉伸温度应在玻璃化转变温度 T_g 以上,结晶温度 T_c 以下。当温度低于 T_g 拉伸,即温度低于 80℃时,拉伸所得纤维很不均匀,存在大量"细颈",拉伸应力较大,毛丝和断头率增加;而在结晶起始温度附近进行拉伸,即当温度高于 105℃时,同样会出现毛丝增加,拉伸变得很困难,拉伸比下降。这是由于拉伸介质的热诱导结晶和拉伸应力诱导结晶,共同促进了纤维结晶结构的形成,结晶后的纤维拉伸变得更为困难。表 2-4 为拉伸温度对最大拉伸倍数的影响,可见 PPS 纤维拉伸温度在 85~105℃范围内,PPS 纤维可以顺利和有效地进行拉伸。

表 2-4 拉伸温度对纤维最大拉伸倍数的影响

拉伸温度/℃	最大拉伸倍数	拉伸温度/℃	最大拉伸倍数
80	5 倍	85	5 倍
95	5 倍	105	4.0 倍
115	3 倍	135	2.5 倍
155	1.7	175 及以上	无法拉伸

2. 拉伸对取向和结晶的影响

拉伸倍数主要根据成品纤维强度要求及最大拉伸倍数来决定。拉伸倍数应选择在自然拉伸倍数和最大拉伸倍数之间,若拉伸倍数小于自然拉伸倍数,则被拉伸纤维中细颈尚未扩展到整个纤维,必然包含较多未拉伸丝,这样的纤维性能不稳定,没有实用价值;而拉伸倍数超过最大拉伸倍数时,纤维会出现毛丝、断头。PPS 初生纤维在 100℃下拉伸不同倍数,超声波值沿纤维轴向传播速度变化曲线如图 2-12 所示。

如图 2-12 所示,随拉伸倍数增大,超声波沿纤维轴向方向传播速度增大,这说明在相同拉伸温度下,拉伸倍数越大,纤维中大分子、晶区等沿纤维轴向有序排列的程度越大,即取向度越大。

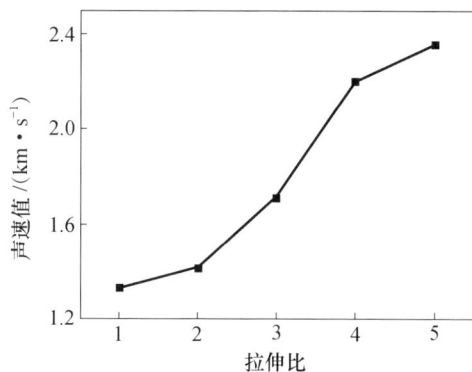

图 2－12　超声波沿不同拉伸比纤维传播速度变化曲线

不同拉伸倍数下纤维的 DSC 升温曲线分析数据如表 2－5 所列。未拉伸纤维的重结晶热焓很大,说明纤维的结晶度较低,在缓慢的升温条件下,提供了充分的再结晶机会;随着拉伸倍数的增大,重结晶热焓逐渐减小而熔融热焓增大,说明 PPS 纤维的结晶度随拉伸倍数的增大而逐步提高。

表 2－5　不同拉伸倍数 PPS 纤维 DSC 分析数据

拉伸倍数	$T_g/\text{℃}$	$T_c/\text{℃}$	$\Delta H_c/(\text{J/g})$	$T_m/\text{℃}$	$\Delta H_m/(\text{J/g})$	$X_c/\%$
1 倍	82.2	122.4	−26.53	282	43.3	21.6
2 倍	83.0	118.9	−25.64	281.8	52.54	34.7
3 倍	84.7	114.5	−18.43	282.2	57.66	50.6
4 倍	—	103.8	−14.68	283	61.4	60.3
5 倍	—	103.7	−14.39	281.5	61.69	61.0
注:$X_c\% = [(\Delta H_m + \Delta H_c)/\Delta H^\theta] \times 100\%$,式中 ΔH^θ 为 100% PPS 晶体的熔融热:77.5J/g。T_g 为玻璃化转变温度,T_c 为重结晶温度,T_m 为熔融温度,ΔH_c 为重结晶热焓,ΔH_m 为熔融热焓						

纤维在拉伸过程中不仅取向度增加,而且由于拉伸介质热诱导、拉伸热效应、应力取向诱导共同促进了结晶度的增加。经过高倍拉伸后,纤维的玻璃化转变区已经无法分辨,这是由于结晶度增加,使非晶区的特征变得不明显。同时在拉伸过程中,重结晶热焓逐渐变小,说明纤维的结晶主要是在拉伸过程中完成的,而热定型只是进一步完善结晶结构。纤维拉伸后结晶发生变化的同时,热性能相应发生变化。由表 2－5 可以看出,随拉伸倍数的增加,玻璃化转变温度 T_g 有所增加,这是因为结晶结构限制了分子链的热运动,从而使重结晶温度 T_c 和重结晶热焓 ΔH_c 均有所降低。

3. 拉伸对力学性能的影响

拉伸倍数对纤维的力学性能也有很重要的影响,如表 2－6 所列。由表 2－6 可见,随着拉伸倍数的增加,纤维的断裂强度增加,断裂伸长率和线密度均减小,这是取向度和结晶度随拉伸倍数的增大而提高造成的。当拉伸倍数小于 4 倍时,纤维的断裂强度低,而断裂伸长率较高,拉伸不均匀,出现"橡皮筋"丝条;而当拉伸倍数在 4 倍以上时,纤维拉伸比较均匀,力学性能达到纺织加工要求;但拉伸倍数超过 5 倍,会使丝条断裂,产生毛丝和断头。

表 2-6 拉伸倍数对纤维力学性能的影响

拉伸倍数	断裂强度/(cN/dtex)	断裂伸长率/%
1 倍	0.50	387.9
2 倍	1.11	255.71
3 倍	2.83	59.08
4 倍	3.27	22.54
5 倍	3.59	20.90

4. PPS 纤维的热定型

PPS 纤维的热定型使纤维的结晶度和微晶尺寸晶格结构均发生变化,可使结晶更加趋于完善。热定型一方面消除了纤维在拉伸时产生的内应力,使大分子发生一定程度的松弛;另一方面提高了纤维的尺寸稳定性,改善了纤维的物理性能。对高聚物来说,热定型的温度和时间应该具有等效性,即在较高的温度下,用较短的时间可以达到定型的目的,也可在较低的温度下较长时间内达到定型的目的。为了缩短定型时间、提高生产效率,可在较高的温度下定型。将成品纤维在 180℃ 的鼓风烘箱中处理 30min 后,测量其干热收缩率。热定型温度对PPS 纤维的干热收缩率的影响如表 2-7 所列。可见 PPS 纤维长期使用温度在180℃时,热定型温度达到 230℃时才具有良好的尺寸稳定性,而且热定型的方式为松弛定型。

表 2-7 不同定型温度下 PPS 纤维的干热收缩率

定型温度/℃	130	160	200	230
干热收缩率/%	15.38	10.4	9.09	2.98

2.4 PPS 纤维的结构及性能

2.4.1 PPS 纤维结构

PPS 纤维具有优良的耐热性、阻燃性、耐腐蚀性,力学强度与 Nomex 纤维相近;同时其分子主链几何形状互相对称,流动性在聚芳醚系列中为最佳,易于加工成高性能的纤维。这些性能主要由其纤维结构所决定[22]。

分子结构:PPS 的分子结构式为 $*\!\!-\!\!\left[\!\!\bigcirc\!\!-\!S\right]_{n}\!\!-\!\!*$,它是以苯环在对位上连接硫原子而形成大分子主链,是一种线性高分子,具有半结晶性。

形态结构:作为过滤用 PPS 纤维,国内目前纺丝得到的纤维其断面结构基本上为圆形,国外主要是三叶形,如图 2 - 13 所示。图 2 - 14 为几种纤维的比表面积,可以看出,三叶形 PPS 纤维(PROCON)的比表面积比圆形 PPS 纤维的大,其过滤效率更高。

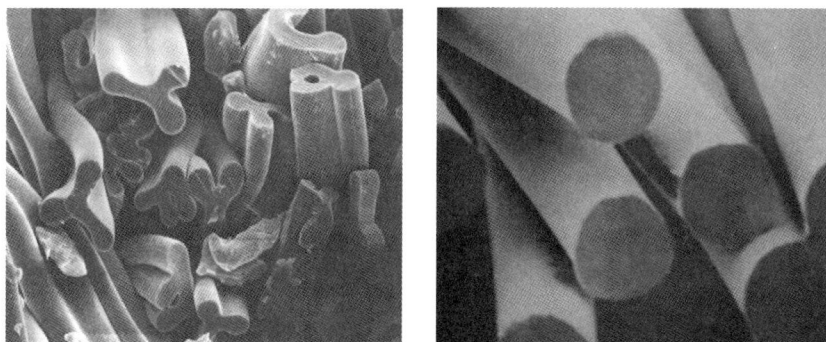

三叶形 PPS 纤维(1.75dtex)　　　　圆形 PPS 纤维(2.2dtex)

图 2 - 13　PPS 纤维断面结构

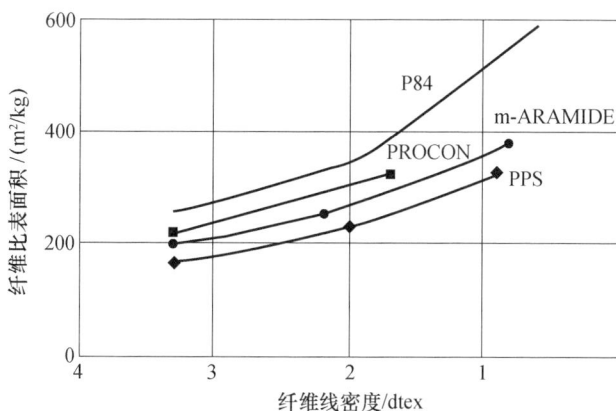

图 2 - 14　几种高性能纤维的比表面积对比

结晶结构:PPS 是以苯环在对位上链接硫原子而形成大分子主链的,是一种线型高分子,具有半结晶性[23]。一般的 PPS 纤维,其结晶相都在 50% ~65%。在 PPS 的分子结构中,苯环在对位连接硫原子,结构上由于有大 π 键存在,故而形成的是刚性主链,熔融挤出后得到的 PPS 切片为结晶性聚合物[24-26]。PPS 纤维与切片的广角 X 射线衍射图如图 2 - 15 所示。$2\theta = 17.5° ~ 22.5°$时出现强衍射峰,其中 18.8°的衍射峰对应(110)晶面,20.4°的衍射峰对应的是(200)晶面,其他衍射峰见表 2 - 8。利用表中的衍射峰信息可以计算出 PPS 的晶胞参数:$a = 0.868nm$,$b = 0.566nm$,$c = 1.026nm$。计算结果表明,PPS 为正交晶系,其

中硫原子在(100)平面上呈锯齿形分布,而苯环平面分别与(100)平面成对称
±45°角,链接硫原子的两共价键成110°角,如图2-16所示。

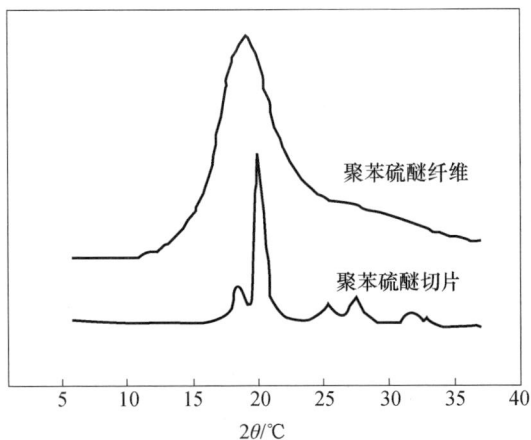

图2-15 PPS纤维与切片的广角X射线衍射图

表2-8 PPS纤维的晶面参数

晶面	d/nm	2θ/(°)	晶面	d/nm	2θ/(°)
110	0.47	18.8	211	0.324	27.7
200	0.434	20.4	020	0.285	31.3
210	0.344	25.8	021	0.271	32.9

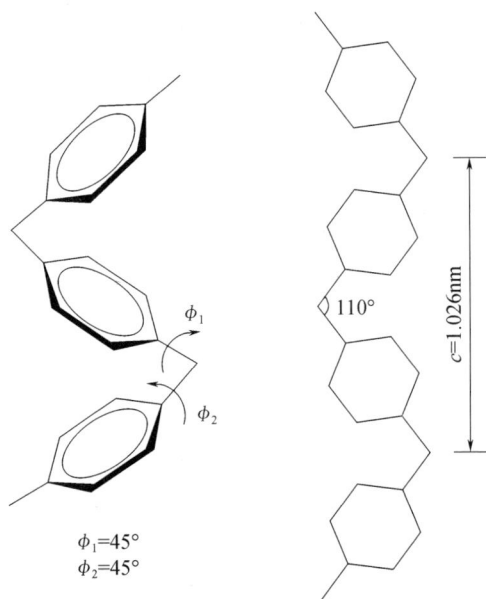

图2-16 PPS纤维晶胞中的链结构

不过 PPS 切片纺丝后,其结晶结构发生了变化,其结晶性转变成了半结晶性。将 PPS 纤维的衍射曲线与 PPS 切片的衍射曲线对比后发现,(110) 和 (200) 晶面所对应的结晶峰发生了重合,只在 19.5 显示了一个相对较宽的衍射峰,相似的 (210) 和 (211) 晶面的小结晶峰也重合为一个肩峰,而 (020) 和 (021) 晶面在 PPS 纤维的衍射图中没有显示。此外,PPS 切片的基线平缓,衍射峰尖锐,而 PPS 纤维虽然仍有突出的衍射峰,不过这些峰被隆拱起,由此说明了 PPS 是一种典型的半结晶结构[27]。PPS 的结晶属于异相成核三维成长型晶体,PPS 的结晶形态除了与结晶温度有关以外,应力作用对其也有显著影响。一般来说,PPS 熔融状态冷却结晶化,生成几微米到几百微米的球晶。PPS 球晶由精细的辐射状纤丝组成,初生态的 PPS 的偏光图像是通常所见的四叶瓣的 Maltese 十字,但是在应力诱导下,曾汉民等研究发现,这种规则的 Maltese 十字图像被不规则的横晶取代,这证明了应力对 PPS 的结晶结构有着强烈的影响。显然,经过纺丝工艺,PPS 大分子链受到了拉伸和取向。由于应力的诱导作用,在晶体过程中,PPS 大分子正常的堆砌受到影响,纤维的结晶结构发生了变化。纺丝后,纤维的结晶度由 75% 降低到 56%,不过仍高于 Nomex 纤维;利用声速法测得的 PPS 纤维的取向度为 0.72,低于其他的高性能纤维,如 PPO 纤维高达 0.95 以上,而 Nomex 纤维也在 0.8 以上。

2.4.2　PPS 纤维性能

2.4.2.1　物理性能

由于 PPS 纤维具有较高的结晶度,力学性能较好,而且尺寸稳定,在使用过程中形变小,完全能满足使用要求。PPS 纤维的纺织加工性能与多数常规纺织纤维相仿,易于织造加工。PPS 纤维的物理性能见表 2-9。

表 2-9　PPS 纤维的物理性能

物理性能	抗张强度 /(cN/dtex)	断裂伸长率/%	抗张模量 /(cN/dtex)	密度 /(g/cm³)	熔点/℃	吸潮率 /(65%RH)	极限氧指数
数值	3.8~4.6	25~40	400~485	1.34	285	0.2~0.3	38

2.4.2.2　化学稳定性

PPS 纤维耐化学稳定性好,它在极其恶劣的条件下仍能保持其原有的性能,其化学稳定性仅次于聚四氟乙烯纤维,适用于苛刻环境下的高端应用领域。在高温下,放置在不同的无机试剂中一周后能保持原有的抗拉强度。在 93℃、10% 氢氧化钠溶液中放置两周后,其强度也没有明显的变化。它还具有很好的耐有机试剂的性能,除了 93℃ 的甲苯对它的强度略有影响外,在四氯化碳、氯仿等有机溶剂中,即使在沸点下旋转一周后其强度仍不会发生变化,温度为93℃的甲酸、醋酸对它的强度也没有影响。表2－10为PPS纤维和芳香族聚酰胺纤维(m－ARAMIDE)纤维经各种化学试剂处理后其强度的保留率。由表2－10可以看出,PPS纤维的耐酸碱性优于芳香族聚酰胺纤维。

表2－10　PPS和m－ARAMIDE纤维耐化学性比较

化学试剂	强度保留率/%	
	PPS纤维	m－ARAMIDE纤维
甲苯	100	100
苯酚	100	100
2%氢氧化钠	100	65
15%氢氧化钾	100	45
7%硫酸	100	10
37%盐酸	100	10
注:有机溶剂(200℃×2h)、碱(95℃×48h)、酸(200℃×2h)		

图2－17～图2－19为几种高性能纤维分别在盐酸、硫酸和硝酸中的稳定性。从图中可以看出,PPS纤维除了在强氧化性的硝酸中,强度有所下降以外,在盐酸和稀硫酸中强度几乎保持不变。PPS纤维的耐酸性要比玻璃纤维、芳香族聚酰胺纤维以及P84纤维优越,仅次于聚四氟乙烯纤维。综上所述,PPS纤维的耐化学稳定性仅次于聚四氟乙烯纤维,只有在高温强氧化剂下才能使纤维发生降解。因而,PPS纤维适用于许多强腐蚀性化学介质的过滤。

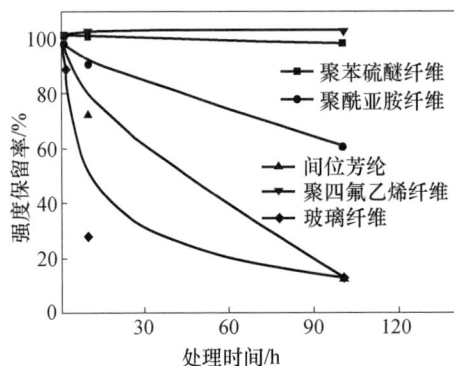

图2－17　在1N－HCl(90℃)中的稳定性

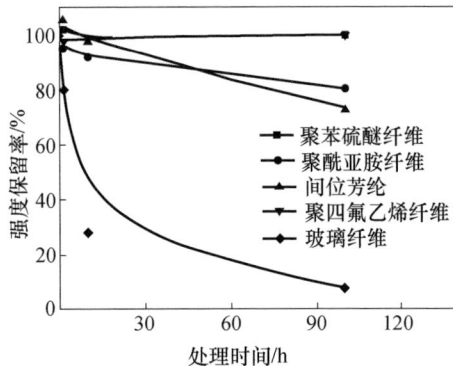

图2－18　在1N－H₂SO₄(90℃)中的稳定性

2.4.2.3　PPS纤维的耐紫外老化性能

PPS纤维长期放置在太阳光下,颜色会逐渐变黄,力学性能有所下降。通过氙灯加速老化试验,可以研究PPS纤维的光老化行为,对PPS纤维的应用具有

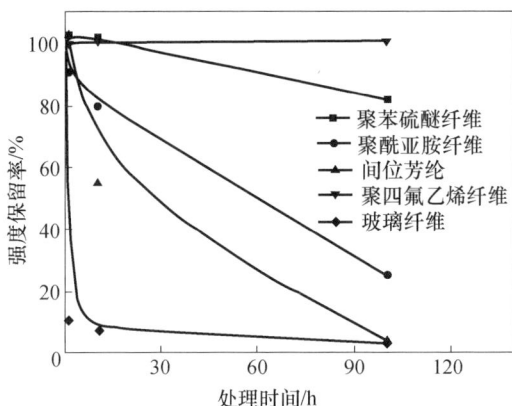

图 2 – 19 在 1N – HNO₃(90℃)中的稳定性

一定的指导意义。测试条件如下:箱内温度 DBT = 38℃,湿度 R. H = 50%,黑板温度 BPT = 56.5℃,黑标温度 BST = 65℃,辐照度 60W/m²,235nm,灯管能量 2.18kW。

如表 2 – 11 所列,随辐照时间增加,PPS 纤维的断裂强度明显下降,说明 PPS 纤维的抗紫外老化性相对较差,PPS 纤维的耐紫外线老化性能虽然优于另一种耐高温纤维芳香族聚噁二唑(POD)纤维,但远差于聚醚醚酮(PEEK)纤维差,如果应用于长期暴露在太阳光下的材料,需要对其进行一定的抗紫外线改性。

表 2 – 11 相同紫外辐射条件下各中纤维的强度保留率

样品	强度保留率/%				
	24h	48h	72h	96h	120h
PPS	66.7	62.6	42.0	32.7	24.5
PEEK	76.3	71.0	63.8	62.7	58.1
POD	34.3	20.7	——	——	——

2.4.2.4 PPS 纤维热性能

PPS 纤维热稳定性优良,它具有出色的耐高温性,熔点达 285℃,高于目前工业化生产的其他熔纺纤维,因此使用过程中尺寸较稳定。由 PPS 纤维加工成的制品很难燃烧,把它置于火焰中时虽会发生燃烧,但一旦移去火焰,燃烧会立即停止,燃烧时呈黄橙色火焰,并生成微量的黑烟灰,燃烧物不脱落,形成残留焦炭,表现出较低的延燃性和烟密度。其极限氧指数可达 34% ~ 35%,在正常的大气条件下不会燃烧。如用作燃煤锅炉袋滤室的过滤织物,在湿态酸性环境中,PPS 纤维长期使用温度 150 ~ 170℃,最高使用温度 190℃,其使用寿命可达 3 年左右。表 2 - 12 为几种高性能纤维的最高使用温度。

表 2 - 12　几种高性能纤维的最高使用温度

纤维	最高使用温度	纤维	最高使用温度
PAN	120	m - AR	200
PES	130	P84	250
PPS	190	PTFE	260

2.5 PPS 纤维的改性

PPS 纤维有着优异的综合性能,但由于自身结构的因素,还存在一定的缺陷。一方面,PPS 主链上存在大量极易被氧化的硫键,所以 PPS 纤维的耐氧化性能极差,比较典型的是光氧化性差。聚苯硫醚纤维在紫外线照射下,颜色由浅黄变为深黄或者褐色,且随紫外线照射时间的增长颜色越深,同时纤维变脆,力学性能下降。另一方面,PPS 主链上大量的苯环增加了高分子链的刚性,使纤维的抗弯曲性能不佳,PPS 树脂的摩擦系数较高,纤维的耐磨性较差,PPS 纤维的强度不高,不能满足一些特定的领域。现在国内外比较常用的方法是共混改性技术,大多数研究表明,共混改性可以获得高性能的 PPS 复合纤维,同时 PPS 纤维的改性也包括结构改性和表面处理改性。

2.5.1　提高抗老化性

对于 PPS 纤维抗光老化性能的提高一般采用与光稳定剂共混纺丝[28,29]。Murata 和 Mutagami[30]等研究了两种紫外线吸收剂与 PPS 共混熔融纺丝,经一定强度紫外线老化 400h 后,测试纤维的性能,发现随着吸收剂含量的增加,纤维的断裂强度保持率明显上升,光照前后 PPS 纤维的颜色变化很小,显著改善了纤维的抗紫外老化性能。国内四川大学化纤所分别采用纳米色素炭黑(CB)[31]、TiO_2[32]以及受阻胺(HALS)与 PPS 树脂共混纺丝制备了 PPS 复合纤维,研究表明 PPS 纤维耐紫外线老化性能得到明显提升,以炭黑的改善效果最佳,如图 2 - 20 所示。纳米 TiO_2 不但具有纳米材料优异的力学性能,还是良好的抗紫外线、抗菌材料,对纤维材料的光稳定性有很好的辅助作用[33]。陈彦模[34]等将苯并三唑、纳米 TiO_2 以及钛酸酯偶联剂按一定组分添加到 PPS 中熔融纺丝制备出抗紫外线 PPS 纤维,光照前后纤维的力学性能显著提高。刘婷将光稳定剂苯并三唑和纳米 TiO_2 与 PPS 熔融共混纺丝,并对其进行了研究,结果表明,经过改性纤维其光照条件下断裂强度提高 1 倍多。纳米 TiO_2 作为增强纳米材料与高聚物共混,当加入少量纳米 TiO_2 并被其均匀分散在基体中,纳米 TiO_2 与高聚物形成了良好的界面相,促进了 PPS 的结晶,降低了 PPS 纤维色泽变化程度,抑制了发色基团的产生,有效提高了纤维的断裂强度。

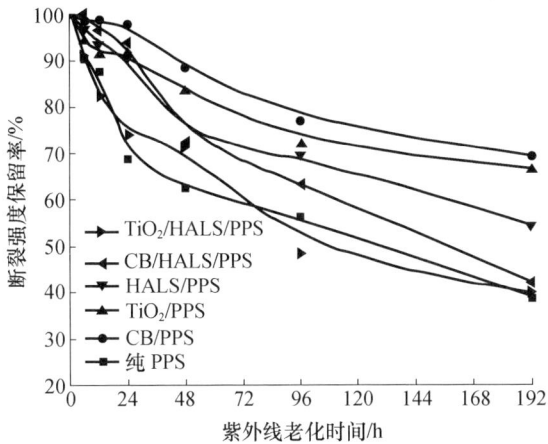

图 2 - 20　PPS 纤维耐老化性能的改善

2.5.2　提高耐热性

由于 PPS 是半结晶聚合物,其耐热稳定性、尺寸稳定性等均依赖其结晶部分,而非晶部分的 T_g 较低,其耐热性还需提高。选择化学结构相似的、T_g 较高的聚苯硫醚酮(PPSK)树脂共混纺丝,可明显提高 PPS 纤维的耐热性。PPS 与 PPSK 共混,不但提高了纤维的力学性能,更改善了纤维的耐热性能。PPSK 是在 PPS 主链上引入了极性基团($-CO-$),分子间作用力增大,使热稳定性得到提高,熔点为 335℃,可在较宽的温度范围内保持良好的力学性能。PPS 与 PPSK 有相似的结构单元,组分之间有较强的作用力,其相容性较好,共混材料性能稳定。通过加入 PPSK 组分熔融纺丝,PPS/ PPSK 共混纤维的玻璃化温度和熔点都比纯 PPS 纤维要高,当比例达到 50/ 50 时,该纤维的 T_g、T_m 分别为 115℃ 和 299℃,分别比纯 PPS 纤维的 T_g、T_m 提高 30℃ 和 14℃[35]。

由于纳米 SiO_2 表现出在高温下仍具有高强、高韧、稳定性好等特性,被广泛应用在复合材料的改性领域。盛向前等通过在 PPS 中加入纳米 SiO_2 制成母粒,应用熔融纺丝技术制备了耐热 SiO_2/PPS 纤维,并对纤维的热学、力学性能进行了研究,结果表明,与纯 PPS 纤维相比,SiO_2/PPS 纤维耐热性提高,强度热损失率降低,在 240℃ 时断裂强度和断裂伸长率分别提高了 50.639% 和 7.286%。其研究表明,一方面一定量的纳米 SiO_2 加入,共混高聚物的结晶度提高,外力的作用促进纤维大分子的取向,使解取向作用减弱,从而提高了 SiO_2/PPS 纤维的取向度,另一方面纳米 SiO_2 均匀分散于 PPS 大分子链的空隙中,依靠本身极高的表面活性和丰富的不饱和残键与 PPS 大分子形成良好的界面相,分担了来自外界的作用力,进而提高了纤维的拉伸强度和断裂伸长率[36]。

由于 PPS 自身结构的因素,其玻璃化温度和熔点都不是很高,因此在保持其优异性能的同时,也可对其进行结构改性以改善耐热性,即在 PPS 主链或者苯环上引入必要的基团,以拓宽其应用范围。目前,PPS 的结构改性产品主要有聚苯硫醚酮(PPSK)、聚苯硫醚砜(PPSS)、聚苯硫醚酰胺(PPSA)、聚苯腈硫醚(PPCS)。

2.5.3　提高耐磨性

PPS 纤维的屈曲折叠测试中,随着屈曲循环次数的增加,PPS 纤维较易形成扭结带,PPS 纤维的屈曲磨耗性能大大降低。Hearle[37]认为扭结带是由刚性聚合物链的弯扭和断裂引起了位错。他将 PPS 与改性低密度聚乙烯及苯乙烯与丙烯腈共聚物共混纺丝,不但增强了纤维的强度,还改善了纤维的表面性能,其屈曲磨耗性能大大提高。

陈兆彬[38,39]等制备了一系列不同组成的聚酰胺(PA66)和聚苯硫醚(PPS)共混物,对材料的摩擦学性能进行了研究。结果表明,在干摩擦下 80%(PA66)/20%(PPS)共混物的摩擦学性能最好,在水润滑条件下,其摩擦系数远远低于干摩擦条件下的摩擦系数。并且,其中 70%(PA66)/30%(PPS)共混物在水润滑条件下的摩擦磨损性能最好。

氟树脂也是一种耐高温耐腐蚀的优异材料。相比之下,PPS 树脂有较好的成型性,而氟树脂的柔韧性更好,摩擦系数更低。PPS/氟树脂共混纤维可以综合两种材料的优点。Yamada 和 Nishimura[40]研究了 PPS 与乙烯 – 四氟乙烯共聚物(ETFE)的共混纺丝。研究表明,随着 ETFE 含量的增加,纤维的耐磨性及耐疲劳性能先增强后减弱,抗张强度基本保持不变。ETFE 分子在受到摩擦力和剪切力作用时,会剥离成薄片状结晶,从而在 PPS 纤维表面形成一层薄膜,这层膜起到了润滑作用,大大改善了 PPS 纤维的耐磨性能。

$CaCO_3$ 在改进纤维的散光性、耐磨性、平滑性等方面具有明显的效果。山上隆之通过添加 $CaCO_3$ 粉末与 PPS 共混纺丝发现,适量的 $CaCO_3$ 粉末可以有效地提高 PPS 纤维的轻度和抗弯曲磨损性能。当 $CaCO_3$ 组分含量超过 0.5% 后,纤维性能开始下降,这主要是因为超细 $CaCO_3$ 的二次凝聚,使其分散性变差,引起纤维局部缺陷。

2.5.4　力学性能改善

CNT 以其独特的结构和优异的力学(拉伸强度达到 50～200GPa,为钢的100 倍)、电学、化学性能被广泛应用于增强增韧高分子聚合物领域,目前,国内外有多人成功地将 CNT 应用在纤维上,极大地改善了纤维材料的力学、热学等性能,并对其机理进行了深入的研究。张蕊萍[41]等通过研究多壁碳纳米管(MWCNT)/PPS 共混纤维的非等温结晶动力学和大分子取向,指出了 MWCNT 作为成核剂分散在 PPS 之中,在熔融纺丝成型过程中,MWCNT 沿着纤维轴向排列,增强了纤维的拉伸强度。但其研究表明,由于 MWCNT 的表面活性较高,限制了其在 PPS 中分散的均匀性,有待进一步研究。现有的研究均表明利用 CNT 的微观特性能明显提高 PPS 纤维的强度和韧性,但亟待突破的是 CNT 在 PPS 中的分散均匀性和 CNT 与 PPS 大分子界面作用机理等问题。

2.5.5　可纺性改善

乙烯－丙烯酸丁酯共聚物(EBA)具有良好的柔韧性、熔体流动性和拉伸性能,且极性大,与各种聚合物都有良好的相容性。EBA 的热稳定性卓越,挤出成型温度很宽。EBA 的加入降低了 PPS 的成型温度,改善了熔体的流动性能,在纤维加工过程中明显减少了断丝次数,使共混纤维显示出良好的纺丝性能。在EBA 的分子结构中,由于丙烯酸丁酯(BA)的存在,使 PPS 分子链的规整性大大降低,结晶的完整度也随之下降,从而降低了 PPS 的纺丝温度。在整体看来,在 EBA与 PPS 的共混物中,EBA 均匀相分散在 PPS 连续相中,随着 EBA 含量的增加,共混物的熔融黏度下降。由于 EBA 的黏弹性比 PPS 的黏弹性大,在螺杆的剪切力作用下,EBA 易于变形,并始终填充在 PPS 连续相间,使流体在宏观上处于较好的连续态,显著地改善了 PPS 纤维的纺丝性能。刘鹏清[42]等人合成了新型热致液晶聚芳酯 PEAR,将其与 PPS 共混纺丝,制备了 PEAR/PPS 原位复合纤维。如图 2－21 所示,PEAR 的加入,显著降低了 PPS 熔体的表观黏度,使 PPS 可以在更低的温度下纺丝,从而避免 PPS 在高温纺丝时发生氧化交联的可能性。

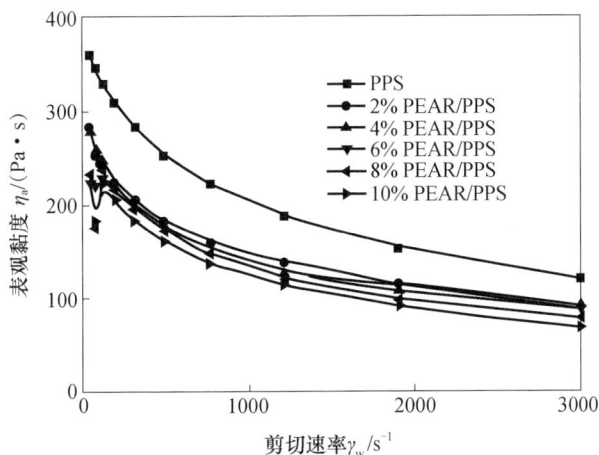

图 2－21　PEAR/PPS 树脂的 $\eta_a \sim \gamma_w$ 曲线

2.5.6 纤维的表面处理改性

PPS 纤维虽然是较为理想的耐热和耐腐蚀材料,但该纤维结构紧密,大分子链上缺乏极性基团,造成了纤维黏接性差、吸湿性差的问题,使其在作为过滤性材料的使用过程中遇到了许多难题,同时限制了其作为服用纤维的应用。利用等离子处理技术对 PPS 纤维进行表面改性,增强 PPS 纤维的亲水性。通过等离子体表面处理,材料表面可发生多重物理、化学变化,或产生刻蚀而粗糙,或形成致密的交联层,或引入含氧极性基团,是材料的亲水性、粘接性、染色性、生物相容性及电性能分别得到改善。江雪梅采用 XPS、SEM 研究了经过等离子改性的纤维表面形态结构和组成的变化,通过芯吸效应实验发现纤维的亲水性得到很大的改善,并且由 XPS 分析得出纤维表面增加了含硫极性基团。

2.5.7 纤维成本控制

聚对苯二甲酸乙二醇酯(PET)是高度结晶的聚合物,在较宽的温度范围内都具有优良的力学性能。由于 PPS 纤维的伸长率低,抗弯曲性差,且纤维级 PPS 树脂价格昂贵,与 PET 共混纺丝制备纤维,具有极好的互补性。在保持 PPS 纤维优异耐热性、耐腐蚀性等性能的同时,可以有效地降低 PPS 纤维的生产成本。小林定之等人研究了 PPS/PET 共混纺丝技术,研究发现,随着 PET 组分的增加,熔体黏度明显上升,加工性能下降,两组分粒子间的距离增大,纤维的抗张强度有所降低。PPS 与 PET 的相容性较好,当 PET 组分在 40% 以内,于 290℃ 下热处理后,纤维呈透明状,共混界面呈连续状。四川大学刘鹏清等制备了 PPS/PET 皮芯复合纤维,皮芯质量比为 50:50,如图 2-22 所示,其中皮层为 PPS,芯层为 PET。由 PPS/PET 复合纤维横截面的光学显微镜照片和电子显微镜照片可以看出明显的皮芯结构,纤维截面呈正圆性,内部结构密实,外层将内层包裹均匀,无明显的相分离现象,所得纤维的断裂强度为 4.4cN/dtex,断裂伸长率为 28%。

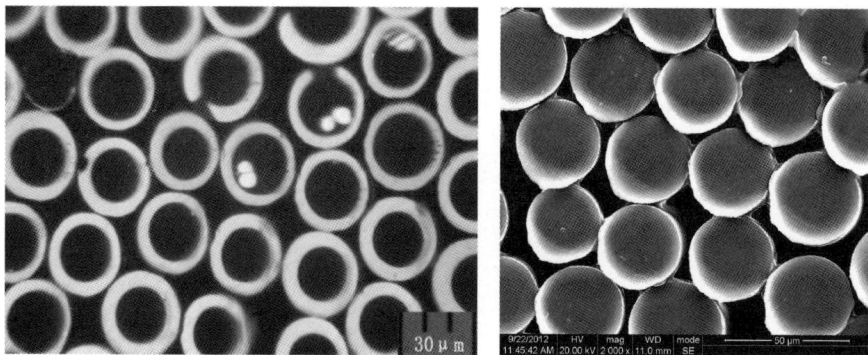

图 2-22 PPS/PET 皮芯复合纤维横截面光学和电子显微镜照片

2.5.8 其他改性

Masuda 和 Kinoshita[43]等研究了炭黑与 PPS 的共混纺丝,结果表明,添加少量炭黑就可以形成连续的导电链,使纤维具有优良的导电性能。PPS 是一种半结晶聚合物,体系是不均匀的,炭黑作为导电填料,一般分布在无定型区,较易实现绝缘—导电的转变。

2.6 PPS 纤维的应用

一个产品市场容量的大小主要取决于应用领域的发展潜力。根据 PPS 纤维的特点,其主要应用领域如下[44]:

(1) PPS 纤维作为高温烟气道的过滤材料。随着工业的飞速发展,烟气污染问题日逐突出,尤其是火力发电行业。据相关统计,2005 年全国发电装机容量超过 3.9 亿 kW,每年火力发电消耗的煤约 8 亿 t 以上,电厂的烟尘排放量约为 350 万 t,占工业烟尘排放总量的 35%,而且装机容量每年以 20% 的速度递增,2011 年全国火力发电装机达到 7.66 亿 kW。烟尘的危害已对人们的身体和自然环境构成了威胁,烟气除尘是治理污染的重要组成部分,其中袋式除尘是治理烟气的重要方法。由于燃烧高含硫量煤所形成的烟道气温高达 200℃ 左右,富含 SO_2、SO_3 等酸性物质,具有强烈的腐蚀性。现在普遍使用玻璃纤维滤袋,由于烟道气粉尘在滤袋上沉积堵塞,需周期性反复除尘,玻璃纤维滤袋极易在上、下箍部位破损。如果采用耐高温,耐腐蚀纤维制造袋式除尘器进行烟道气除尘,可以取得良好的效果,其原理如图 2－23 所示。这种除尘器除尘效率高,达到 99.99%;粉尘排放浓度低,低于 $30mg/Nm^3$,在发达国家得到广泛的应用。

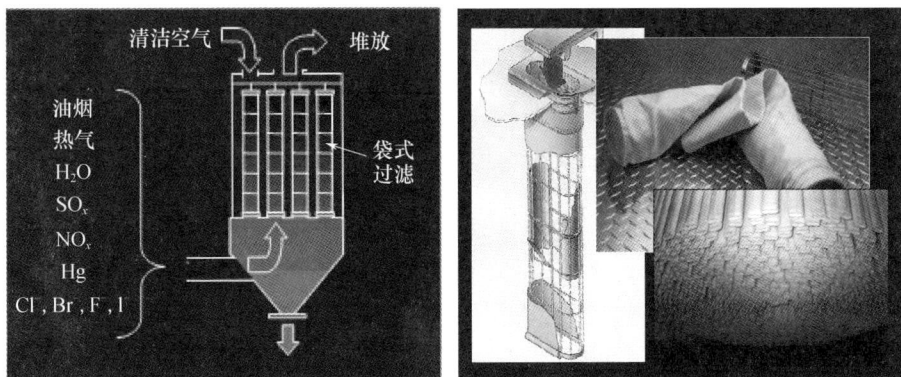

图 2－23 袋式除尘原理

PPS 纤维极耐酸性气体腐蚀,且在 200℃ 时抗拉强度保持率为 70%,因而 PPS 纤维滤袋强度、柔韧性均较玻璃纤维滤袋为佳,能长期暴露于酸性高温环境中使用,滤袋使用寿命长,据统计至少可达 3 年以上。因此,PPS 纤维为最理想的烟道除尘过滤材料。而且随着全球对环保的日益重视,对污染物排放的标准要求越来越高,因此具有更佳过滤性能的 PPS 纤维,必将有巨大的发展潜力。据预测,全球 PPS 纤维需求年增长率约 10%,目前的需求量为 4 万 t/年左右,相当于现在的总生产能力。PPS 纤维最大的市场是亚太地区,占市场的 54%,其次是美国占 25%,欧洲占 20%。欧美国家在高温除尘领域袋式除尘已占 80% 左右,这一比例还在逐年增加。而我国尚处于初级推广阶段,聚苯硫醚纤维在该领域的应用前景十分广阔。

采用 PPS 纤维袋式除尘,排烟含尘可减少到 $15mg/Nm^3$ 以下,寿命可达三年以上。我国目前袋式除尘方式只占除尘市场 10% 左右的份额,2015 年有 30% 以上的份额均采用袋式除尘。由于环境保护方面的要求和近年来我国电力行业的飞速发展,按照每千瓦装机容量需要 0.4kg PPS 纤维计算:新建电站以 2004 年增加装机容量 5200 万 kW 计算,需 PPS 滤袋约 2.0 万 t。2012 年 4 月我国火电装机容量达 7.7 亿 kW,要完全替换现有发电厂的除尘设备,所需 PPS 纤维约为 30 万吨,假如按 10 年时间改造 1/3 计算,每年也需纤维 3 万 tPPS 纤维。

(2)聚苯硫醚纤维滤布用于高温磷酸的过滤。磷肥厂的磷酸滤液温度为 80~85℃,其中含 1%~2% 的 HF,20%~30% 的 H_3PO_4 以及 5% 的 H_2SO_4,现用加强丙纶或涤纶织物做过滤材料。由于这两种织物耐酸性、耐热性差,易老化发硬破碎,一般 2~3 天更换一次。如使用聚苯硫醚滤布代替,一张滤布寿命至少在 2 个月以上,将大大节省滤布投资,减少二次污染以及由于频繁装卸滤机所造成的停机损失和工人的劳动强度。

(3)聚苯硫醚纤维滤布作为高温浓碱的过滤材料。生产烧碱的化工厂一般都有压滤机用于过滤高温浓碱。该碱液浓度一般为 40%~50%,温度为 90℃左右,目前国内尚无比较合适的过滤材料,如使用聚苯硫醚滤布,由于其不受 90℃ 左右碱液的侵蚀,因此它的使用寿命也是相当长的。

(4)城市垃圾焚烧厂尾气的治理。日本目前城市垃圾的 70% 以上通过垃圾焚烧厂处理,在欧洲,这一比例平均为 20%。我国该工作仅刚刚起步。由于垃圾焚烧尾气中的二噁英是强致癌物质,所以国内外强制规定焚烧炉的尾气除尘装置必须使用袋式除尘器。焚烧炉尾气经处理后温度在 125~167℃ 范围,又因为垃圾的成分复杂,焚烧后尾气的化学组成同样十分复杂,所以兼具耐高温性能和化学稳定性的聚苯硫醚纤维产品是应用在该领域的很好选择。

(5)目前为了提高滤袋的过滤精度,在织造粘布的时候,普遍加入 10%~30% 的细旦纤维,这样既能满足滤袋的过滤精度,又能减小风阻。因此,细旦 PPS 纤维的开发也具有重要意义。

(6)由于其良好的耐热性和介电性能,可用作在国防军工、航空航天等领域的绝缘包覆材料,并且这方面发达国家已有很好的应用先例。

(7)另据报道,日本东丽公司正在开发服用聚苯硫醚纤维,由于其热传导系数较低,因此具有良好的保温性能,较原来的聚酯制品保温性提高 30% ~40% ,为聚苯硫醚纤维开拓在民用领域的应用。

(8)其他应用。PPS 纤维除了在过滤领域具有突出作用外,其单丝或复丝织物还可用作除雾材料、造纸机干燥用布、缝纫线、各种防护布、电绝缘材料、耐热材料、电子工业专用纸、电解隔膜、保温衣料、特种垫圈以及耐辐射材料等。另外,用氟气、氧气和氮气的混合物来处理 PPS 纤维,经处理后的纤维特别适合用于电化学储能装置的隔离材料。

2.7 展望

目前 PPS 纤维的产品比较单一,以线密度为 2.2 ~2.7dtex 的圆形横截面 PPS 短纤维为主。为了更好地适应高温滤料高端市场的需求,加快 PPS 纤维向超细、异形、功能化等方面的研究及应用开发,是国内外 PPS 行业发展的主要方向。另外,我国 PPS 长丝的产业化的瓶颈问题也亟需解决。

1. 超细 PPS 纤维的研发

PPS 纤维的线密度越小,所得滤料的孔径也就更细,能大幅度提高滤料的过滤精度。超细 PPS 纤维的开发,可以使单一细度纤维或混合细度纤维制成的针刺毡转变为梯度细度纤维针刺。梯度过滤毡由表层超细纤维层、细纤维层、基布、粗纤维层 4 层构成,其过滤方式由表层和深层过滤转变为表层过滤,梯度层次结构使流体通道由传统针刺毡的等宽绕行通道改变为前窄后宽的绕行通道,内层不易积尘,可保持滤料长期稳定运行而阻力上升变化速度减缓。这种梯度过滤毡使滤料呈现出了极强的低阻力、高效率的表面过滤特性,同时还极大地改善了滤料的清灰性能,在保证节能的同时,延长率滤袋的使用寿命。而制备这种梯度过滤毡,最关键的还是先制备出超细 PPS 纤维,因此研发 1.0 ~1.5dtex 的 PPS 细旦纤维,即可在很大程度上改善滤料的过滤精度。四川大学与四川安费尔高分子材料有限公司合作开发的 1.5dtex 细旦 PPS 纤维,已经实现了工业化生产。

2. 异形 PPS 纤维的开发

不规则横截面的 PPS 纤维比表面积增加,从而提供了更多的微小空隙致使表面过滤的效果明显优于深度过滤。由于纤维采用了不规则的横断面,使粉尘只停留在过滤毡表面而不深入其内部,因此滤料的逆洗压力较小,因而具有极佳的微细粉粒收集效率且作业压差小。例如线密度相同的三叶形 PPS 纤维比圆形 PPS 纤维的比表面积大 80% ,用三叶形 PPS 纤维制成的过滤材料具有更好的蓬松性,因此能大幅度提高过滤效率及空气透过率。但三叶形 PPS 纤维断裂强度偏低,不匀率较大,叶片易破裂,异形度差等,这些问题有待进一步研究开发。

3. PPS 中空纤维膜的开发

以 PPS 树脂为原料,采用 C 型喷丝板通过熔融纺丝制成中空纤维,经拉伸热处理后即可得到微多孔纤维膜,或选用制孔剂与 PPS 树脂进行复合纺丝得到中空纤维,再将制孔剂溶解即可得到 PPS 中空纤维膜,其可以用来截留空气和液体中的全部或部分悬浮颗粒、尘埃、细菌、真菌,在反渗透、透析、超滤、气体分离和医用等方面具有应用潜力。

参 考 文 献

[1] 汪家铭. 新型工程塑料聚苯硫醚发展概况及市场分析[J]. 广州化工,2007,06:11－15.

[2] 庚晋,白杉. 聚苯硫醚发展现状[J]. 化工管理,2003,5:27.

[3] 蔡建利. 聚苯硫醚的生产技术与发展前景[J]. 中氮肥,2001,02:13－15.

[4] 万涛. 聚苯硫醚的合成与应用[J]. 弹性体,2003,13(1):38－43.

[5] 陈永荣,伍齐贤,杨杰,等. 硫磺溶液法合成聚苯硫醚的结构研究[J]. 四川大学学报,1988,25:96－103.

[6] 杨杰,陈永荣. 线型高分子量聚苯硫醚树脂的合成研究[J]. 工程塑料应用,1995,23(4):18－20.

[7] Mile J M, Fed S T, et al. Synthesis of linear polyphenylenesulfide with high molecular weight[P]. US:3783138,1995.

[8] Edmonds J T,Lacey E,et al. Synthesis of polyphenylene sulfide resin[P]. US:4324886,1993.

[9] 罗吉星,李浩. 高分子量聚苯硫醚树脂合成方法的改进[J]. 合成化学,1998,6(2):205－207.

[10] 罗吉星,杨云松. 线型高分子量聚苯硫醚的研究[J]. 四川大学学报(自然科学版),1998,35(3):488－490.

[11] 谢美菊,严永刚. 工业硫化钠法常压合成线型高分子量聚苯硫醚的研究[J]. 高分子材料科学与工程,1999,15(1):170－172.

[12] 古旗高. 线型高分子量聚苯硫醚树脂的合成[P]. CN:1309142A,1999.

[13] Campbell ,et al. Synthesis of branched polyphenylene sulfide resin[P]. US:3 919 177,1995.

[14] Edmonds J T,Hill H W,et al. Synthesis of high molecular weight branched polyphenylene sulfide[P]. US:3354129,1994.

[15] 王村. 世界聚苯硫醚纤维发展的前世今生[J]. 中国石油和化工,2009,02:54－57.

[16] 张浩,马海燕,胡祖明,等. 纤维级聚苯硫醚的研究进展[J]. 材料导报. 2006,09:64－67＋85.

[17] 陈志荣,汪家铭. 聚苯硫醚纤维发展概况及应用前景[J]. 高科技纤维与应用,2009,01:46－50＋56.

[18] 叶光斗,唐国强. 高性能聚苯硫醚(PPS)纤维的发展与应用[J]. 化工新型材料,2007,35:79－82.

[19] 汪家铭. 聚苯硫醚纤维的发展与应用[J]. 纺织导报,2009,6:76－78.

[20] Lovinger A J,Davies D D,Padden F J. Sr ucture of poly(p－phenylene sulfide). Polymer 1985,26:1595.

[21] 刘鹏清,吴炜誉,叶光斗,等. 拉伸与热定型对聚苯硫醚长丝结构性能的影响[J]. 合成纤维工业,2008,31(2):8－11.

[22] 袁宝庆,钱明球. 聚苯硫醚及其纤维的开发与应用[J]. 合成技术与应用. 2007,22(3):49－53.

[23] Napolitano R, Pirozzi B, Salvione A. Crystal Structure of Poly(p - phenylene sulfide): A Refinement by X - ray Measurements and Molecular Mechanics Calculations. Macromolecules 1999,32:7682 - 7687.

[24] Chung J S, Cebe P. Melting behavior of poly(phenylenesulfide):single multiple stage melt crystallization. Polymer,1992,33:2312 - 2324.

[25] Chung J S,Cebe P. Melting behavior of poly(phenylenesulfide). II: two multiple stage melt crystallization. Polymer,1992,33:2325 - 2333.

[26] Chung J S, Cebe P J. Crystallization and melting of cold - crystallized poly (phenylene sulfide). Appi. Polym. Sci. 1992,30:163 - 176.

[27] 杨万泰. 聚合物材料表征及测试[M]. 北京:中国轻工业出版社,2008.

[28] 由宏君,刘聚民. 光稳定剂的特点[J]. 当代化工,2004,33(5): 266 - 268.

[29] 徐英莲,许红燕. 纺织品的紫外线防护性能研究[J]. 丝绸,2002,4: 14 - 15.

[30] Murata T, Mutagami S. Polyphenylene sulfide yarn having excellent light resistance [P]. JP: 40 - 50310,1992.

[31] 王升,刘鹏清,叶光斗,等. 炭黑改善聚苯硫醚纤维光稳定性研究[J]. 合成纤维工业,2010,31(3): 8 - 11.

[32] 王晓,刘鹏清,王升,等. 纳米 TiO_2/PPS 共混纤维的结构及耐紫外老化性能[J]. 合成纤维工业, 2012,35(4):20 - 23.

[33] 张忠厚,孙宾,刘婷,等. 紫外光辐照对聚苯硫醚/纳米氧化钛复合材料的影响[J]. 中山大学学报 (自然科学版),2007,46:134 - 135.

[34] 刘婷,陈彦模,朱美芳,等. 共混改性聚苯硫醚纤维光稳定性的研究[J]. 合成纤维工业,2008,31 (3): 8 - 11.

[35] 马海燕,张浩,刘兆峰. 聚苯硫醚共混纤维的研究[J]. 化工新型材料,2006,08:22 - 25.

[36] Tabor B J, Magre E P,Boon J. The crystal structure of poly - p - phenylene sulphide[J]. EurPolym J,1971; 7:1127.

[37] Hearle J W S. High performance Fibres[M]. 北京:中国纺织出版社,2004.

[38] 陈兆彬,李同生,杨玉良,等. 聚酰胺/聚苯硫醚共混物摩擦学性能研究——(I)干摩擦[J]. 高分子材料科学与工程,2003,06:104 - 107.

[39] 陈兆彬,李同生,杨玉良,等. 聚酰胺/聚苯硫醚共混物摩擦学性能研究——(II)水润滑[J]. 高分子材料科学与工程,2003,06:108 - 110,114.

[40] Yamada H, Nishimura H,Yamagami T. Polyphenylene sulfide monofilament and woven fabric for industrial use[P]. JP: 10 - 060736,1998.

[41] 张蕊萍,杨晗,相鹏伟,等. 聚苯硫醚/碳纳米管复合材料的非等温结晶性能[J]. 合成纤维,2012, 02:11 - 16.

[42] 王晓,刘鹏清,王升,等. 聚苯硫醚/热致性液晶聚芳酯的流变性及其纤维的性能研究[J]. 合成纤维工业,2012,03:1 - 5.

[43] Masuda T,Kinoshita A,Yamada H. Electroconductive polyphenylene sulfide fibermonofilament and fabric for industrial use[P]. JP:10 - 266017,1998.

[44] 叶光斗,刘鹏清,李守群,等. 聚苯硫醚发展现状与应用[J]. 北京服装学院学报,2007, 27(4): 52 - 59.

第 3 章

聚四氟乙烯(PTFE)纤维

3.1 PTFE 树脂及纤维概述

3.1.1 PTFE 树脂概述

PTFE 树脂是以水作为聚合介质,在水溶性引发剂、表面活性剂和其他添加剂存在的条件下,在适当的温度和压力下,将气态四氟乙烯(TFE)单体逐渐通入水相,通过自由基聚合得到的完全线性和高分子量均聚物。

3.1.1.1 PTFE 树脂的合成

根据产品状态的不同,聚四氟乙烯分为悬浮树脂、分散树脂和分散液(乳液)三个主要品种。聚四氟乙烯的聚合方法主要有悬浮聚合和乳液聚合两种方法,其中悬浮树脂(又称粒状树脂,granular powder)通过悬浮聚合方法制备,分散树脂(国外通常称其为细粉树脂,fine powder)和分散液(又称乳液)则通过乳液聚合(又称分散聚合)方法制备。两种聚合方法的显著不同在于,悬浮聚合采用少量(浓度为$(5 \sim 500) \times 10^{-6}$,起到聚合种子作用)或者不采用分散剂(乳化剂),聚合反应时采用剧烈的搅拌,聚合产物为不同尺寸和形状的可悬浮在水面的悬浮颗粒;而分散聚合采用适量的分散剂$(0.1\% \sim 3\%)$和碳原子数 12 以上的石蜡等稳定剂(防凝聚),聚合反应时采用温和的搅拌,典型聚合产物带负电椭圆形胶体状颗粒分散液[1-9]。

1. PTFE 悬浮树脂

PTFE 悬浮树脂是采用悬浮聚合方法制备的 PTFE 粒状树脂,其生产主要由聚合和树脂后处理等工序组成。聚合体系由单体、引发剂、水、其他添加剂等组成,树脂后处理包括树脂洗涤与捣碎、干燥、粉碎、预烧结等工序。

根据 PTFE 悬浮树脂在聚合后的后处理方式不同,PTFE 悬浮树脂又分为中粒度(基础树脂)、细粒度、造粒和预烧结树脂等主要品种,其差异主要体现在表

100

观密度、粒径、形状、硬度和流动性等方面,因此不同后处理方式得到的 PTFE 悬浮树脂,其制品加工方式及制品性能有所不同。

离开聚合釜并滤去大部分水分后,经过捣碎、洗涤(必要时经过研磨)和干燥,得到平均粒度 100 ~ 300μm 的中粒度基础悬浮树脂。对中粒度基础树脂以气流或其他方式粉碎中粒度树脂,得到平均粒度在 20 ~ 40μm、表观密度在 250 ~ 500g/cm^3 的细粒度树脂(fine cut granular powder)。细粒度树脂的松密程度和质地像小麦面粉,压制后的坯料致密性较好,用于模压成型加工,制得的 PTFE 制品电绝缘性、力学性能和耐渗透性等较好;细粒度树脂也用于填充 PTFE 复合材料的制备和加工。在细粒度树脂基础上经过干法或湿法聚集(造粒)处理,制备出表面光滑、粉末流动性较好的造粒树脂(pelletized granular powder)。造粒树脂的平均粒径大多数为 400 ~ 800μm,表观密度大多在 400 ~ 900g/cm^3,树脂自由流动性较好,可适应模压,尤其是自动模压和柱塞挤出成型加工方式。在细粒度基础上经过预烧结和破碎处理,得到预烧结树脂(presintered granular powder)。预烧结树脂平均粒径 100 ~ 1500μm,表观密度在 600 ~ 700g/cm^3,预烧结树脂主要用于柱塞挤出成型方式,用来连续加工直径 5 ~ 50mm 的棒、管和异型材。

国外 PTFE 悬浮树脂的主要生产厂家有杜邦公司(Teflon®)、大金公司(Polyflon®)、旭硝子公司(Fluon®)、Dyneon 公司(Hostaflon®)、Solvay Solexis 公司(Algoflon®)等,国内 PTFE 悬浮树脂的主要生产厂家有上海三爱富新材料股份有限公司、中昊晨光化工研究院、浙江巨化股份有限公司、山东东岳高分子材料有限公司等。树脂原料标准参见 ASTM D 4894、ISO 12086 及我国化工部标准 HG/T 2902 和 HG/T 2903。

2. PTFE 分散树脂

PTFE 分散树脂是通过分散聚合方式制备的 PTFE 树脂。分散聚合通常是在一定量分散剂(全氟辛酸铵,PFOA)、稳定剂和引发剂等存在下,四氟乙烯单体在较高温度和压力下,且在比较温和搅拌条件下进行聚合,得到乳液状的聚合物水分散液,其中 PTFE 按质量计算浓度一般为 10% ~ 30%。存在于分散液中未经凝聚的 PTFE 粒径为 0.15 ~ 0.40μm,它们被分散剂包围而具有一定的稳定性,称为 PTFE 的初级粒子。

分散聚合得到的 PTFE 聚合物分散液经过稀释,在破乳剂和机械搅拌作用下,实现破乳,分散液中的初级粒子凝聚成粒径较大的次级粒子,并同分散液分离,经过洗涤、干燥后得到 PTFE 分散树脂(fine powder 或 coagulated – dispersion powder)。PTFE 分散树脂呈白色细粉状,次级粒子平均粒径一般在 300 ~ 1300μm 左右,表观密度一般在 400 ~ 500g/cm^3 左右。

PTFE 分散树脂的分子量和结晶度一般较悬浮 PTFE 树脂更高,结晶度高达

98%以上。和PTFE悬浮树脂不同的是,PTFE分散树脂具有原纤化倾向,即在摩擦、挤压等剪切作用力下,微纤维容易从PTFE分散树脂颗粒表面和内部抽出。干燥后的PTFE分散树脂在运输和储藏过程中应避免挤压,并在19℃以下低温环境下保存,尽量避免其发生原纤化。

国外PTFE分散树脂的主要生产厂家有杜邦公司(Teflon®)、大金公司(Polyflon®)、旭硝子公司(Fluon®)、Dyneon公司(Hostaflon®)、Solvay Solexis公司(Algoflon®)等,国内PTFE悬浮树脂的主要生产厂家有上海三爱富新材料股份有限公司、中昊晨光化工研究院、浙江巨化股份有限公司、山东东岳高分子材料有限公司等。树脂原料标准参见ASTM D 4895、ISO12086及我国化工部标准HG/T 3028。

3. PTFE分散液

PTFE分散液又称为PTFE乳液。四氟乙烯单体通过上述分散聚合方式得到PTFE分散液,一般分散聚合直接得到的PTFE分散液中PTFE质量百分比浓度不超过45%。为了得到更加稳定的PTFE分散液或浓度更高的PTFE浓缩分散液,一般在分散聚合得到的PTFE分散原液基础上加入更多的乳化剂,或者通过分散聚合原液浓缩后制备PTFE浓缩分散液,浓缩方法包括加表面活性剂絮凝和再分散法、直接盐析破乳法、乳化剂增浓法、物理脱水法、半透膜脱水法、高分子膜分离法等。

一般PTFE分散液中PTFE分散聚合树脂的质量百分含量为25%~75%,市售PTFE浓缩分散液中PTFE分散树脂含量多为60%,PTFE粒径0.2~0.3μm,其中乳化剂含量一般为PTFE树脂质量的0~12%(浓度较低的PTFE分散液可不用额外的乳化剂)。为了保持分散液的储存稳定性并避免储存过程中细菌的滋生,PTFE分散液的pH值一般在8.5~11左右。由于分散聚合PTFE粒子表面呈现负电性,因此乳化剂一般为阴离子或非离子型表面活性剂,其中以非离子型表面活性剂为主。

PTFE分散液大多用于制备特殊涂层,如在耐高温纱线、耐高温织物(玻璃纤维织物)或金属表面进行浸渍或涂层。使用时PTFE分散液可根据需要进行稀释,稀释时一般用去离子水,或含有一定浓度非离子表面活性剂的去离子水进行稀释。

PTFE分散液储存温度为5~30℃,温度过高会出现沉淀,同时温度也不能低于0℃,否则会出现不可逆絮凝。长时间放置时应在较低低温环境下储存,同时每周或每月适当搅动,以避免PTFE颗粒缓慢沉淀于容器底部。

国外PTFE分散液的主要生产厂家有杜邦公司(Teflon®)、大金公司(Polyflon®)、旭硝子公司(Fluon®)、Dyneon公司(Hostaflon®)、Solvay Solexis公司(Algoflon®)等,国内PTFE分散液的主要生产厂家有上海三爱富新材料股份有限公司、中昊晨光化工研究院、浙江巨化股份有限公司、山东东岳高分子材料有限公司等。PTFE 分散液原料标准参见 ASTM D 4441、ISO 12086，我国国内还没有相关标准。

3.1.1.2　PTFE 的结构

PTFE 是一种热塑性材料，相对分子质量为数十万到 1000 万以上，一般为数百万。因为其独特的全氟碳分子结构，PTFE 具有优良的耐腐蚀性、绝缘性、耐高低温性能、自润滑性、表面不粘性、耐候性、较低的渗透性以及不燃性等性能。

1. PTFE 的分子结构

PTFE 的分子结构为—$[CF_2—CF_2]_n$—，是完全对称的无支链的线性高分子，分子无极性。碳 - 氟键在单键中键能最高（466kJ/mol），具有高度的稳定性，而且氟原子的范德瓦尔斯半径（0.135nm）比氢原子（0.11 ~ 0.12nm）大，PTFE 分子中原子之间的范德瓦尔斯相互作用力较大，产生较强的排斥力，使得 PTFE 分子在晶态中采取螺旋的构象，加上氟原子恰当的原子半径，使每一个氟原子恰好能和间隔的碳原子上的氟原子紧靠，这样的构象使氟原子能包围在碳 - 碳主链的周围形成一个低表面能的保护层（图 3 - 1），这也是 PTFE 具有优良的化学稳定性和热稳定性的重要原因。此外，由于相邻氟原子之间的范德瓦尔斯斥力较大，氟亚甲基之间的转动势垒较大，加之 PTFE 的高结晶度，所以 PTFE 具有很高的熔点和较高的熔融黏度。PTFE 晶体中的分子结构在 19℃ 和 30℃ 左右分别经历可逆的构象转变，在 19℃ 以下时，重复单元含有 13 个—CF_2—基团，重复距离为 1.69nm，在重复距离内链段被扭转 180°，C—C—C 键角是 116°，形成三斜晶系晶格；在 19℃ 时，PTFE 晶体经历了一个晶形的转变，链段的螺旋稍微展开，每个重复单元含有 15 个—CF_2—基团，重复距离变为 1.95nm，在重复距离内链被扭转 180°，单位晶格转变为六方晶系；在 30℃ 时，PTFE 晶体发生结晶松弛，链的螺旋变成了无规则的缠绕[10 - 13]。

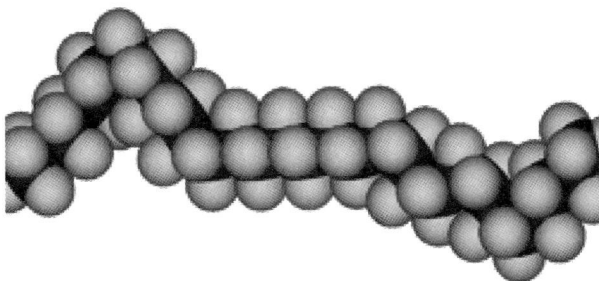

图 3 - 1　PTFE 分子螺旋结构

PTFE 虽然是热塑性高分子材料，但是和一般的热塑性高聚物的不同点是在熔融的时候不会熔融流动，也不会溶解于任何溶剂，除熔融金属钠和液氟外，能耐其他一切化学药品，在王水中煮沸也不起变化，在熔融的时候只是产生透明黏熔凝胶。PTFE 的这种特性使它不能够使用一般的凝胶色谱法和黏度法以及气相渗透法等溶液法测定分子量,只能使用标准密度法(SSG 法)和差示扫描量热法(DSC)测量数均分子量[10-13]。

(1)标准密度法(SSG 法):按照 ASTM D1457 规定的要求进行制备和烧结的试样用排水法测得的密度为标准密度(Standard Specific Gravity,SSG),它和 PTFE 的数均分子量存在以下关系[8]:

$$SSG = -0.0579 \lg \overline{M}_n + 2.6113$$

SSG 法测量所得 PTFE 的数均分子量为 $8.88 \times 10^6 \sim 3.17 \times 10^{7[9]}$。

(2)差示扫描量热法(DSC 法):用 DSC 准确测量 PTFE 在熔融和结晶时的热效应,并以结晶为基准,建立数均分子量和结晶热 ΔH_c 之间的关系[14]。

$$\overline{M}_n = 2.1 \times 10^{10} \times \Delta H_c^{-5.16}$$

该公式的适用范围是数均分子量在 $5.2 \times 10^5 \sim 4.5 \times 10^7$ 范围内的聚合物,用该法测定的 PTFE 的分子量为 $0.18 \times 10^6 \sim 1.48 \times 10^7$。

2. PTFE 的晶态结构

PTFE 分子结构简单,具有高度的对称性,而且无支链、线性好,因此聚合得到的 PTFE 树脂和加工后缓慢冷却的 PTFE 制品一般都具有较高的结晶度。PTFE 经烧结后缓慢冷却结晶的样品切片后在扫描电子显微镜下观察,发现结晶区域包含一些 $0.2 \sim 10 \mu m$ 的长带,在这些带中又含有一些垂直于带的长轴的平行条纹。各条纹的间隔约为 30nm,分子链平行于条纹方向排列,带的宽度平均为 $0.7 \sim 0.8 \mu m$[15],这个宽度和 PTFE 的分子链的长度相等,相当于 6000 个 CF_2 基团的长度,也就是相当于分子量为 300000 的分子的长度,但实际测量的分子量是这个值的 10 倍,因此推测 PTFE 链沿带的边缘折叠。上述现象说明 PTFE 晶体是先由平行排列的折叠链形成片晶,再由片晶堆积而成的带状多晶聚集体。

PTFE 晶体的形态和结晶度与熔体冷却的速度有关,根据电子显微镜观察的结果,在急速冷却时结晶带的宽度为 $0.2 \mu m$,长度为 $10 \mu m$;以每小时 180℃的速度冷却时形成的结晶带的宽度为 $0.4 \mu m$,长度为 $50 \mu m$;以每小时 15℃的速度冷却时形成的结晶带的宽度为 $1 \mu m$,长度为 $1000 \mu m$。然而条纹间的间隔却不随着冷却速度变化,间隔大小都在 $20 \mu m$ 左右。该结果表明,随着冷却速度的下降,PTFE 中结晶部分增大而使结晶度增大。PTFE 的晶体结构模型如图 3-2 所示,结晶的晶片将无定型部分相互隔开[10-13]。

由于氟原子之间的相互作用,PTFE 分子在 30℃以下采取螺旋构象,在低于 19℃时螺旋排列成三斜晶系;当温度在 19℃时发生晶形的转变,螺旋排列成六方晶系;温度高于 30℃后,分子链螺旋展开,变成无规则的缠绕,PTFE 单晶变成假六方晶。结晶的转变点还受到样品所受周围压力的影响[16],常压下 PTFE 的线形链没有聚乙烯那样平面状的 Z 字形构型,但在 500MPa 高压下 PTFE 也会产生这种构型。图 3 - 3 是 PTFE 晶体随温度和压力变化的相图[10-13]。

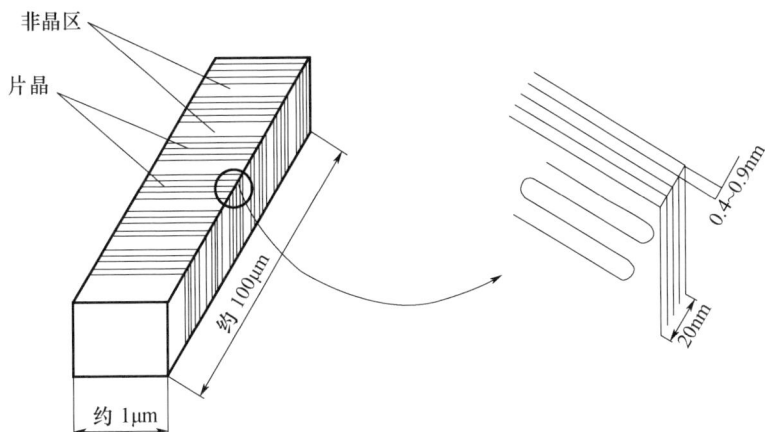

图 3 - 2　PTFE 晶体结构模型

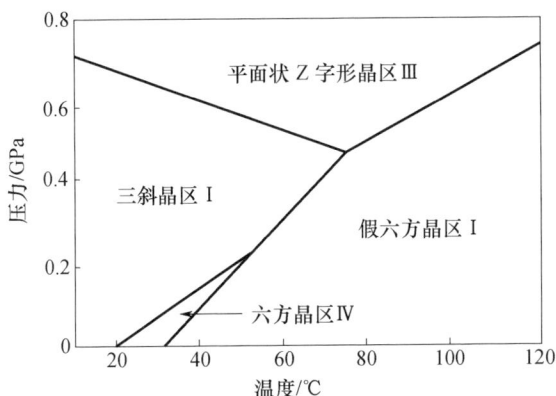

图 3 - 3　PTFE 随温度和压力变化的相图

用动态力学的方法可以检测到 PTFE 熔点以下分别在 $T_\gamma = 176K$、$T_c = 300K$ 和 $T_\alpha = 400K$ 时存在三个转变[17,18],其中 T_c 对应结晶松弛,T_α 和 T_γ 对应两个无定型松弛。对于以上三个温度,T_α 常被看做 PTFE 真实的玻璃化转变,T_γ 为非晶区的螺旋链发生旋转的温度,T_c 为晶格中的螺旋链稍稍展开的温度。

PTFE 的起始熔融温度为 327℃,实际上 PTFE 的熔融有一个较宽的熔限,而且熔限和 PTFE 的热历史、分子量以及所处的压力等条件有关[10],PTFE 的熔点和压力具有如下关系:

$$T_m(K) = 597 + 0.154p(atm)①$$

---

① 1atm = 101325Pa。

3.1.2 PTFE 纤维概述

含氟聚合物纤维(Fluorinated fibers, Fluoropolymeric fibers, Fluorocarbon – based fibers)是一类以氟树脂为主要原料,通过人工方法加工成的具有一定细度和机械强度的纤维,主要包括聚四氟乙烯(PTFE)纤维、乙烯 – 四氟乙烯共聚物(ETFE)纤维、聚乙烯 – 三氟氯乙烯共聚物(E – CTFE)纤维、聚全氟乙丙烯(FEP)纤维、聚偏氟乙烯(PVDF)纤维和四氟乙烯 – 全氟正丙基乙烯基醚共聚物(PFA)纤维等。含氟聚合物纤维是一类化学惰性很高的纤维,经常用于极端苛刻的化学条件下,如高温腐蚀环境下(100℃以上的腐蚀环境)。各种含氟聚合物纤维的主要国外生产情况及主要性质见表3 – 1和表3 – 2[11,12,19,20]。由于在含氟聚合物纤维中,聚四氟乙烯纤维的耐热性、阻燃性、耐腐蚀性、耐候(耐紫外线)性、生物相容性等综合性能最为优异,一直以来,聚四氟乙烯纤维在含氟聚合物纤维中占有最重要的位置。

表3 – 1 含氟聚合物纤维的品牌、生产商、化学成分和制备方法

品牌	生产商	化学成分	制备方法
Teflon	美国杜邦	PTFE	乳液纺丝法
Polyfen	俄罗斯联邦聚合物纤维科技研究院	PTFE	乳液纺丝法
Toyoflon/Teflon	日本东丽	PTFE	乳液纺丝法
Gore – tex/Rastex	美国 Gore	PTFE	膜裂法为主,糊状挤出为辅
Profilen	奥地利兰精	PTFE	膜裂法
Lenofil	奥地利兰精	PVDF	熔融纺丝
Kynar	法国 Arkema	PVDF	熔融纺丝
Teflon – PFA	美国杜邦	PFA	熔融纺丝
Teflon – FEP	美国杜邦	FEP	熔融纺丝
Ftorin	俄罗斯	FEP	熔融纺丝
Halar – ECTFE	美国 Solvay Solexis	E – CTFE	熔融纺丝
Tefzel	美国 Albany International	ETFE	熔融纺丝

表3 – 2 含氟聚合物纤维的主要性质

性质	PTFE	PVDF	PFA	ETFE	FEP	PEEK
连续使用温度/℃	260 ~ 280	140	260	150	200	250
耐腐蚀性	优	好	优	优	优	优
密度/(g/cm^3)	1.5 ~ 2.1	1.78	2.15	1.73	2.15	1.32
吸水率/%	<0.01	<0.04	<0.03	<0.03	<0.01	<0.5
耐候性	优	优	优	优	优	优
极限氧指数/%	>95	44	>95	>30	48	35
熔点/℃	327	170	310	260	280	334
摩擦系数	0.03	0.2 ~ 0.4	0.2 ~ 0.3	0.3 ~ 0.5	0.3 ~ 0.35	0.3 ~ 0.5

1953 年,美国杜邦公司最早成功开发出聚四氟乙烯（PTFE）纤维,于 1957 年实现工业化生产,以 Teflon®（特氟纶）为商品名[13,14,21]。PTFE 纤维是含氟纤维中最早工业化的特种合成纤维,其品种有单丝、复丝、短纤维及加捻长丝等主要规格。由于其在含氟纤维中的重要性,国际标准化组织（ISO）给聚四氟乙烯（PTFE）纤维的种类命名为"Fluorofiber"。我国又把聚四氟乙烯（PTFE）纤维称为"氟纶",美国和日本称其为"Teflon（特氟纶）"纤维,俄罗斯则称之为"波利芬"（Polyfen®）。

由于 PTFE 纤维优良的性能,在环保、航空航天、军工国防部门、机械、电子、化工、医学、纺织、建筑等各个领域得到了广泛的应用。国外比较知名的生产 PTFE 纤维的生产厂家主要包括美国 Gore 公司的 Gore® ePTFE 纤维、奥地利兰精公司的 Profilen® 纤维、日本东丽公司的 Toyoflon® 和 Teflon® 纤维（2002 年收购杜邦公司 Teflon® 纤维事业）;国内生产 PTFE 纤维的厂家主要包括浙江格尔泰斯环保特材科技有限公司、上海金由氟材料有限公司（上海市凌桥环保设备厂有限公司）、常州中澳兴诚高分子材料有限公司、台湾宇明泰化工股份有限公司、上海灵氟隆膜技术有限公司、常州英斯瑞德高分子材料有限公司等。世界总产量在 2 万 t/年左右,国内产量占 50% 左右。

PTFE 纤维和其他含氟聚合物纤维（ETFE、FEP、PVDF、PFA）的制备方法有很大不同。虽然 ETFE、FEP、PFA 纤维可采用熔融纺丝,PVDF 可采用熔融或溶液纺丝方式进行制备,但由于 PTFE 高聚物数均分子量大多在数百万到 1000 万之间,熔融时黏度很高（380℃运动黏度为 $10^{10} \sim 10^{11}$ Pa·s）,流动性很差,因此绝大多数 PTFE 制品很少采用熔融加工方式进行制备,而是采用模压、柱塞挤出、糊状挤出加烧结成型方式制备[22,23]。

对于 PTFE 纤维而言,除了由 PTFE 树脂特性所决定的优异理化性能,纤维成型难易程度以及纤维力学性能是 PTFE 纤维制备必须要考虑的因素。由于熔融时 PTFE 树脂聚集态结构和分子构象发生很大变化,因此对于熔融再结晶后的 PTFE 难以进行充分和有效的取向调整。虽然有采用熔融方式[24]或固态挤出[25]方式进行 PTFE 纤维制备的报道,但其制品力学性能低下,熔融加工方式很少被商业化采用。PTFE 纤维的制备方法和普通合成纤维的制备有很大不同,当前商业化规模生产 PTFE 纤维的主要方法包括以 PTFE 悬浮或分散树脂为主要制备原料的膜裂法、以 PTFE 浓缩分散液为主要纺丝原料的载体纺丝法和以 PTFE 分散树脂为主要制备原料的糊状挤出法等[26,27]。

本章主要介绍 PTFE 树脂和 PTFE 纤维国内外发展情况、制备方法、特性、应用领域、国内外最新研究成果及展望等内容。

3.2 PTFE 纤维的膜裂法纺丝

3.2.1 膜裂法纺丝加工技术概述

膜裂法是 20 世纪 70 年代开始最早由美国杜邦[28]、奥地利兰精[29,30]以及后来的美国 Gore[31] 和日本大金公司[32]发明的一类制备 PTFE 纤维技术,主要包括切削膜裂法和拉伸薄膜膜裂法两种制备方法。国内大多文献将膜裂法制备 PT-FE 纤维技术起源归为奥地利兰精公司(剖裂剥落纺丝工艺,Split Peeling Process),在该制备方法中首先将 PTFE 树脂烧结成棒状,然后以先剖裂后剥落方式制备 PTFE 纤维。由于烧结熔融过程中 PTFE 超分子结构的改变[15],剖裂剥落后难以进行高倍拉伸以提高纤维力学性能,因此切削膜裂法主要用于制备细度较大(单丝平均细度 10dtex)的密封材料(盘根)用 PTFE 纤维。20 世纪 90 年代兰精公司[33]采用拉伸 PTFE 薄膜膜裂法制备了平均细度为 2.6dtex 的短纤用于针刺毡耐高温滤料的加工,同时生产细度 440dtex 的膜裂法 PTFE 长丝用于针刺毡增强基布,以及细度 1350dtex 的三合股 PTFE 长丝缝纫线用于耐高温滤袋的缝合。

由于高温环保滤料的巨大需求,以及拉伸薄膜膜裂法制备纤维的优良力学性能,20 世纪 90 年代兰精、Gore、大金、杜邦等公司加大了对拉伸薄膜膜裂法制备 PTFE 纤维的研究开发力度。目前国内外大量采用的膜裂法 PTFE 纤维制备技术是在 PTFE 密封用生料带制膜技术[34]基础上发展起来的,其主要制备工艺流程包括 PTFE 薄膜制备、薄膜分切、扁丝拉伸、加捻、定型、切断。

膜裂法 PTFE 纤维主要制品包括短纤和长丝两个主要品种,短纤细度大多在 3~10dtex,有多种名义长度(切断长度);长丝细度在 90~2000dtex,由于膜裂法制备过程中扁丝为中间产品,最终的 PTFE 长丝制品多为加捻长丝,有单丝和多股加捻长丝制品。

在 PTFE 纤维中,拉伸薄膜膜裂法 PTFE 纤维强度较高,一般在 2~4.5cN/dtex,甚至高达 6cN/dtex 以上,同时膜裂法 PTFE 纤维制备过程无污染,所制备的 PTFE 纤维纯净(100% PTFE)、洁白,加工效率较高;主要缺点是纤维粗细均匀度较差,纤维较粗,纤维截面形状不十分规则,多为扁圆形。目前,膜裂法 PTFE 纤维的主要生产厂家包括奥地利兰精公司、美国 Gore 公司、浙江格尔泰斯环保特材科技有限公司、上海金山氟材料有限公司(上海市凌桥环保设备厂有限公司)、台湾宇明泰化工股份有限公司等。

3.2.2 膜裂法纺丝加工技术原理

PTFE 膜裂法纤维制备技术是在 PTFE 拉伸薄膜加工技术基础上发展起来

的一种纤维制备技术,制备过程主要包括两个主要步骤,第一步是制备 PTFE 薄膜,第二步是拉伸、分切(开纤)、定型,第三步是加捻(长丝)或卷曲(短纤),其主要制备过程如图 3 - 4 所示。

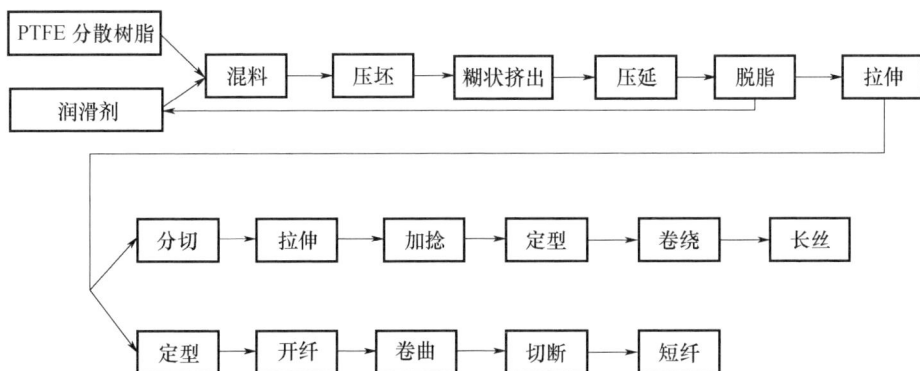

图 3 - 4 膜裂 PTFE 纤维的制备过程

由于 PTFE 分散树脂原料具有很高的分子量以及适于拉伸的超分子和聚集态结构,分散树脂颗粒在高于 30℃ 温度下极易在剪切外力作用下形成高度取向的微纤维,PTFE 分散树脂成为膜裂法 PTFE 纤维的首选原料。

由于 PTFE 树脂熔融黏度很高,PTFE 分散树脂不适合进行熔融加工,同时由于 PTFE 分散树脂黏性较大,室温流动性较差,原料蓬松,需要在适当的润滑剂(白油、石油醚、煤油等)辅助下进行糊料挤出推压成型。由于 PTFE 分散树脂易发生纤维化,混料应在 30℃ 以下进行,并采用 V 型混合器搅拌方式。推压成型之前需要预成型(压坯)工序,制备出糊状挤出所需要的特定尺寸的坯料,预成型压力 2 ~ 5MPa,预成型压缩比 3:1 左右。PTFE 分散树脂经过糊料挤出为圆形和方形棒状挤出物,糊料挤出温度 35 ~ 70℃,挤出压缩比 100:1 ~ 400:1,然后经过压延机压延后成为 PTFE 压延基带。压延基带脱除润滑剂(脱脂温度 100 ~ 200℃)后进行适当倍数拉伸后得到 PTFE 拉伸薄膜,脱脂后的润滑剂可以回收利用。对于 PTFE 膜裂法长丝,一般在 PTFE 拉伸薄膜基础上,再经过分切(分切宽度依纤维细度而定,一般在 3 ~ 10mm)、多道拉伸、加捻、定型、卷绕等工序制备;对于 PTFE 膜裂法短纤,一般在 PTFE 拉伸薄膜基础上,再经过定型、开纤、卷曲、切断等工序制备[35 - 37]。

3.2.3　膜裂法纺丝加工工艺

3.2.3.1　膜裂法 PTFE 纤维用膜的制备

PTFE 纤维用膜的制备主要包括混料、压坯、挤出、脱脂、压延和拉伸工序。要求 PTFE 薄膜(或基带)中的原纤高度取向,并通过设备和工艺的优化,使纤维均匀、力学性能好、热收缩小,因此 PTFE 薄膜的加工至为关键。

1. 压坯

压坯过程是将松散的、经过和润滑剂混合并熟化的 PTFE 分散树脂粉末压制成一定型状的密实坯料(一般为圆柱形),压坯过程中 PTFE 颗粒粉料在润滑剂的辅助下相互连接在一起,利于后面挤出过程的顺利进行。

压坯过程的主要参数为成型压力和成型时间。由于压坯过程中,PTFE 粉料上层(和压头直接接触部分)首先受到压力,在粉料黏弹塑性以及粉料和桶壁之间的摩擦作用下,这些参数将影响坯料的密度、密度分布、润滑剂含量分布,并受初始润滑剂含量的影响。

1) 成型压力、时间和润滑剂含量对坯料密度及均匀性的影响

压坯过程可以将松散的 PTFE 粉料适当压实。由于压坯时和压坯模具接触部分粉料的摩擦和剪切,坯料成型后在坯料周围形成一层薄膜,避免粉料出现意外的机械损伤。压坯压力、时间对坯料表观密度及其均匀性有明显影响。由图 3-5 可以看出,坯料上端(和压头挤出部分)表观密度较高,坯料底部(远离压头部分)密度较小。在成型时间一定情况下,成型压力越小,密度分布越不均匀;在 3MPa 成型压力下,坯料密度分布较均匀。

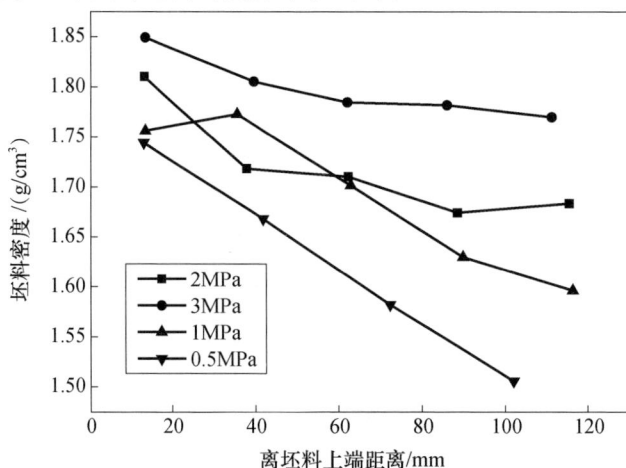

图 3-5 预成型压力对坯料密度及均匀性的影响

(润滑剂含量 20%,压坯时间 1min)

由图 3-6 可以看出,恒定压坯压力,随着压坯时间的增加,坯料密度有所增加,而且坯料上下密度均匀性也有所增加,即坯料具有一定的时间松弛特性。

润滑剂含量对坯料密度和均匀性的影响如图 3-7 所示。润滑剂含量越低,坯料整体密度越低,坯料的上下密度不均匀性越大,坯料外观越干燥。随着润滑剂含量增加,坯料整体密度有所增加,坯料的上下密度不均匀性下降,而且坯料外观越光滑。

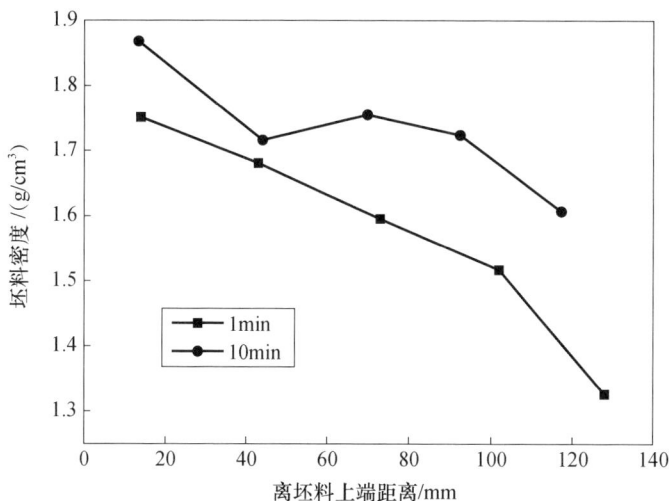

图 3－6　压坯时间对坯料密度及均匀性的影响

（压力 0.5MPa，润滑剂含量 20%）

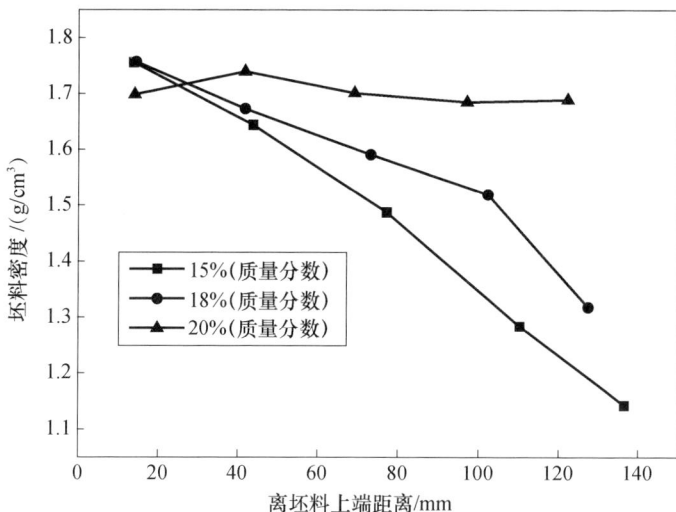

图 3－7　润滑剂含量对坯料密度及均匀性的影响

（压力 0.5MPa，时间 1min）

2）成型压力、时间和润滑剂含量对坯料中润滑剂分布的影响

由图 3－8 可见，成型压力一定条件下，坯料中润滑剂含量呈现上端低下端稍高现象，即在成型压力作用下，坯料上端首先受到挤压，坯料上端润滑剂含量低而密度较高，坯料下端润滑剂含量高而坯料密度较低。不同压力对润滑剂的分布影响不大。

由图 3－9 可以看出，成型时间对润滑剂含量及分布有明显影响。在 1min

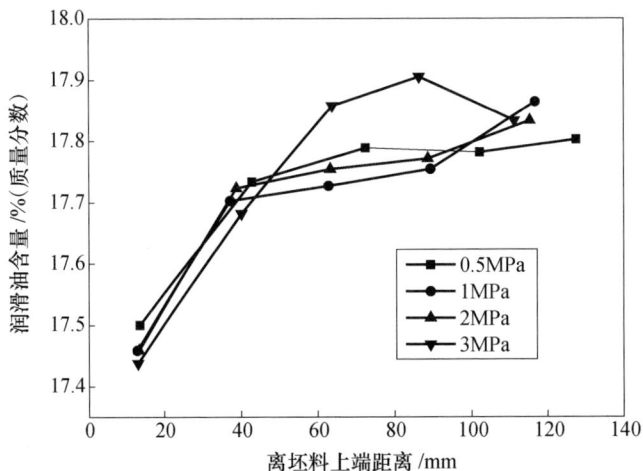

图 3-8　成型压力对润滑剂含量及分布的影响
（初始润滑剂含量18%,成型时间1min）

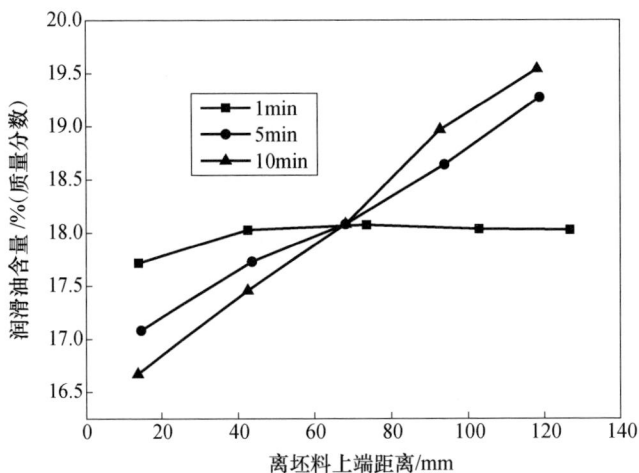

图 3-9　成型时间与润滑剂含量及分布的影响
（压力0.5MPa,初始润滑剂含量18%）

成型时间下,润滑剂分布比较均匀;随着成型时间的加长,润滑剂含量出现明显的上下分布不匀,上端含油量低,下端含油量高。虽然成型时间加长可以减小坯料密度的上下差异,但会导致润滑剂的向下迁移,造成油量分布不匀。

虽然润滑剂含量较高时坯料的上下密度较为均匀,但润滑剂向下迁移明显,造成坯料下端油量大于上端。当润滑剂含量较低时,润滑剂含量分布较为均匀,如图3-10所示。

综上分析,压坯条件:润滑剂含量18%,成型压力3MPa,成型时间1min条件下,压制坯料品质较好。

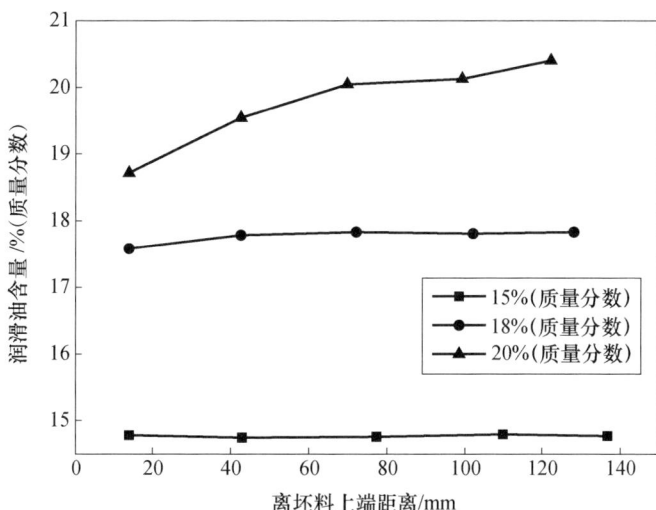

图 3 – 10　初始润滑剂浓度对润滑剂含量分布的影响

（成型压力 0.5MPa，时间 1min）

2. 挤出条件

PTFE 糊料挤出口模采用具有毛细管的锥形模具（图 3 – 11），模具主要参数包括锥角 α、长径比 L/D 和压缩比（d^2/D^2）。在料筒直径 d 和毛细管直径 D 一定情况下，锥角 α 决定了模具锥形区长度。

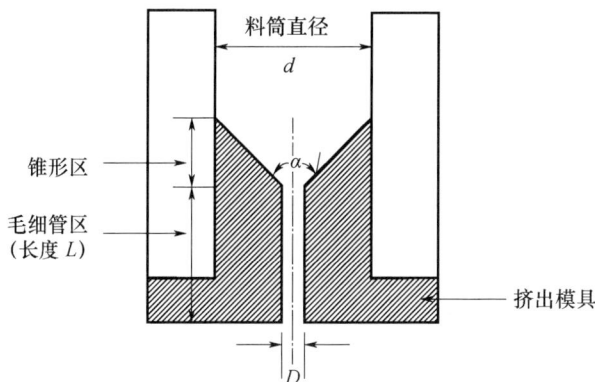

图 3 – 11　PTFE 糊料挤出口模示意图

PTFE 分散树脂在润滑剂辅助下，在模具锥形区发生剪切和拉伸流动，从而产生大量的原纤（fibril），在润滑剂含量和压坯条件一定情况下，挤出物的结构和性能与模具参数有关。

1）挤出速度对挤出压力和挤出物强度的影响

由图 3 – 12 可以看出，随着挤出速度的增加，挤出压力会明显升高，同时挤出物强度会明显下降。挤出压力的升高是由于随着挤出速度的增加,受到挤压的 PTFE 与料筒壁的摩擦力有所增加,同时 PTFE 粒子在锥形区由于剪切作用而形成大量原纤,而不仅仅是料筒区域的压缩流动和粒子的密实化。挤出物强度会随着原纤形成而增加,但在锥形区内除了剪切流动,还存在拉伸流动,随着挤出速度的增加,拉伸流动增强会造成原纤的部分断裂,从而导致挤出物强度的下降。

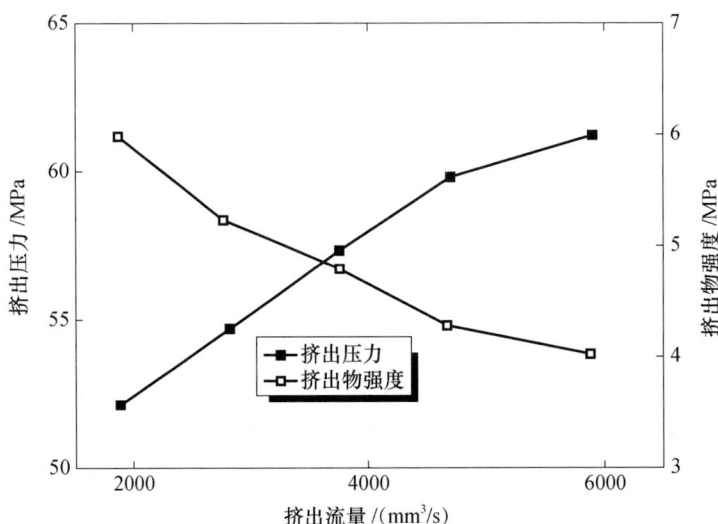

图 3 - 12　　挤出速度对挤出压力和挤出物强度的影响

（润滑剂含量 18% ,挤出温度 30℃ ,锥角 30° ,长径比 20,压缩比 150）

2）锥角对挤出压力和挤出物强度的影响

随着锥角的增加,在锥形区内 PTFE 物料发生明显的剪切流动,从而发生明显的纤维化,由图 3 - 13 可以看出,在锥角 20° 以上,挤出压力随着锥角增加而明显增加。锥角小于 20° 时,纤维化很不明显。挤出物强度和纤维化程度以及微纤维沿挤出方向的取向有关,锥角小时虽然微纤维沿挤出方向取向程度高,但纤维化不明显,因此挤出物强度较低。随着锥角的增加,微纤维取向程度有所降低,在锥角 60° 以下,挤出物强度随锥角增加而降低。在锥角 60° 以上,纤维化程度贡献开始大于微纤维取向度的影响,挤出物强度随锥角增加而有所增加。因此,兼顾挤出物中微纤维取向长度和纤维化程度,最佳模具锥角在 30° ~ 55°。

3）压缩比对挤出压力和挤出物强度的影响

压缩比为料筒横截面积和挤出模具出口处横截面积之比。压缩比增加,PTFE 树脂颗粒在挤出过程中受到的挤压和剪切程度提高,同时 PTFE 物料和模具之间的摩擦力增加,因此挤出压力随压缩比的增加而近乎线性增加。随着压缩比和挤出压力的增加,更多的微纤维形成,因此在其他条件不变条件下,挤出物强度随压缩比增加而有所增加。但是随着压缩比的增加,部分微纤维会发生过度拉伸而断裂,从而导致挤出物强度的下降,因此最佳的压缩比在150 左右(图 3 – 14)。

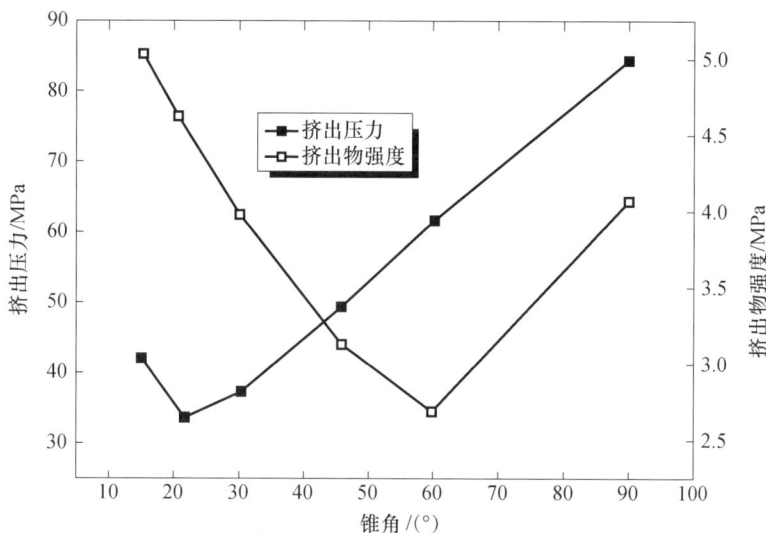

图 3 – 13　挤出速度对挤出压力和挤出物强度的影响

(润滑剂含量 18% ,挤出温度 30℃ ,挤出速度 5700mm³/s,长径比 20,压缩比 150)

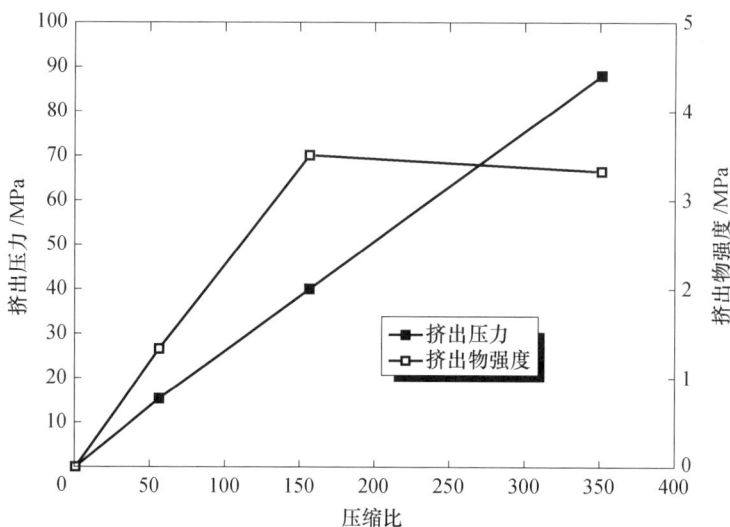

图 3 – 14　挤出速度对挤出压力和挤出物强度的影响

(润滑剂含量 18% ,挤出温度 30℃ ,挤出速度 5700mm³/s,长径比 20,锥角 45°)

4) 长径比对挤出压力和挤出物强度的影响

其他条件不变情况下,长径比增加,物料与模具毛细管部分的摩擦力增加,因此挤出压力随长径比近乎线性增长。当长径比较小时,PTFE 物料经锥形区的高压压缩进入毛细管区域后,由于 PTFE 本身的黏弹性,内部正应力来不及松弛,挤出胀大效应明显,导致微纤维取向程度下降,从而导致挤出物强度的下降。随着长径比的增加,PTFE 物料在毛细管区域有充分的应力松弛,挤出胀大效应大大减小,微纤维取向程度提高,因此挤出物强度有明显增加。当长径比大于20,挤出物强度不再增加,同时由于挤出压力过高而导致微纤维部分断裂,挤出物强度有下降趋势。因此最佳的长径比在 20 左右(图 3 – 15)。

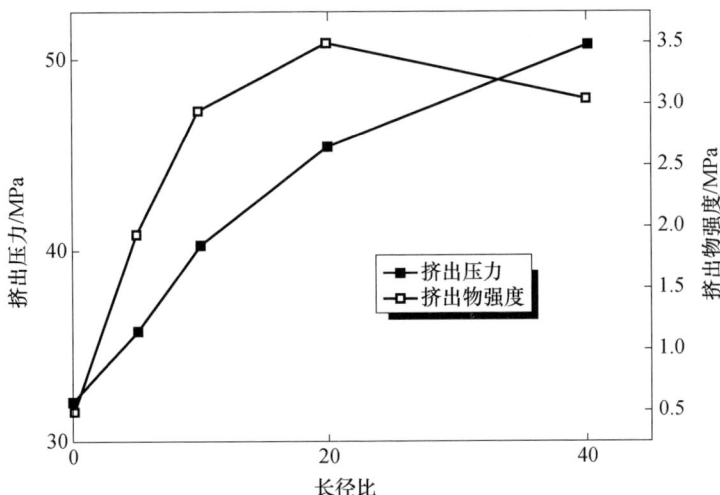

图 3 – 15 长径比对挤出压力和挤出物强度的影响

(润滑剂含量 18%,挤出温度 30℃,挤出速度 5700mm³/s,压缩比 150,锥角 45°)

5) 润滑剂含量

随着润滑剂含量的提高,挤出压力明显下降,挤出变得容易。在润滑剂含量较低时,挤出压力大,PTFE 颗粒间剪切作用明显,但微纤维损伤严重;当润滑剂含量过高时,挤出压力小,PTFE 颗粒间剪切作用小,微纤维形成量较小,挤出物强度较低。最佳的润滑剂含量在 18% 左右(图 3 – 16)。

6) 挤出温度

挤出温度 15℃时,挤出压力和挤出物强度很低,此时挤出物中微纤维数量很少,挤出物外观粗糙,因此挤出温度必须高于 PTFE 原料的第一转变温度(19℃)。挤出温度 45℃以上时,挤出压力开始有所降低,在 55 ~ 65℃范围内,挤出压力基本不变。挤出物强度在 45℃穿线拐点,在 55℃稍低于 45℃条件,在 65℃又稍有增高,但此时的微纤维尺寸较大。因此,合适的挤出温度在 30 ~ 55℃(表 3 – 3)。

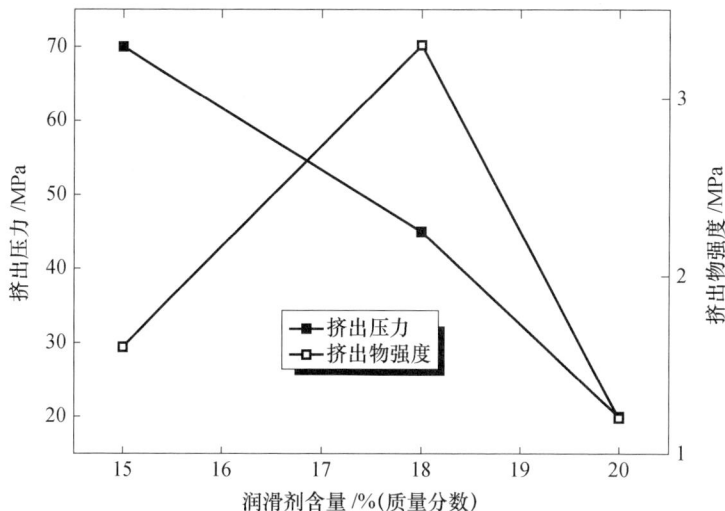

图 3 - 16　润滑剂含量对挤出压力和挤出物强度的影响
（挤出温度 30℃,挤出速度 5700mm³/s,压缩比 150,长径比 20,锥角 45°）

表 3 - 3　挤出温度对挤出压力和挤出物强度的影响(润滑剂含量 18%
（质量分数）,挤出速度 5000mm³/s,压缩比 150,锥角 45°,长径比 20)

挤出温度/℃	挤出压力/MPa	挤出物强度/MPa
15	23.6	1.2
30	45.1	3.4
45	40.8	3.7
55	36.2	3.6
65	35.9	3.9

综合以上分析,结合实际生产情况,最佳的挤出条件范围是:润滑剂含量 18%（质量分数）,压缩比 100 ~ 150,长径比 20 ~ 40,锥角 30° ~ 50°,挤出温度 30 ~ 55℃。

3. 基带拉伸工艺

1）高温松弛处理后的 PTFE 表面形貌分析

PTFE 基带、经热处理和拉伸后基带的 SEM 照片列于图 3 - 17 ~ 图 3 - 20。从图 3 - 17 可以看出,PTFE 基带由岛形节点及与之相连接的原纤构成,纤维与纵向拉伸方向平行,未经过热处理的原样节点和与之相连的原纤排列较为整齐。从图 3 - 18 看出,骤冷后,基带节点明显变得散乱,节点间的纤维丝排列也变得不整齐。从图 3 - 19 看出,退火后,基带节点和原纤的排列不如原样整齐,但比经过骤冷处理的基带排列规整。从图 3 - 20 中看出,拉伸后,节点被拉伸开,原纤从节点中抽拔出来并沿拉伸方向高度取向。

PTFE 微结构中节点和原纤的排列与 PTFE 的大分子链的结构密切相关。在热处理过程中,高温使大分子的排列趋向紊乱无序,即解取向过程,同时节点和原纤发生不同程度的收缩。由于 PTFE 的分子量高,大约在 $8.88 \times 10^6 \sim 3.17 \times 10^7$,分子重排需要很长时间,骤冷使得温度迅速降到了玻璃化温度以下,将未完全松弛的大分子链段"冻结"起来,从而导致 PTFE 中节点和原纤的排列变得杂乱。而退火过程使得大分子链段在高于玻璃化温度的条件下有较长的时间重新排列,节点和原纤收缩程度较大,收缩和分子松弛程度较大,从而使得 PTFE 的节点和原纤的排列较为规整。退火处理的样品,在随后的热拉伸作用下,大分子沿外力方向高度取向,从而导致由大分子组成的原纤和节点沿外力方向的取向。同时原纤数量增多,节点数量减少,原纤从节点中在外力作用下抽出。

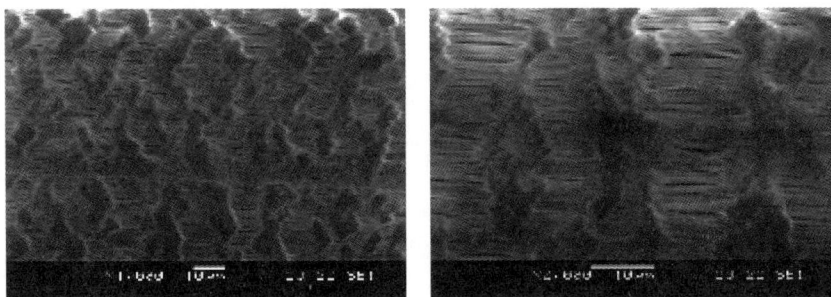

图 3 - 17   PTFE 基带的 SEM 照片

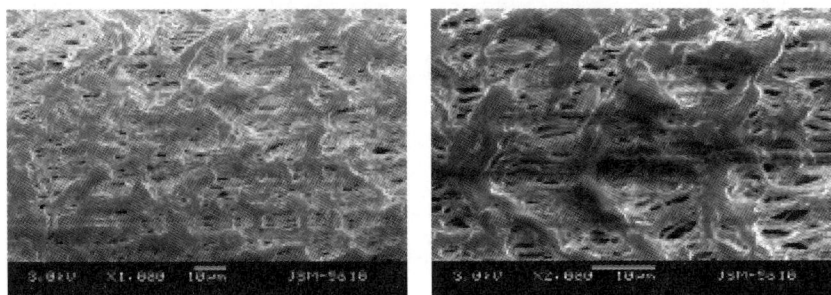

图 3 - 18   PTFE 基带骤冷后的 SEM 照片(320℃热处理 30min,骤冷)

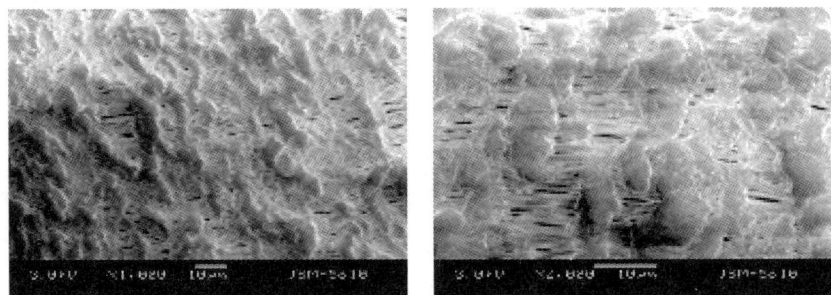

图 3 - 19   PTFE 基带退火后的 SEM 照片(320℃处理 30min,以 10℃/min 降至室温)

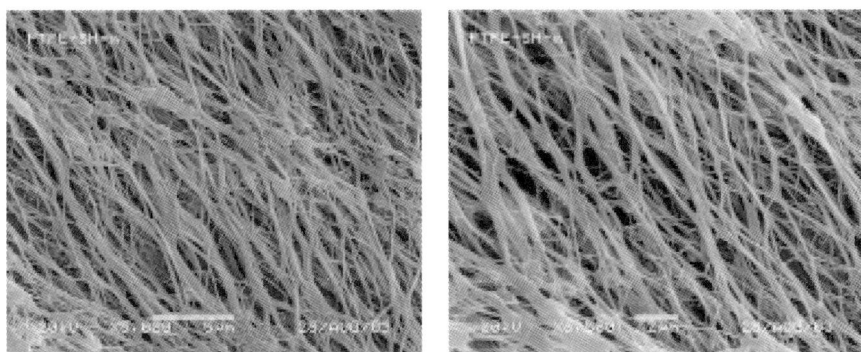

图 3 - 20　PTFE 基带退火处理后拉伸的 SEM 照片

(退火处理:320℃处理 30min,以 10℃/min 降至室温。拉伸:温度 350℃,8 倍)

2) 高温松弛处理对 PTFE 结晶的影响

(1) 降温范围对 PTFE 结晶度的影响。PTFE 基带经退火处理(以 10℃/min 降温)后,DSC 见图 3 - 21,分析结果见表 3 - 4。可见,热处理温度越高,热处理后结晶度越高,这是由于温度较高的时候,以相同速率降至同一温度,所需时间相对较长,有相对充分的时间进行内部结构调整。在 320℃热处理后的降温过程中,PTFE 从熔融体冷却到熔融温度以下时,高分子热运动减弱而有规则排列起来生成晶核,以晶核为基础,高分子进一步有规则排列使晶核逐渐长大。退火的温度越低,经历的时间越长,进行晶核生成与晶核生长的时间就越长,结晶就越充分,结晶度就越大。

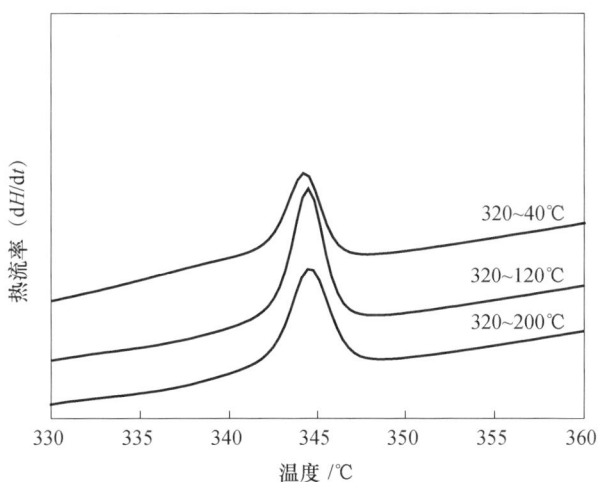

图 3 - 21　PTFE 基带处理试样的 DSC

表 3 - 4　降温范围对 PTFE 结晶度的影响(以 10℃/min 降温)

试样(降温范围)	结晶度/%
原样	92.3
320～200℃	54.3
320～120℃	68.6
320～40℃	80.3
270～200℃	46.5
270～120℃	65.3
270～40℃	78.2

(2)降温速率对 PTFE 结晶度的影响。从图 3 - 22 可以看出,淬火 PTFE 和原样相比,熔融温度从 346℃ 下降到了 325℃,淬火试样相对于原样结晶度明显下降,是由于 PTFE 大分子链长和运动单元的多重性,使高分子从高温下的无规排列到低温下的有序排列的结晶过程需要一定时间,不像低分子那样可在瞬间完成。骤冷短时间内使温度突然降低到玻璃化温度以下,使得 PTFE 分子没有足够的时间进行晶核生成与晶核生长的过程,所以结晶度在骤冷后变得很小。

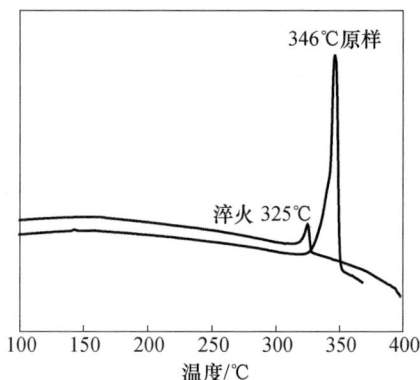

图 3 - 22　PTFE 扁丝原样与骤冷试样的 DSC 谱图

降温速率对 PTFE 结晶度的影响见表 3 - 5。可见,降温速率越慢,PTFE 的结晶度越高。这是因为降温速率缓慢,分子链有足够的时间重新排列进入规整的晶格,因此分子排列规整,结晶度高,而降温速率过快时,分子来不及规整排列,所以结晶度较低[38,39]。

表 3 - 5　不同降温速率对 PTFE 扁丝结晶度的影响

试样(降温速率)		结晶度/%
原样		92.3
淬火		51.1
320～40℃	3℃/min	86.5
	5℃/min	84.1
	10℃/min	80.3

（3）高温松弛处理对 PTFE 最大拉伸倍数和断裂强度的影响。基带脱脂和纵向拉伸后的高温松弛处理使 PTFE 消除内应力,利于分子链拉伸取向,提高最大拉伸倍数和力学性能。

本项目采用高温松弛处理经脱脂和纵向拉伸后的基带,降温幅度和速率对基带最大拉伸倍数和力学性能的影响见表3-6和表3-7。由表3-6可见,经过相同速率的降温处理后,基带的断裂强度相对原样而言均有不同程度的提高;在相同降温幅度下,较高的初始温度可增加基带的断裂强度。在不同降温速率下(表3-7),缓慢降温有利于提高基带断裂强度。产生这一现象的根本原因是高温松弛处理使 PTFE 分子链易于拉伸取向,提高了拉伸性能。

表3-6　降温幅度对 PTFE 基带最大拉伸倍数和断裂强度的影响
（降温速率3℃/min）

试样	最大拉伸倍数/倍	断裂强度/MPa
原样	10.2	135
320~200℃	15.6	210
320~120℃	18.3	350
320~40℃	21.4	480
270~200℃	13.8	186
270~120℃	17.4	315
270~40℃	19.3	402

表3-7　不同降温速率对 PTFE 基带最大拉伸倍数和断裂强度的影响

试样		最大拉伸倍数/倍	断裂强度/MPa
原样		10.2	135
320~40℃	3℃/min	21.4	480
	5℃/min	18.6	370
	10℃/min	16.7	292

根据加工设备并综合考虑能耗和生产效率,最佳的高温松弛处理条件为,由320℃开始以3℃/min降温速率降至40℃。

（4）拉伸温度对 PTFE 结构和性能的影响。图3-23为 PTFE 基带的应力应变行为。随温度增加,PTFE 基带由硬而脆的类型变为软而韧,具有明显的温度敏感性。可见,温度较低时,基带在较小的变形下就发生断裂(图3-24);PTFE 基带在高温时间在较小应力下就形成较大应变,可以进行拉伸操作。

从表3-8拉伸温度对 PTFE 长丝力学性能影响中可见,在一定的热拉伸倍率下,在280~370℃温度范围内,热拉伸的温度越高,PTFE 长丝的强度也越高。

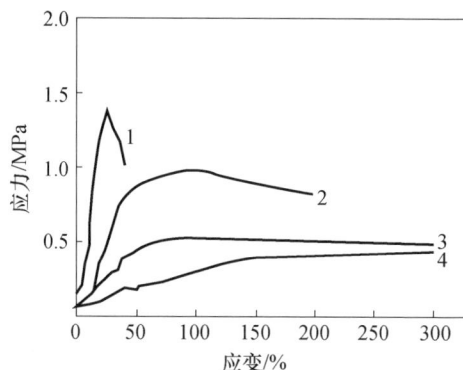

图 3 - 23　PTFE 基带的应力应变行为

1—35℃;2—90℃;3—140℃;4—170℃。

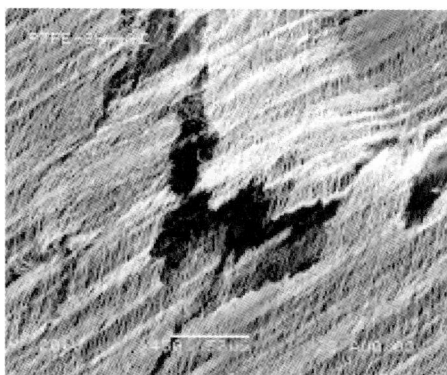

图 3 - 24　基带低温拉伸时的断裂情况

超过了 370℃,PTFE 长丝的强度开始下降。这种变化主要和热拉伸温度对取向的影响有关。在 280~370℃ 范围内取向度随温度增加而增加,从而导致长丝强度的增加。在 370℃ 以下,取向度随拉伸温度增加而增加,取向度越高,拉伸至断裂时的分子滑移和分子链进一步伸直越小。温度越高,大分子的活动性越大,链段处于显著活动状态,从而在外在应力的作用下积极地进行大分子整链及链段的取向排列。在过高的温度(400℃)下热拉伸,PTFE 部分熔融,造成断裂强度的急剧降低。此时,拉伸在促进取向的同时,解取向的速率也在增加。

表 3 - 8　拉伸温度对 PTFE 长丝力学性能影响(拉伸 12 倍)

热拉伸温度/℃	断裂强度/MPa	取向度(声速)/(km/s)
280	439	2.04
310	458	2.22
340	466	2.50
370	501	2.63
400	421	1.85

3.2.3.2 裂膜法 PTFE 长丝加工技术

1. 加捻

PTFE 长丝的加捻,和普通纱线加捻的目的和作用是不同的。一般纺织工艺中的加捻是短纤维纺纱的必要工艺手段,加捻的对象是松散的纤维须条或纤维集合体,或者是单纱、单丝的集合体。加捻的目的是给这些纤维须条或纤维集合体的总体或者局部加以适量的捻度,使之成纱或者把纱、丝捻合成股线、缆绳,最终使纱线具有一定的物理 – 力学性能和一定的外观,如纱线的强度、弹性、伸长率、毛羽、光泽、手感等。加捻有时发生在须条加工过程的某一时间或者某一区域,使须条获得暂时的捻度,以利于工艺过程的顺利进行;加捻后成纱的结构、形态发生变化,使织物获得特殊的外观效应,如皱效应等。

而对 PTFE 扁丝加捻,主要目的是使扁平截面的条带状扁丝通过加捻作用,原纤在加捻轴向分力压缩下抱合更加紧密,同时消除扁丝的弱节,使扁丝结构更加均匀,并使扁丝截面趋于圆形。加捻有助于热拉伸的进行,从而通过增加 PTFE 的取向度和改变内部结晶结构等微观结构以得到具有较大强度的 PTFE 长丝。作为产业用纺织品的 PTFE 长丝,对断裂强度和断裂伸长率具有较高的要求,其指标和加捻工序有着直接联系,而且加捻的情况将直接影响后续工序中的热拉伸。

1)捻度对断裂强度的影响

实验室试验捻度为 200 ~ 1200 捻/m,捻度对断裂强度的影响见表 3 – 9。可见,在捻度增加的开始阶段,断裂强度随捻度的增加而增加,当超过 600 捻/m 之后,断裂强度呈下降趋势。未进行热拉伸前,随着捻度的增大,PTFE 扁丝间的抱合力可以增大 PTFE 间的摩擦力,并且改善强度不匀率,在捻度达到足够大的时候,再继续加捻,就会急剧减小长丝沿轴向的轴向分力,捻度达到饱和,迅速增大捻缩率,使得在轴向上的受力不均匀。

表 3 – 9　加捻对 PTFE 热拉伸后断裂强度的影响

捻度/(捻/m)	断裂强度/(cN/tex)	捻度/(捻/m)	断裂强度/(cN/tex)
200	9.84	800	10.83
400	10.86	1000	9.50
600	12.83	1200	8.70

为了进一步研究捻度和断裂强度的关系,根据表 3 – 9 中数据建立回归方程式(图 3 – 25),即

热拉伸后 $Y = -1 \times 10^{-5} X^2 + 0.0123X + 7.888$,相关系数 $R = 0.8754$

捻度对断裂强度的影响来源于长丝取向的变化。取向可以采用声速来测

量,捻度对热拉伸后长丝声速值的影响见图 3 – 26。可见,捻度对声速的影响呈现出先增加后减小的趋势。在低捻度的时候,随着捻度的增加,PTFE 扁丝微纤维之间的抱合力逐渐加大。在热拉伸过程中,抱合力促进了 PTFE 的熔合,同时 PTFE 大分子链在拉伸作用下沿纤维轴向排列效率大大提高,从而使得沿纤维轴的取向程度随捻度增加而增大。当捻度超过 600 捻/m,随着捻度的进一步增加,拉伸轴向分力急剧减小,分子链倾斜程度加剧且由于过度加捻,使得轴向上长丝发生扭曲,阻碍了热拉伸对 PTFE 长丝的大分子取向作用,以至于取向度急剧降低。

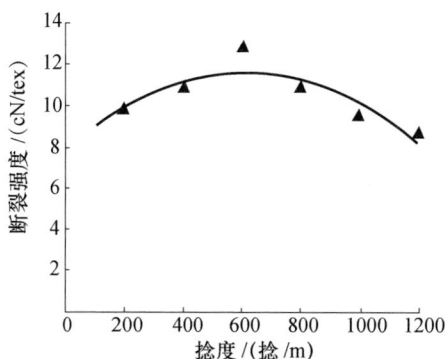

图 3 – 25　捻度对热拉伸后
PTFE 断裂强度的影响

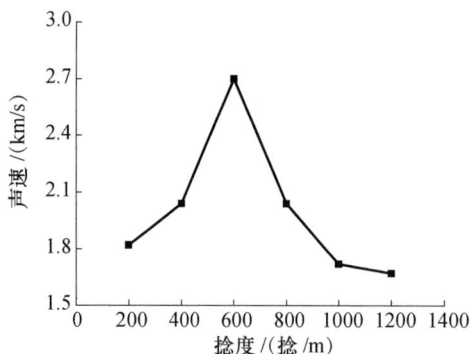

图 3 – 26　捻度对热拉伸后长
丝声速值的影响

2）捻度对断裂伸长的影响

根据表 3 – 10 中数据建立回归方程式,拟合后的线性关系见图 3 – 27。回归方程式为

$$Y = 0.00746X + 2.78133,相关系数 R = 0.98395$$

表 3-10　PTFE 热拉伸前后断裂伸长

捻度/(捻/m)	断裂伸长率/%	捻度/(捻/m)	断裂伸长率/%
200	4.78	800	9.02
400	5.48	1000	10.70
600	6.46	1200	11.58

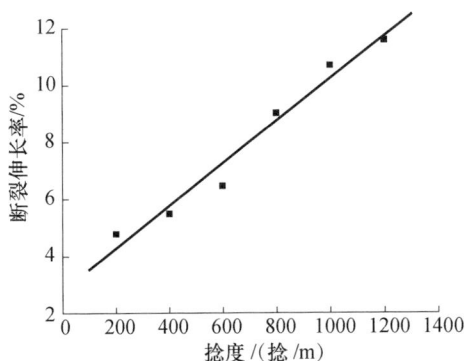

图 3-27　捻度对热拉伸后 PTFE 断裂伸长率的影响

可见，热拉伸后的 PTFE 断裂伸长率随捻度的增大呈现出逐渐增大的趋势，并接近于线性关系，热拉伸后断裂伸长率与捻度间的线性关系更明显。这主要是由于在捻度逐渐增大的过程中，捻缩率随之变大。由捻缩引起的 PTFE 长度的变化是导致断裂伸长率随捻度增大而变大的主要原因。

2. 热定型

热定型工艺主要有三种：松弛热定型、定长热定型和张力热定型。这三种定型方法对纤维内部结构和物理力学性能的影响是不同的。为了能够得到较高强度的纤维，并结合生产设备条件，PTFE 纤维的热定型均采用张力热定型方式。

对于 PTFE 而言，在热定型时，固定张力，以保持材料形状的稳定，仅仅改变温度和时间。因热定型温度较高，因此会有较多的小晶区熔融，大晶区部分熔融，导致结晶度急剧降低。PTFE 材料中的结晶相逐渐转变为无定型相，结晶区中的无定型部分沿着结晶轴做较大的滑动而取向，原纤化更明显；同时，随着热定型温度的升高，因原纤的受热能力差，也会使更多原纤断裂，导致节点的重组并合。PTFE 固化后，由于原纤的取向，原纤和节点的阻碍，阻止了分子的进一步滑移，不能再拉伸，因而 PTFE 尺寸稳定性提高。

未经热定型或在熔点以下较低温度下热定型的 PTFE 存在沿拉伸方向的如图 3-28(a)和图 3-29 所示的椭圆状微粒，它由若干个大分子链折叠成片晶，在拉伸力作用下，片晶沿受力方向滑移而使分子链展开成原纤，拉伸形成的原纤处于可逆状态，原纤可以通过释放能量回复到微粒状态而缩短，表现为随放置时间延长,材料发生较大程度的回缩;经过热定型后,椭圆状微粒会熔融并合在一起,形成整体,此时原纤无法回缩(图3-28(b))。

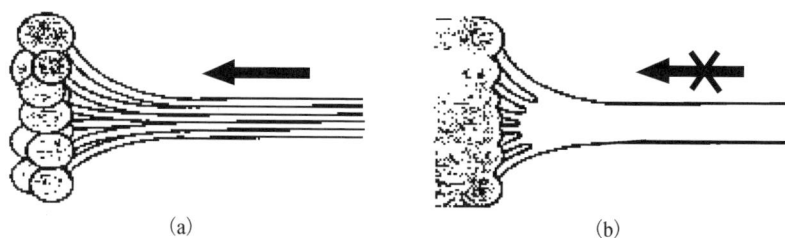

图3-28   PTFE 热定型模型

(a) 原纤可以回缩;(b) 原纤无法回缩。

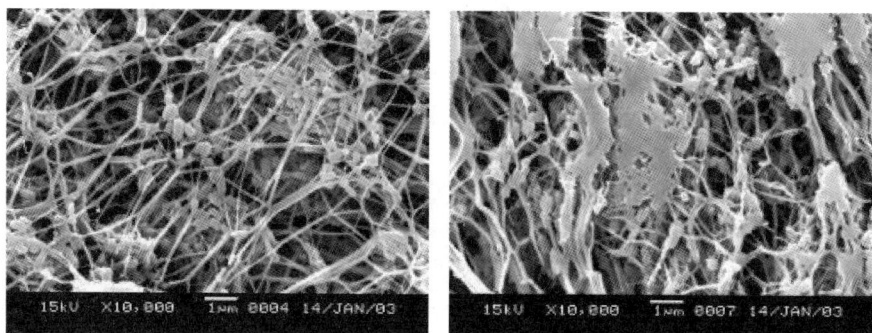

图3-29   富含椭圆状微粒的拉伸 PTFE(未热定型)

热定型的作用之一是通过节点的熔融提高材料的尺寸稳定性,另一作用是热定型可将降低材料整体的孔隙率。表3-11 为热定型温度对 PTFE 长丝孔隙率的影响。可见,热定型温度在熔点附近(327℃)时,随温度升高,孔隙率增加;超过熔点后,孔隙率急剧降低。原因是随温度升高部分原纤断裂,导致节点的重组并合,孔隙率表现出升高趋势;而当超过熔点,并合的程度继续增加,填补了材料中的孔隙,因此孔隙率降低,纤维也由白色逐步变成透明。孔隙率的降低可大大降低纤维的热收缩率。

表3-11   热定型温度对 PTFE 长丝孔隙率和热收缩率的影响(时间50s)

热定型温度/℃	280	300	320	350	380	400
孔隙率[①]/%	40.7	45.4	50.4	38.2	11.1	5.5
热收缩率/% (260℃处理5min)	27.6	25.8	11.6	8.9	3.0	2.8
① 采用美国麦克公司的 Autopore IV 9500 压汞仪测试						

　　PTFE 结晶形态在 19℃时从三斜晶系变为六方晶系,材料变得柔软。在 30℃时,分子中由 15 个碳原子构成的螺旋构型可提高它的旋转定向能力而进一步软化。因此,对于 PTFE 制品而言,降低结晶度,可在一定程度上降低材料中晶型的转变,控制收缩率。

　　PTFE 在热定型下部分熔融,结晶态被破坏变成无定型。在冷却过程中分子链又会重排列形成结晶态。制品与降温速率有关:冷却速率越慢,结晶度越高;反之亦然(表 3 - 12 和表 3 - 13)。热定型处理后的 PTFE 材料经过淬火处理,可降低结晶度,减少了纤维在使用过程中的晶型转变,从而降低热收缩率。

表 3 - 12　降温速率对 PTFE 长丝热收缩率的影响

降温速度/(℃/min) (380℃降至室温)	结晶度/% (DSC 测试)	热收缩率/% (260℃处理 5min)
10	80.2	10.2
30	73.4	6.3
淬火	45.6	3.0

表 3 - 13　降温速率对 PTFE 短纤热收缩率的影响

降温速度/(℃/min) (380℃降至室温)	结晶度/% (DSC 测试)	收缩率/% (260℃处理 5min)
10	79.6	11.8
30	70.1	7.6
淬火	43.2	5.3

3.3　PTFE 纤维的乳液纺丝

3.3.1　乳液纺丝加工技术概述

　　乳液纺丝也称载体纺丝,是采用 PTFE 浓缩分散液和其他成纤性好的聚合物溶液一起混合制备 PTFE 纺丝溶液,利用成纤性好聚合物溶液的辅助或载体作用,通过溶液纺丝方式制备中间复合纤维,然后通过烧结初生复合纤维并氧化分解纺丝载体聚合物的方式制备 PTFE 纤维。

　　乳液纺丝方式制备 PTFE 纤维是最早实现产业化和最为成熟的一种 PTFE 纤维制备技术,杜邦公司早在 20 世纪五六十年代就申请了采用黏胶作为纺丝载体的乳液纺丝法制备 PTFE 纤维专利[40],之后杜邦公司申请了多个乳液纺丝法 PTFE 纤维制备专利[41-44],其中的纺丝载体涉及到黏胶(纤维素黄酸钠)、各种纤维素醚类(甲基纤维素、乙基纤维素、羟乙基纤维素、羟丙基甲基纤维素、甲基羟丙基纤维素、羟丙基纤维素、羧甲基纤维素),并将其乳液纺丝 PTFE 纤维注册为"特氟龙"纤维(Teflon®)。目前,国外主要以纤维素或纤维素衍生物作为纺丝载体的 PTFE 纤维生产商为日本东丽公司,并以 Toyoflon® 作为其商品名;它于 2002 年收购杜邦公司 Teflon® 纤维事业,成立东丽氟纤维有限公司,以 Teflon® 为商品名生产和销售其乳液纺丝法 PTFE 纤维。俄罗斯生产以黏胶作为纺丝载体的乳液纺丝 PTFE 纤维,其商品名为"Polifen"。

国内常州市兴诚高分子材料有限公司申请了以黏胶作为纺丝载体的乳液纺丝法 PTFE 纤维[45]的专利,并有乳液纺丝法 PTFE 纤维的生产和销售。杜邦公司曾经申请过以聚苯乙烯的四氯化碳溶液作为纺丝载体进行干法纺丝的专利[46],西安工程大学则公开了以纤维素氨基甲酸酯作为纺丝载体的乳液纺丝法 PTFE 纤维制备。浙江理工大学、西安工程大学、南京际华集团 3521 等单位合作,对以 PVA 作为纺丝载体的 PTFE 乳液纺丝工艺及相关设备开发进行了系统研究,并实现了产业化生产。东华大学等也尝试以 PVA 作为纺丝载体的乳液纺丝法制备 PTFE 纤维的研究报道[47-52]。

乳液纺丝法 PTFE 纤维制品主要包括短纤和长丝制品,国内以短纤制品生产为主,日本东丽公司(Toray fluorofiber)则既有长丝又有短纤制品。乳液纺丝法 PTFE 纤维的特点是纤维细度均匀,截面近圆形,加工效率高。同时由于载体聚合物的存在,烧结炭化后(残留物1% ~3%)的 PTFE 纤维多因残留炭化物而呈棕色或褐色。残留物可通过硝酸溶液漂白后得到白色乳液纺丝法 PTFE 纤维。乳液纺丝法纤维的强度偏低,一般在 0.5 ~2cN/dtex,热收缩率较高,一般高于 10%,同时,湿纺纺丝存在一定的废水、废气和环境污染问题。

3.3.2 乳液纺丝加工技术原理

PTFE 分散液(乳液)的成纤性和可纺性差,难以直接用 PTFE 浓缩分散液直接采用溶液纺丝方法制造 PTFE 纤维。PTFE 乳液纺丝过程首先将容易成纤的聚合物(纺丝载体或纺丝基体)溶液与 PTFE 分散液混合,制备混合纺丝液,在纺丝载体的辅助下,通过溶液纺丝方法首先制备出 PTFE 中间纤维,再通过烧结、拉伸、切断或加捻过程制备 PTFE 短纤维或长丝。

乳液纺丝工艺主要包括纺丝过程、烧结过程和拉伸过程三个主要过程。

(1)纺丝过程中,纺丝液制备、纺丝温度和凝固条件等和普通黏胶和维纶湿法纺丝比较类似,所不同的是,由于 PTFE 分散树脂在 30℃ 的晶型变化,纺丝温度不能高于30℃,否则纺丝液容易结块。温度太低,纺丝液黏度偏低。一般纺丝温度在 20 ~30℃ 为宜。

在保证纺丝顺利情况下,纺丝液中 PTFE 树脂与纺丝载体聚合物质量比应尽可能高,以保证烧结后 PTFE 纤维中残留物较少,同时保证之后的拉伸性优良,以制备力学性能更好的 PTFE 纤维。

　　纺丝载体溶液一般选取容易成纤的纤维素衍生物类和聚乙烯醇类聚合物的水溶液,乳液纺丝时前者采用类似黏胶纤维制备方法,后者采用类似维纶纤维制备方法首先制备出 PTFE 中间纤维。在 PTFE 乳液纺丝丝条凝固过程中,充分利用载体聚合物容易在凝固液成分作用下凝固成纤的性质,以及 PTFE 分散液中 PTFE 分散树脂颗粒之间的凝聚作用,得到含有 PTFE 分散树脂和载体聚合物的混合中间纤维(初生纤维)。

　　(2) 在烧结过程中,载体聚合物被高温(烧结温度一般高于 PTFE 熔点)氧化分解,而 PTFE 分散树脂颗粒则在高温作用下发生融合。载体聚合物在高温分解后,气体成分部分逸出,部分残渣残留在 PTFE 纤维中,残留物和载体种类及含量有关,一般在成品 PTFE 纤维中残留物含量在 1% ~3% 左右,造成 PTFE 纤维多呈棕色或褐色。

　　(3) 烧结处理之后的 PTFE 中间纤维可以在 PTFE 树脂玻璃化温度以上进行进一步的拉伸,以改善和提高 PTFE 纤维的力学性能。热拉伸可以分多步进行,调控每道的拉伸温度和拉伸倍数可以调控纤维结构和力学性能。典型的 PTFE 乳液纺丝流程如图 3-30 所示。

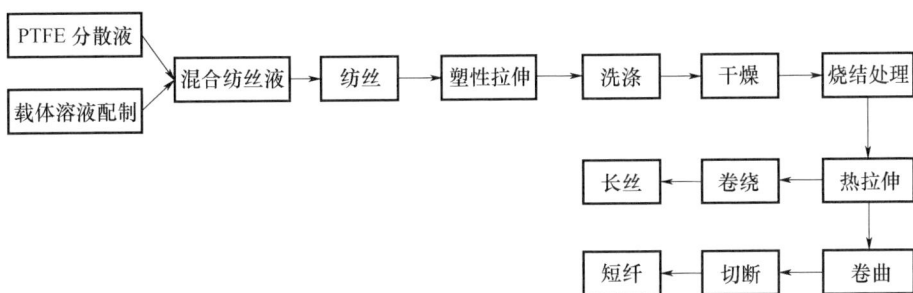

图 3-30　典型的 PTFE 乳液纺丝流程

　　PTFE 乳液浓度为 35% ~70%、粒径为 0.2 ~0.3μm 分散聚合 PTFE 分散液。黏胶液配制和湿纺纺丝黏胶纺丝液配制基本相同,即纤维素通过碱化、粉碎、黄化后得到浓度为 5% ~10%(纤维素含量计)的以纤维素黄酸钠为主要成分的黏胶纺丝溶液。PTFE 乳液纺丝采用二者的混合溶液,其中 PTFE 分散树脂与载体聚合物质量比在 10:1 ~20:1。混合后纺丝液经过过滤、脱泡后采用湿纺纺丝工艺进行纺丝。纺丝凝固浴采用类似黏胶纺丝的酸性凝固浴,由 Na_2SO_4、$ZnSO_4$ 与 H_2SO_4 配制而成。

　　采用 PVA 作为纺丝载体时,PVA 溶液浓度 15% 左右,在酸性条件下添加 1% 左右硼酸,混合纺丝液中纺丝液中 PTFE 分散树脂与载体聚合物质量比一般在 5:1 ~20:1,凝固浴采用硫酸钠或硫酸铵为主的碱性(pH 值为 11~14)溶液。

　　在水溶液中,PVA 与硼酸(硼砂)在不同的 pH 值下发生不同的络合反应,如图 3-31 所示。在酸性纺丝液中,形成可逆的溶胶,提高纺丝液黏度,降低 PVA

用量,提高纺丝液中 PTFE 与 PVA 载体质量比例,从而降低载体用量和成品 PT-FE 纤维中的残留物;在碱性凝固条件下,形成不可逆的凝胶,提高初生中间纤维的强度,提高可纺性。

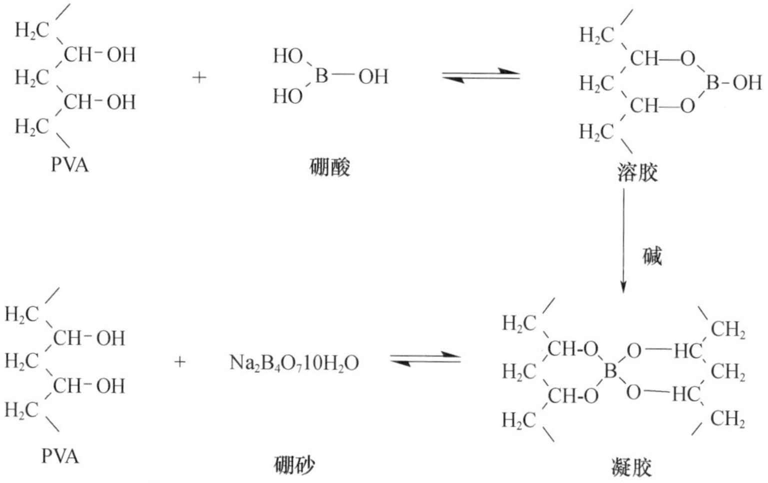

图 3 - 31 PVA 与硼酸(硼砂)的络合反应

3.3.3 乳液纺丝加工工艺

PVA 作为纺丝载体和黏胶作为纺丝载体相比,具有工艺流程短、制备过程更加环保等优点,国内多家研究单位对 PVA 作为纺丝载体的乳液纺丝法制备 PTFE 纤维进行了系统深入研究[47-51]。本部分重点介绍以 PVA 作为纺丝载体的乳液纺丝法制备 PTFE 纤维的关键参数。主要制备流程与参数如图 3 - 32 所示。

3.3.3.1 纺丝工艺

1. 纺丝液络合技术

在纺丝液中,硼酸和 PVA 在酸性条件下发生交联形成二维络合物。在相同的剪切速率下,随硼酸用量的增加,加大了络合交联程度,致使纺丝液的表观黏度增加(图 3 - 33)。因此可通过调整硼酸的用量来控制纺丝液黏度,从而大幅度地降低纺丝液中 PVA 载体的用量。实践证明,控制纺丝液 pH 值为 4 ~ 6,在硼酸的作用下,PVA 用量可由原来的 10% 以上降至 3%(与 PTFE 干重比)。

2. 凝固浴络合技术

在凝固浴中,碱性条件下硼酸生成硼砂,与 PVA 形成三维网状络合物见图 3 - 31。在碱性凝固浴中(pH 值为 9 ~ 10),利用体系形成三维网状结构提高初生纤维的强度。测试表明,经过凝固浴后,纤维强度由 0.02cN/dtex 增加到 0.07cN/dtex,因此有效减少了初生纤维断头,便于缠绕。PTFE/PVA 复合纤维的电镜照片见图 3 - 34。复合纤维表面光滑、截面细密,近似圆形,无皮芯结构。

```
┌─────────────┐                    ┌─────────────┐
│  PTFE 乳液   │                    │  PVA 水溶液  │
│   (60%)     │                    │   (17%)     │
└─────────────┘                    └─────────────┘
        │        常温(20℃)，共混搅拌 0.5h        │
        └──────────────────┬───────────────────┘
┌─────────┐                │
│ 添加交   │       搅拌 1h，过滤，
│ 联剂溶   │──────▶静置脱泡
│ 液和消   │                │
│ 泡剂溶   │          ┌─────────┐
│ 液       │          │ 纺丝原液 │
└─────────┘          └─────────┘
  45℃、pH值          纺丝压力
  为11的凝固浴         为 0.2MPa
        │                  │
        │          ┌─────────────┐
        └─────────▶│  初生纤维    │
                   │ (复合纤维)   │
                   └─────────────┘
                         │  380℃
                    ┌─────────┐
                    │  烧结    │
                    └─────────┘
                         │  330℃热拉伸、
                         │  水洗、上油
                  ┌───────────────┐
                  │ PTFE 纤维产品  │
                  └───────────────┘
```

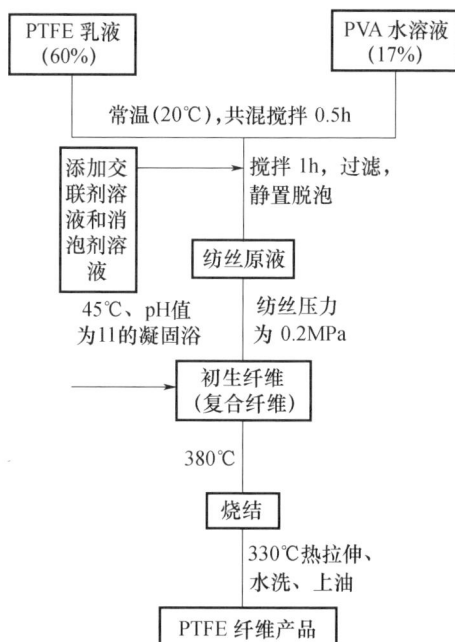

图 3 – 32　PVA 载体乳液纺丝法 PTFE 纤维制备流程与参数

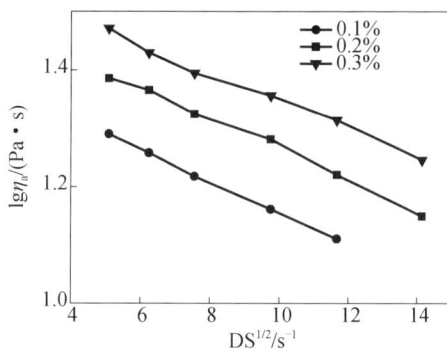

图 3 – 33　不同硼酸用量下(与 PVA 的重量比)纺丝液表观黏度和剪切速率的关系

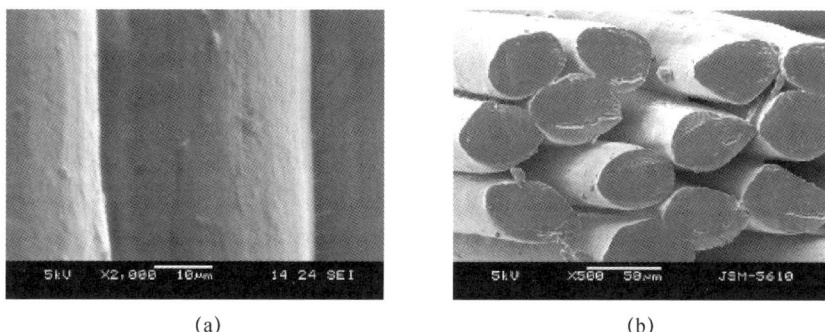

| (a) | (b) |

图 3 – 34　PTFE/PVA 复合纤维的形态结构

(a) 纵向；(b) 横截面。

3.3.3.2 烧结成型技术

烧结温度影响 PTFE/PVA 复合纤维中的含碳量,进而影响纤维的拉伸性能。图 3-35 所示为在不同烧结温度下纤维力学性能变化。随烧结温度的提高,PVA 去除量逐步增加,纤维强度和断裂伸长率明显提高。尤其当烧结温度高于 PTFE 熔点(327℃)时,由于 PTFE 处于熔融状态,使纤维黏连并形成连续状,强度显著提高,断裂伸长增加。因此,烧结温度应在高于 327℃下进行,以便于后道拉伸工序的顺利进行。工业生产中选择 360~380℃烧结。

烧结过程中纤维力学性能变化见图 3-36。纤维经历韧—脆—韧的变化过程:由于初生纤维中含有部分 PVA,表现为较高的韧性;短时间烧结,PVA 部分

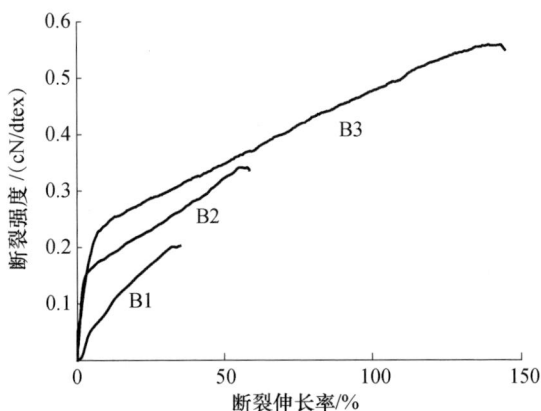

图 3-35　烧结温度对 PTFE/PVA 复合纤维力学性能的影响
B1—300℃;B2—340℃;B3—380℃;烧结时间:1min。

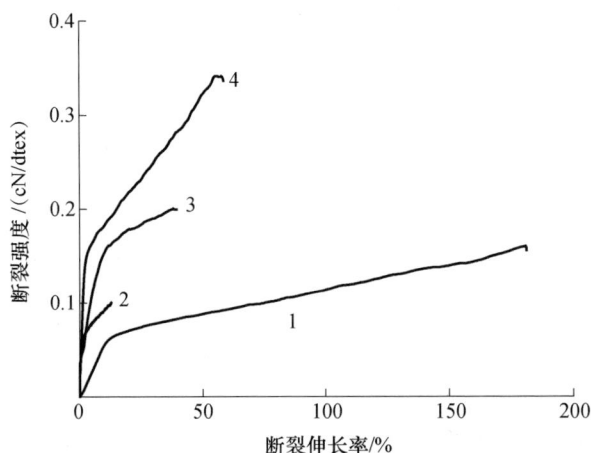

图 3-36　烧结时间对 PTFE/PVA 复合纤维力学性能的影响
1—初生纤维;2—20s;3—35s;4~55s;烧结温度360℃。

氧化分解,同时 PTFE 尚未熔融,分子链还未发生移动粘连,纤维断裂伸长降低;随着烧结时间的延长,PVA 进一步分解,PTFE 熔融使得整个纤维连续化,断裂强度明显提高,可实现后续的纤维拉伸操作。

3.3.3.3　拉伸定型技术

PTFE 纤维的后序拉伸是在热作用下使 PTFE 的螺旋大分子取向,以提高纤维的力学性能。从表 3-14 中数据可知,拉伸热定型后 PTFE 纤维的强度基本呈随拉伸温度升高而增大的趋势,至 340℃时达到最大值,之后略有下降。340℃为 PTFE 纤维的最佳拉伸温度。

表 3-14　热拉伸温度对 PTFE 纤维力学性能的影响[①]

温度/℃	断裂伸长率/%	断裂强度/(cN/dtex)
280	57.1	2.12
300	64.4	2.11
320	50.2	2.46
340	46.3	3.02
360	28.6	2.98
① 烧结时间1min,烧结温度380℃,热定型时间2min,拉伸倍数5倍		

从表 3-15 中数据可知,PTFE 的干热拉伸倍数越大,纤维的断裂伸长率越小,强度逐渐增加,原因是 PTFE 分子链在拉伸时发生取向和结晶度增大。纤维的最佳拉伸倍数为 5 倍。

表 3-15　热拉伸倍数对 PTFE 纤维力学性能的影响[①]

拉伸倍数	断裂伸长率/%	断裂强度/(cN/dtex)
1	63.6	0.93
3	58.2	1.72
5	46.3	3.02
7	46.1	2.99
9	23.9	3.14
① 烧结时间1min、烧结温度380℃,热定型时间2min,拉伸温度340℃		

从表 3-16 可知,PTFE 纤维的强度随着热定型时间延长而变大,伸长率降低。最佳热定型时间为 2min。

表 3 - 16　热定型时间对 PTFE 纤维力学性能的影响①

热定型时间/min	断裂伸长率/%	断裂强度/(cN/dtex)
0.5	52.1	1.95
1.0	47.6	2.39
1.5	39.8	2.72
2.0	46.3	3.02
2.5	27.2	3.41
① 烧结时间 1min、烧结温度 380℃,拉伸温度 340℃,热拉伸倍数 5 倍		

通过上述研究,确定了高强 PTFE 短纤维加工工艺:PTFE 乳液 + PVA 水溶液 + 硼酸(PVA:PTFE = 3% 干重,pH 值 4 ~ 6)→纺丝→脱水凝固(pH 值 9 ~ 10)→初生纤维→干燥→烧结(360 ~ 380℃,55s ~ 1min)→拉伸(340℃,5 ~ 8 倍)→定型(2min)→切断→卷曲→成品纤维。

高强 PTFE 短纤维技术指标如表 3 - 17 所列。张天等[51]对乳液纺丝法制备的 PTFE 纤维进行了强酸(98% 硫酸)强碱(20% NaOH)耐腐蚀性试验,经 72h 处理后,PTFE 纤维的力学性质没有变化。

表 3 - 17　高强 PTFE 纤维技术指标

直径/μm	断裂强度/(cN/dtex)	断裂强力 CV/%	断裂伸长率/%	断裂伸长率 CV/%
14.94	2.32	8.65	27.8	13.46

3.4　PTFE 纤维的糊料挤出纺丝

3.4.1　糊料挤出纺丝加工技术概述

糊料挤出法是采用 PTFE 分散树脂颗粒和易挥发的烷烃类润滑剂按一定配比进行混合,得到 PTFE 糊料,然后通过预成型、糊料挤出制备 PTFE 初生纤维,初生纤维经过脱脂、热处理、拉伸等必要工序后,制得 PTFE 纤维。

国外 Hitachi Cable 公司申请了糊料挤出法[53]制备 PTFE 单丝的方法,浙江理工大学郭玉海等公开了 PTFE 糊状挤出纺丝方法及专用喷丝头[54,55],何正兴等也申请了[56]糊状挤出法制备 PTFE 单丝的方法。

糊料挤出法 PTFE 纤维具有强度高、截面圆形、细度均匀的特点,主要为细度较大的长丝或单丝制品。糊料挤出法 PTFE 纤维中的润滑剂在脱脂过程中完全脱除,因此成品纤维中为 100% 的 PTFE。制备过程中的润滑剂可以回收再利用,生产过程比较环保。

虽然有固态挤出(低于 PTFE 熔点,不采用润滑剂辅助的挤出方法)方法制备 PTFE 纤维的研究报道,但所制备的纤维强度较低[16]。由于糊料挤出设备成型压力的限制,糊料挤出法非常适合制备单丝制品,多孔挤出复丝产品需要特殊的喷丝板设计和挤出设备,因此糊状挤出法 PTFE 纤维制备的生产效率受到一定限制。

3.4.2 糊料挤出纺丝加工技术原理及加工工艺

糊料挤出法 PTFE 纤维制备方法是在糊料挤出法 PTFE 制品(管、棒、膜)加工基础上发展起来的。其主要制备工艺过程如图 3 – 37 所示。

图 3 – 37 糊料挤出法 PTFE 制备工艺过程

树脂原料选用初级粒子粒径为 0.15 ~ 0.4μm,次级粒子粒径为 450 ~ 600μm 的分散聚合 PTFE 树脂。由于 PTFE 分散树脂具有一定的黏附性,容易结块,在和润滑剂混合之前一般在低于 19℃ 条件下过筛处理。润滑剂采用低沸点、一定黏度和表面张力的航空煤油、十氢萘、溶剂油(白油)等烷烃类润滑剂,润滑剂含量一般为 PTFE 树脂质量的 15% ~ 25%。由于 PTFE 分散树脂颗粒极易在剪切作用下发生纤维化,因此混料时应注意搅拌条件,多采用 V 形混合器,低速转动混合。压坯过程主要是排除疏松的颗粒间存在的空气,并为糊状挤出过程做准备,一般在 0.1 ~ 1MPa 压力下进行压坯操作,压缩比例在 3:1。

将压制成型的坯料装入糊状挤出挤出机,在挤出压力下通过专门设计的喷丝板(复丝)或锥形模具(单丝),在挤出过程中在喷丝板或模具区域在剪切作用下(压缩比 800 以上),树脂粒子发生一定程度的纤维化,并在挤出压力下相容融合在一起。挤出后得到 PTFE 初生纤维。挤出温度在 30 ~ 70℃,温度过低挤出物纤维化程度高,挤出压力太高;挤出温度太高,纤维化程度低,初生纤维强度较低。润滑剂种类对挤出压力和初生纤维强度影响如图 3 – 38 和图 3 – 39 所示。

初生纤维在热拉伸之前,需要进行松弛状态下的高温热处理(320 ~ 360℃),处理时间(30 ~ 150min),以松弛挤出应力并促进树脂颗粒之间的进一步融合。降温方式对纤维结构与力学性能的影响见表 3 – 18 和表 3 – 19。

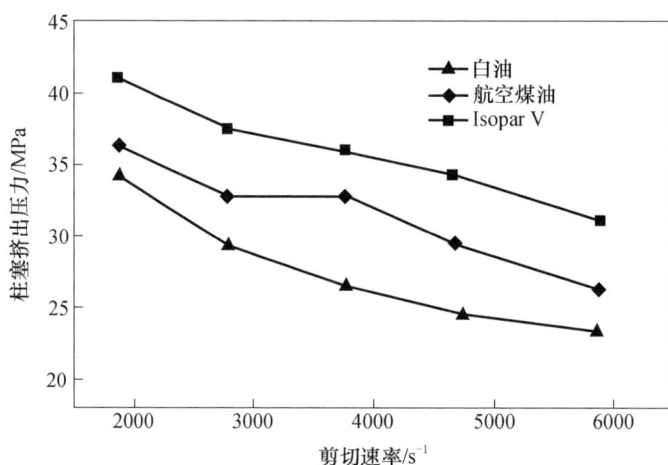

图 3-38 润滑剂种类对挤出压力的影响

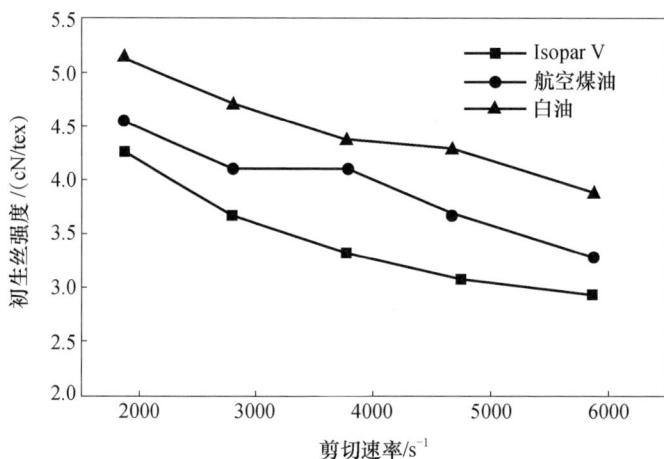

图 3-39 润滑剂种类对初生纤维强度的影响

表 3-18 降温幅度对 PTFE 力学性能的影响(降温速率 10℃/min,拉伸 6 倍)

试样	断裂强度/(cN/tex)	断裂伸长率/%	拉伸后声速/(km/s)
原样	7.10(拉伸前4.56)	5.22	2.50
320~200℃	8.27	11.09	2.69
320~120℃	9.7	8.20	2.77
320~40℃	11.85	7.11	2.84
270~200℃	7.61	8.41	2.53
270~120℃	9.33	7.38	2.65
270~40℃	10.94	6.44	2.73

表 3 - 19　不同降温速率对 PTFE 长丝力学性能的影响(拉伸 6 倍)

试样		断裂强度/(cN/tex)	断裂伸长率/%	拉伸后声速/(km/s)
原样		7.10(拉伸前 4.56)	5.22	2.50
320 ~ 40℃	10℃/min	11.85	7.11	2.84
	5℃/min	12.16	6.32	3.61
	3℃/min	13.03	6.23	3.92

降温幅度和速率对纤维强度和断裂伸长的影响见表 3 - 18 和表 3 - 19。由表 3 - 18 可见,经过相同速率的降温处理后,长丝的断裂强度和伸长相对原样而言均有不同程度的提高;在相同降温幅度下,较高的初始温度可增加长丝的断裂强度和伸长。在不同降温速率下(表 3 - 19),快速降温有利于提高长丝断裂伸长,缓慢降温有利于提高长丝断裂强度。产生这一现象的根本原因是高温松弛处理使 PTFE 分子链易于拉伸取向,提高了拉伸性能,这可从长丝的声速测试数据中得到证实。

高温松弛热处理之后,在 360 ~ 380℃下拉伸 8 ~ 80 倍,可进行多道拉伸,极限拉伸倍数与温度配制和拉伸倍数配制有关,并影响纤维最终的力学性质。

糊状挤出法的 PTFE 纤维最终粗细和挤出压缩比以及拉伸比有关,由于挤出压缩比越大,挤出压力越高,因此大多数情况下,糊状挤出法适合制备细度较粗的纤维。通过糊状挤出法可以制备强度在 2 ~ 5cN/dtex 的 PTFE 纤维,甚至强度大于 7cN/dtex 的高强度纤维。

单丝制备时,一个糊状挤出系统仅有一个喷丝孔;复丝制备时,采用多孔挤出模具(图 3 - 40),此时喷丝板的设计至关重要,包括挤出模具的导入口、导入段锥度和毛细孔长径比等重要参数[55]。

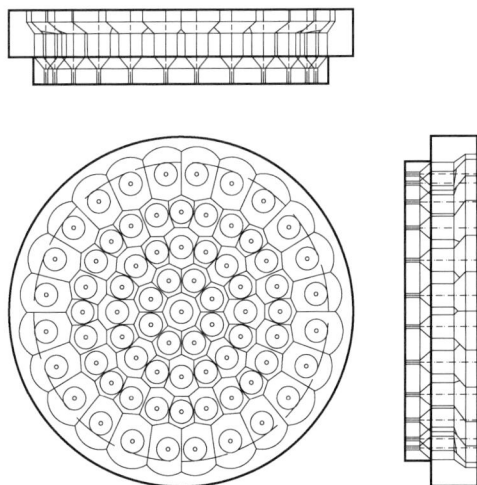

图 3 - 40　喷丝头结构示意图

3.5 PTFE 纤维的性质及应用领域

3.5.1 PTFE 纤维的性质

3.5.1.1 PTFE 纤维的力学性质

PTFE 纤维的基本力学性能如表 3-20 所列。PTFE 纤维的力学性能和纤维制备方式、纤维结晶度、取向度等主要因素有关。乳液纺丝法 PTFE 纤维的拉伸倍数和取向度偏低，因此乳液纺丝法 PTFE 纤维的强度偏低，伸长率偏大，热收缩率(260℃/30min)偏大，一般在 10% 以上，经过充分定型后，高温热收缩可小于 10%。膜裂法 PTFE 纤维的拉伸倍数和取向度较高，强度可高达 7cN/dtex，弹性模量可高达 255cN/dtex(56GPa)[57]，高温收缩率大多低于 6%，甚至小于 3%，高温尺寸稳定性好。糊状挤出法 PTFE 纤维的细度偏粗，单丝细度一般在 10dtex 以上，强度较高，高温热收缩率在 5%～15%，和制备条件密切相关。由于 PTFE 纤维密度比传统纺织纤维(1.4g/cm³)高 60% 左右，因此在相同强度(cN/dtex)下，其断裂应力是传统纺织纤维的 1.6 倍左右。

表 3-20 PTFE 纤维的基本力学性能

性能		膜裂法	乳液纺丝法	糊状挤出法
密度/(g/cm³)		1.2～2.2	2.0～2.1	1.8～2.2
线密度/dtex	长丝	100～2000	200～2000	400～1500
	短纤	3～10	1～10	—
截面形状		扁形/近圆形	近圆形	近圆形
断裂强度/(cN/dtex)		2～7	0.5～2.5	2～8
断裂应力/MPa		400～1400	100～500	400～1600
颜色		白色	棕色/白色(漂白后)	白色
断裂伸长率/%		3～15	10～50	5～20
收缩率/%(260℃/30min)		2～6	6～20	5～15
最高使用温度/℃		260～280	260～280	260～280

PTFE 纤维具有优异的耐疲劳性质。由于 PTFE 分子间作用力较弱，纯 PTFE 纤维在外力作用下会发生明显的蠕变或冷流现象，蠕变现象与外载荷、时间和温度相关，通过填充纤维状或粉末状填充材料的方式可以改善其抗蠕变特性。

纯 PTFE 的摩擦系数极低，其静摩擦系数在塑料中最小，仅为聚乙烯的 1/5，因此大量应用于无油润滑场合，特别在滑动速度较低、压力不高(35kPa)工况下更为适合。纯的 PTFE 是易磨耗材料,可以通过加入不同种类和含量的填充剂来提高它的耐磨性。

PTFE 的临界表面张力(1.85×10^{-2} N/m)很低,难以被大多数极性液体浸润,是一种表面能很低的固体材料,具有难黏和不黏性[9,10]。

3.5.1.2　PTFE 纤维的热学性能

PTFE 纤维在 $-196 \sim 260℃$ 的温度范围内均保持优良的力学性能,而且全氟碳高分子的特点之一是在低温下不变脆。PTFE 纤维在 $80 \sim 120℃$ 的温度范围没有明显的热收缩,在 120℃ 以上开始发生热收缩。膜裂法 PTFE 纤维在 230℃ 高温下仍具有 $1 \sim 3$ cN/dtex 的断裂强度[38],230℃ 热处理 12h,强度保持率在 70% 以上[58]。

在正常使用温度 260℃ 以下,PTFE 有良好的热稳定性。290℃ 以上会发生一定的升华,质量损失率为 0.0002%/h[59,60]。415℃ 以上开始分解,$570 \sim 650℃$ 热分解速率最快,热降解的速率与温度、时间、压力及周围环境等因素有关。PT-FE 在高温下的热降解速率较慢并放出微量的分解产物。PTFE 在空气中的热降解速率比在真空中要快些,在真空状态下的热降解产物几乎全是四氟乙烯单体,但在空气中热降解后的产物很复杂,除四氟乙烯单体外,还包括氟光气、全氟异丁烯等。

PTFE 制品从 23℃ 降至 $-196℃$ 时收缩 2%,而从 23℃ 升至 249℃ 时膨胀 4%,在 19℃ 的晶型转变点上下会发生很大的线胀变化。$30 \sim 250℃$ 的线膨胀系数 15×10^{-3}/K 左右[10-13]。

PTFE 纤维的热导率为 $0.2 \sim 0.4$ W/(m·K),是良好的绝热材料。PTFE 纤维具有良好的阻燃性质,属于难燃纤维,极限氧指数大于 95%,PTFE 纱线纯纺织物具有比 PTFE/Nomex 交织织物更好的阻燃和抑烟效果[61]。

3.5.1.3　PTFE 的化学性质

PTFE 分子中 $C-F$ 键的键能高且稳定,分子为螺旋形构象,氟原子在 $C-C$ 主链周围形成一个致密的保护层,所以浓酸、浓碱、强氧化剂即使在高温时也不能对 PTFE 起作用。PTFE 几乎不溶于所有的溶剂,只在 300℃ 以上稍溶于全烷烃(约 0.1g/100g)。目前发现的能对 PTFE 起较为明显的化学作用的只有熔融状态的碱金属、三氟化氯以及元素氯等,由于优良的化学稳定性,PTFE 被冠以"塑料王"的称号。

PTFE 在高温下长期接触诸如碱金属钾、钠、锂时会脱落氟原子,脱去氟原子后的 PTFE 分子不稳定,使它的氟碳原子比降低,此时材料外表由白色变为褐色甚至黑色,这层黑色通常由 C、O 和少量其他元素所组成。不过,通常情况下 PT-FE 不具有表面黏接性能,而受碱金属侵蚀后的表面脱去氟原子而氧化,却可以赋予其表面可黏性[10-13]。

PTFE 纤维对高能辐射比较敏感,但 PTFE 纤维的耐紫外线性能优良,直接暴露于外界的大气条件下,三年内,其断裂强力仅仅有 2% 的下降[5]。

3.5.1.4　PTFE 纤维的电学性质

在 PTFE 的分子中,氟原子在分子链上对称地均匀分布,分子不带极性,所以 PTFE 具有良好的介电性能。

在很宽的频率范围内和环境条件下,PTFE 都具有优良的电学稳定性,在达到 10MHz 频率之前它的介质耗损角正切值($\tan\delta$)和相对介电常数(ε)恒定,介电强度随频率的提高略有下降。PTFE 的介电常数和介质耗损角正切值在 $-40\sim 240℃$ 温度范围内基本保持恒定,其中介电常数为 2.1,介质耗损角正切值在 0.0004 以下(100MHz)。PTFE 的介电常数即使在 300℃ 下热老化 9 个月也仍能保持 2.1,介电强度也基本不变,在此方面具有其他材料所不及的稳定性。纯的 PTFE 纤维具有很高的体积电阻率($>10^{18}\Omega \cdot cm$),具有优良的绝缘性能[10-13]。

3.5.2　PTFE 纤维的应用领域

3.5.2.1　过滤材料

由于我国煤炭占能源消费比例高达 70% 以及近 20 年迅速的工业、经济和社会发展,煤炭在电力、冶金、建筑及工业领域的应用总量迅速增加,对我国的大气环境造成了严重影响。煤炭燃烧废气中含有不同粒径和不同成分的烟尘,由于袋式除尘器除尘效率高、捕集粒径范围大,能适应高温、高湿、高浓度、微细粉尘、吸湿性粉尘、易燃易爆粉尘等恶劣工况条件,近年来袋式除尘技术在工业除尘领域应用越来越广泛。作为袋式除尘器的核心部件的滤料,在燃煤发电、垃圾焚烧、水泥等工业领域的应用发挥重大作用[62]。

高温过滤的烟气温度一般在 $150\sim 270℃$,烟气中不仅含有工业粉尘,还常伴有水蒸气、酸性气体(SO_x、NO_x、CO_x、HCl、HF)、碱性氧化物以及不同的含氧量,不同场合下的烟尘排放成分不同,不同纤维的耐热性、耐水解性、耐腐蚀性、耐氧化性等不同[43,44],高温烟尘过滤使用场合不同。在常用高温烟尘过滤用纤维中,PPS 耐酸碱能力优秀,纤维耐高温氧化性能较差,长期使用温度 190℃;Nomex 耐高温水解性能较差,高温高湿场合寿命较短,长期使用温度 204℃;玻纤耐弯折性能和吹袭性能差,耐碱性差,尤其不耐氢氟酸,使用寿命短,长期使用温度 260℃,玻纤使用时多采用 PTFE 乳液浸渍涂层方式提高其耐腐蚀性和使用寿命;P84 耐热性优异,长期使用温度 260℃,纤维耐碱性和耐水解性能稍差,耐氧化性能好,价格昂贵,没有国产化[63-65]。

由于 PTFE 纤维耐高温及高温力学保持性能优良,可以长期在 260℃ 下使用,短期使用温度可以高达 280℃。同时,PTFE 具有优异的耐腐蚀和抗氧化性能。因此,PTFE 纤维是高温粉尘过滤材料(高温袋式除尘滤袋)的最佳选用材料。

作为高温烟尘过滤材料使用时,PTFE 纤维主要有以下几种使用方式:

(1) PTFE 短纤和其他耐高温、耐腐蚀短纤维混合,通过非织造方式制造针刺或水刺过滤材料,以充分利用不同纤维的性能,同时降低过滤材料制造成本;

(2) 全部采用 PTFE 短纤维加工非织造针刺或水刺材料,适合于高腐蚀性、高氧化性及复杂烟尘成分场合,如垃圾焚烧烟尘过滤场合;

(3) 为提高耐高温空气过滤非织造材料的强度和力学性能,PTFE 长丝 (100～600dtex)机织加工成增强基布,采用混合的或全部 PTFE 短纤维针刺或水刺无纺布;

(4) PTFE 长丝(1000～2000dtex)作为高温空气过滤材料(滤袋)加工用缝纫线,由于 PTFE 长丝具有高强度和耐腐蚀特性,PTFE 长丝缝纫线和 Nomex 缝纫线相比,可以提高滤袋使用寿命[37]。PTFE 纤维在国内外已经大量应用于高温空气过滤材料,也是当前国内外 PTFE 纤维应用量最大的一个领域。PTFE 滤材使用寿命比其他材质的滤料提高 1～3 倍以上(如国外记载用 100% PTFE 纤维制成的滤料已使用 7～10 年),具有很高的性价比。

PTFE 纤维除了可以用于高温、耐腐蚀空气过滤外,还可以应用于水过滤领域。在水过滤领域中,可以使用 PTFE 超细纤维无纺布直接作为过滤介质,进行微滤操作。大多数膜过滤场合,尤其是平板膜、离子交换膜等,膜强度不够高,需要非织造或机织的支撑材料,目前大多数水过滤支撑材料采用丙纶、涤纶或锦纶纤维制作,对于一些特殊过滤场合,如强酸、强碱、氧化性废水过滤场合,大多数需要采用复杂的预处理程序,以中和、调节废水成分,若采用 PTFE 纤维支撑材料及 PTFE 微孔膜,则可以实现特种过滤。

3.5.2.2　密封润滑材料

盘根密封也称为软填料密封,通常由较柔软的线状物编织而成,通过正方形截面的条状物填充在密封腔体内,靠填充材料的经向压缩作用实现密封,同时起到一定润滑作用。

填料密封最早是以棉、麻等天然纤维塞在泄漏通道内来阻止非腐蚀性液体泄漏,主要用作提水机械的轴封,在高温、高腐蚀场合则采用石棉纤维。随着材料制备技术的不断发展,当前用于填料密封的纤维包括芳纶、碳纤维、石墨纤维、玻璃纤维、聚四氟乙烯纤维及其复合材料。由于填料来源广泛,加工容易,价格低廉,密封可靠,安装和更换简单,所以沿用至今。现在盘根经过不断的材料革新,性能大大提高,被广泛用于离心泵、压缩机、真空泵、搅拌机和船舶螺旋桨的转轴密封、活塞泵、往复式压缩机、制冷机的往复运动轴封,以及各种阀门阀杆的旋动密封等。

由于 PTFE 纤维具有耐高温、耐腐蚀、摩擦系数低,同时具有自润滑作用等特点,在旋装式和往复式动密封场合有着特殊的地位。PTFE 纤维盘根密封材料可以在 pH 0~14、温度 -100~260℃、轴线速度 20m/s 以下、密封压力 80bar 条件以下使用[66]。

PTFE 纤维用于盘根密封时,一般用线密度 10000dtex 以上的长丝编织成具有一定截面形状的条状物。由于 PTFE 纤维的磨耗较大,导热性能较差,因此很多场合下采用 PTFE 长丝和其他纤维(如对位芳纶和石墨纤维)长丝混合编织而成,充分利用其他纤维的耐磨性和 PTFE 纤维的低摩擦系数和自润滑特性。为提高 PTFE 盘根耐磨寿命,可以通过浸渍含有石墨或其他润滑、耐磨材料的 PTFE 乳液,或者制备 PTFE 纤维时填充石墨等材料[67,68]。乳液纺丝法制备的 PTFE 长丝比膜裂法长丝的强度低,轴线速度和使用寿命较低[69]。

3.5.2.3 建筑材料

由于 PTFE 纤维具有十分优异的耐光性和拒水性,因此 PTFE 纤维也可用来制作户外用建筑膜结构和遮阳棚。奥地利兰精公司网站提供了 PTFE 纤维制作的遮阳棚的介绍。由于 PTFE 纤维较传统的纺织纤维价格高,因此在建筑膜结构中大量使用的是经过 PTFE 乳液涂层的玻璃纤维织物,若采用 100% PTFE,即建筑膜结构采用经过 PTFE 乳液涂层的 PTFE 纤维织物,则建筑膜结构的采光更好,膜结构可以折叠收起,使用寿命更加耐久。

3.5.2.4 医疗卫生材料

由于 PTFE 纤维具有十分良好的生物相容性、无生物毒性、良好的抗疲劳性等特点,因此 PTFE 纤维在生物医用材料上具有良好的使用价值。

20 世纪 80 年代开始,欧美市场开始流行使用牙线。奥地利兰精公司发明了一种聚四氟乙烯包芯纱型牙线[18],黄斌香等则发明了制作 PTFE 牙线的方法[70,71]。美国 Gore 公司将 PTFE 膨化纤维用来制作人造韧带,Dupont 公司将 PTFE 纤维用于心脏瓣膜手术[18]。

3.5.2.5 其他应用

由于 PTFE 纤维优异的耐候性能和较好的力学性能,在宇航员舱外航天服中被用作限制层和防撕裂层的关键材料。由于其优异的耐腐蚀性能,被用作氯碱电解槽用石棉隔膜的黏结,减少使用中石棉的流失,延长隔膜的寿命[72,59]。由于 PTFE 的自润滑作用,PTFE 纤维或织物添加在树脂基体中,可以降低树脂的磨损,提高复合材料的耐磨寿命[73]。由于 PTFE 的耐腐蚀性优异,PTFE 纤维网状织物常被用作无机酸及其他腐蚀性化工产品制备过程的除雾器。PTFE 纤维还在复印机的清洁衬垫、刷、罗拉及润滑毡等有所应用,其耐热性、低摩擦性、耐腐蚀性得到充分利用。PTFE 纤维屑或极短纤维

（0.5～6mm）可用于塑料固体润滑填充剂，以改善塑料制品的耐磨性和自润滑性。

3.6 PTFE 纤维的制备和加工技术展望

3.6.1 三种加工技术的对比

三种主要的 PTFE 制备和加工技术（膜裂法、乳液纺丝法和糊状挤出法）各有特点，所制备的 PTFE 纤维制品形态和性能有所差异，主要对比见表 3－21。

表 3－21　PTFE 纤维制备方法及国内外生产情况

纺丝方法	技术特点	纤维特点	国外主要生产商	国内主要生产商
膜裂法	先加工薄膜然后分切、拉伸、加捻	长丝，强度高，均匀性差，细度大	美国戈尔 奥地利兰精	浙江格尔泰斯 上海金由氟 台湾宇明泰
	先加工薄膜然后拉伸、开纤、卷曲	短纤，强度中等，均匀性差、细度偏大	美国戈尔 奥地利兰精	浙江格尔泰斯 上海金由氟 台湾宇明泰
乳液纺丝	载体纺丝、热处理、拉伸、切断	短纤，强度偏低，均匀性好，细度中等	日本东丽为主	常州兴诚 南京 3521
	载体纺丝、热处理、拉伸	长丝，强度偏低，均匀性好，细度中等	日本东丽为主	—
糊状挤出	PTFE 糊料直接挤出	纤维较粗，细度均匀，单丝为主	美国戈尔	上海灵氟隆

由于膜裂法 PTFE 纤维制备过程环保，加工效率高，制品力学性能可控度较高，制品种类和规格（不同粗细、形状、致密程度的缝纫线、长丝和短纤）较多，目前膜裂法 PTFE 纤维的产量最高。其次是乳液纺丝法 PTFE 纤维，虽然纤维纤维力学性能稍差于膜裂法 PTFE 纤维，但制备技术相对较为成熟，加工效率较高。糊状挤出法 PTFE 纤维力学性能较好，但加工效率偏低，一般用来制备特殊用途和性能要求的单丝制品，产品较低。

从用途来看，膜裂法 PTFE 短纤和乳液纺丝法 PTFE 短纤大量应用在高温空气过滤领域，膜裂法长丝主要应用于高温空气过滤材料用增强基布，膜裂法缝纫线主要应用于高温空气过滤用滤袋缝合。粗旦膜裂法长丝则用于填料密封用盘根。乳液纺丝法长丝目前主要是日本东丽公司生产，可用于增强基布、缝纫线和填料密封，长丝强度和膜裂法长丝相比稍低一些。糊料挤出法主要制备长丝制品,尤其是单丝制品,用于增强基布和缝纫线。

3.6.2 国内外发展趋势

3.6.2.1 膜裂法 PTFE 纤维

膜裂法 PTFE 纤维最早在 20 世纪 70 年代由奥地利兰精公司和美国 Gore 公司在氟塑料加工制备技术上发展起来的。兰精公司采用两种方法加工:一种是剖裂剥落法(split – peeling),即先制备 PTFE 烧结棒料(直径 100~300mm),然后采用先分后剥的方法制备,纤维力学性能偏低,目前主要用于粗旦填充密封用盘根的制备[74];另一种是采用 PTFE 拉伸薄膜,分切后拉伸定型方法制备,纤维力学性能大大提高。美国 Gore 公司采用先制备 PTFE 纤维用膜,然后分切后制备 PTFE 纤维,目前 Gore 公司的 PTFE 纤维种类和规格最为齐全,包括各种短纤、各种长丝及缝纫线制品。我国膜裂法 PTFE 纤维制备和加工发展较晚一些,目前主要由浙江格尔泰斯环保特材科技有限公司、上海金由氟材料(上海市凌桥环保设备厂)有限公司、台湾宇明泰化工股份有限公司等厂家生产。

膜裂法 PTFE 纤维制备流程较长,包括纤维用膜的制备、分切、长丝/短纤加工等流程,不同研究单位和厂家采用不同的方法制备膜裂法 PTFE 纤维用 PTFE 膜以及不同的分切方法和相关制备工艺。杜邦公司专利[75]公开了一种采用拉伸 PTFE 膜作为纤维制备用膜,然后采用 50 磅/平方英寸气流切割 PTFE 拉伸基础膜的方法,制备 547d 长丝,切断后得到 51mm 长短纤维的方法;大金公司公开[76,77]采用梳针辊筒或梳理机处理拉伸 PTFE 膜得到 PTFE 长丝和短纤维;美国 Gore[78]采用间隙刀片分切经过拉伸的 PTFE 薄膜而不经过加捻,制备 PTFE 扁丝产品;美国 Gore 公司专利[79]公开一种采用特殊装置在线螺旋状卷绕并自粘经过分切的拉伸 PTFE 薄膜,制备横截面近圆形的 PTFE 膜裂法长丝。上海市凌桥环保设备厂有限公司专利公开了一种采用螺旋挤压和压延法制备 PTFE 薄膜并经分切、加捻方式制备长丝[80],或开松机开松方式制备短纤[81]。宇明泰化工股份有限公司公开了[82]一种对 PTFE 拉伸膜进行压纹处理后采用梳针分切制备 PTFE 长丝和短纤的方法;张明霞等将分切后的 PTFE 窄条喂入传统的环钉细纱机,通过拉伸区的拉伸,然后经加捻形成 PTFE 膜裂长丝纱[17],由于纱线在常温拉伸,因此制备纤维强度偏低。浙江格尔泰斯环保特材有限公司公开了多项膜裂法 PTFE 纤维(长丝和短纤)的制备方法和制备专用设备专利(ZL201120303633.1、ZL201020574980.3、ZL201120312229.0、ZL201120495594.X、ZL201020538680.X、ZL201120303631.2、ZL201020538683.3、ZL201020538681.4、ZL20111102458025),可以批量生产 1~10dtex 短纤及 90~2000dtex 长丝及缝纫线制品,纤维强度大于 3cN/dtex,高温收缩率(260℃/30min)小于 3%[35,36,37,83]。

浙江理工大学和浙江格尔泰斯环保特材科技有限公司合作,开发了膜裂法

PTFE 长丝和短纤产品[84]，经过多年探索和研究，从控制纤维用膜中的原纤高度取向、降低微孔和结晶度角度出发，经多年探索，形成六项控制技术，如图 3-41 所示。

（1）压坯控制技术：压坯是纤维加工中的第一步，是控制纤维用膜和纤维密度均匀的关键步骤。密度均匀的坯料是纤维细度和力学性能的保证。

（2）强剪切挤出口模技术：在剪切作用下，PTFE 形成"原纤-节点"的形态结构。通过控制挤出机口模锥度、长径比和压缩比等参数，可增强对 PTFE 物料的剪切作用，提高原纤取向。

（3）温度递增式多次拉伸技术：随温度增加，PTFE 基带由硬而脆的类型变为软而韧，具有明显的温度敏感性。形成了温度递增式多次拉伸和热处理加工技术：多次热处理可降低节点数量，促使形成更多原纤；多次拉伸提高原纤取向。

（4）高温松弛技术：基带脱脂和纵向拉伸后的高温松弛处理使 PTFE 消除内应力，利于分子链拉伸取向，提高最大拉伸倍数，提高原纤取向。

（5）热定型技术：分散聚合的 PTFE 树脂在拉伸作用下形成多微孔的形态结构。通过强化热定型条件，促进节点的重组并合，填补孔隙。纤维也由白色逐步变成透明。孔隙率的下降可降低纤维热收缩率。

（6）骤冷处理技术：基带热定型后的淬火处理可降低材料结晶度，从而降低纤维热收缩率。

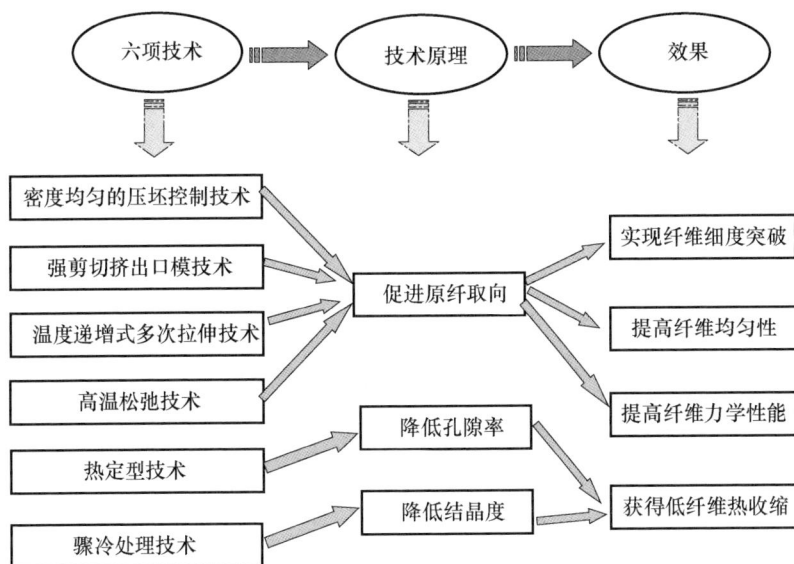

图 3-41　裂膜 PTFE 纤维加工技术

PTFE 纤维的应用领域及对纤维的性能要求同时也在促进膜裂法 PTFE 纤维制备技术的发展。如在环保领域，除了耐高温和耐腐蚀要求外，对废气分解功能一般通过额外装置进行处理,郭玉海等则在膜裂法 PTFE 纤维过程中加入具有二噁英分解功能的催化剂,制备具有分解功能的 PTFE 纤维[85]。Gore 公司则通过工艺技术调控,成产具有不同密度(图 3 - 42)、不同表面结构(图 3 - 43)、不同截面形状、不同力学性能(强度、伸长、韧性、收缩率等)(图 3 - 44)的 PTFE纤维,以满足不同使用场合对纤维结构、形态和性能的要求[86]。

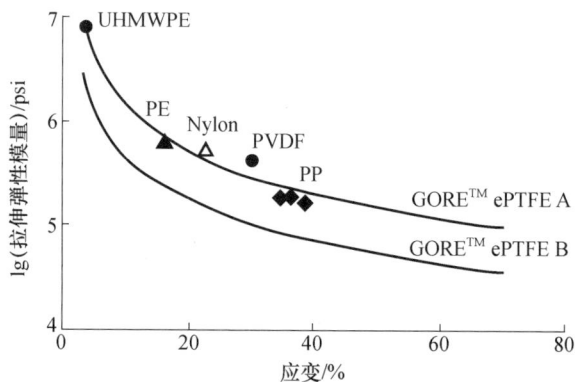

图 3 - 42　不同力学模量的 PTFE 纤维

(1psi = 6.895kPa)

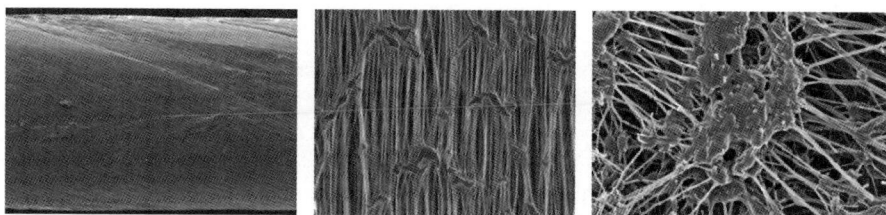

图 3 - 43　不同密度的 PTFE 纤维

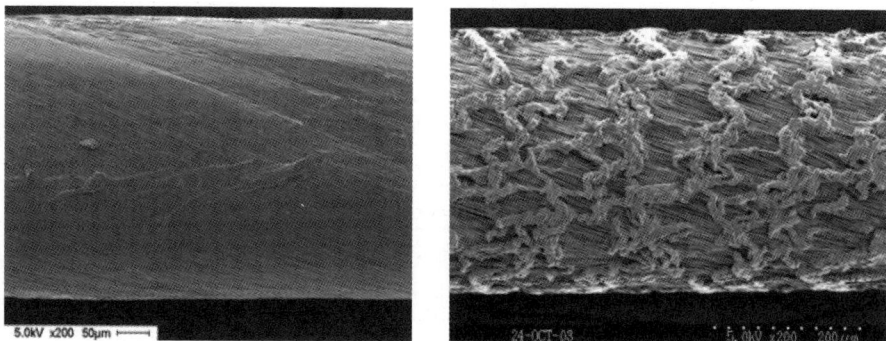

图 3 - 44　不同表面结构的 PTFE 纤维

3.6.2.2　乳液纺丝法 PTFE 纤维

乳液纺丝法是最早、最成熟的 PTFE 纤维制备方法,最早由美国杜邦公司在20 世纪 50 年代申请多个以粘胶作为纺丝载体的乳液纺丝法 PTFE 纤维制备专利,并注册为 Teflon® 纤维。之后,杜邦公司申请了多个乳液纺丝法 PTFE 纤维制备专利[41~44],其中的纺丝载体涉及到粘胶(纤维素黄酸钠)、各种纤维素醚类(甲基纤维素、乙基纤维素、羟乙基纤维素、羟丙基甲基纤维素、甲基羟丙基纤维素、羟丙基纤维素、羧甲基纤维素),以改善乳液法 PTFE 纤维的纺丝性能。2002 年,日本东丽公司收购杜邦公司 Teflon 纤维事业,成立 Toray Fluorofibers(America)公司,为目前主要的国外乳液纺丝法 PTFE 纤维生产商,制品种类包括短纤和长丝。国内常州市兴诚高分子材料有限公司生产以粘胶为纺丝载体的 PTFE 纤维,南京际华 3521 特种装备有限公司生产以 PVA 作为纺丝载体的 PTFE 纤维,制品种类主要为短纤,主要用于高温空气滤料非织造毡的生产。

目前,乳液纺丝法 PTFE 纤维制备技术正向清洁化、低成本化、高强度化和高热稳定化方向发展。以黏胶作为纺丝载体,制备黏胶过程需要使用 CS_2 以黄化碱纤维素,生产过程的安全性、易操作性以及废弃、废水的环保处理问题突出。以纤维素衍生物类(纤维素醚、纤维素酯)作为纺丝载体,则可以大大改善纺丝安全性和生产环保性。另外,如何在保证顺利纺丝情况下,降低载体用量,即降低生产成本,降低 PTFE 纤维中残留物含量的同时,改善纤维性能,降低载体分解过程所产生的废气处理压力,也是乳液纺丝法 PTFE 纤维制备的一个重要发展方向。以 PVA 作为纺丝载体,尤其在硼酸辅助下,利用不同 pH 值下硼酸与纤维素的络合作用,既可以降低 PVA 载体用量,又可以改善丝条凝固成型。在乳液纺丝过程中,应尽可能降低中间复合纤维中的杂质含量,如美国杜邦专利 US5723081 所述,通过凝固浴的改变(以易分解有机铵盐作为凝固浴成分)以及合理的中间纤维酸洗过程,降低中间纤维含盐量。乳液纺丝法 PTFE 的力学性能较低,热收缩率较大,提高乳液纺丝法纤维的力学性能也是乳液纺丝法制备 PTFE 纤维的一个重要方面,如何通过烧结、热拉伸工艺的合理配制优化,提高强度,降低热收缩,将是高性能 PTFE 纤维制备的一个重要发展方向。

3.6.2.3　糊状挤出法 PTFE 纤维

糊状挤出法 PTFE 纤维和膜裂法 PTFE 纤维的制备非常类似,由于糊料挤出法不需要薄膜制备和分切过程,因此糊状挤出法 PTFE 纤维的制备流程比膜裂法 PTFE 纤维短。

由于糊状挤出法在挤出过程中的压缩比较高,挤出压力很高,因此适合制备直径较粗的粗旦单丝制品。糊状挤出法 PTFE 纤维截面形状规则,粗细均匀,纤维致密,力学性能高于乳液纺丝法 PTFE 纤维,适合制作缝纫线、增强基布及一些特殊要求的长丝制品。

国外 Gore 公司有致密、单丝 PTFE 单丝制品生产,国内则主要是上海灵氟隆膜技术有限公司生产,产量比膜裂法和乳液纺丝法 PTFE 纤维低。糊状挤出法 PTFE 纤维的主要发展方向应向多根挤出(复丝)、特种用途 PTFE 长丝方向发展。

参 考 文 献

[1] 张永明,李虹,张恒. 含氟功能材料[M]. 北京:化学工业出版社,2008.

[2] Jiri George Drobny. Technology of Fluoropolymers,Second Edition[M]. CRC Press,2008.

[3] Bruno Ameduri,Bernard Boutevin,Well – Architectured Fluoropolymers:Synthesis,Properties and Applications[M]. Elsevier B. V,2004.

[4] Sina Ebnesajjad. Fluoroplastics,Volume 1 – Non – Melt Processible Fluoroplastics[M]. Elsevier B. V,2001.

[5] Sina Ebnesajjad. Fluoroplastics,Volume 2:Melt Processible Fluoroplastics[M]. Plastics Design Library,2003.

[6] Gareth Hougham,Patrick E Cassidy,Ken Johns,et al. Fluoropolymers 1:Synthesis[M]. Kluwer Academic Publishers,2002.

[7] Edited by Gareth Hougham,Patrick E Cassidy,Ken Johns,et al. Fluoropolymers 2:Properties[M]. Kluwer Academic Publishers,2002.

[8] 缪京媛,叶牧. 氟塑料——加工与应用[M]. 北京:化学工业出版社,1987.

[9] Tobolsky A V,Katz D,Eisenberg A. Maximum relaxation times in polytetrafluoroethylene[J]. Journal of Applied Polymer Science,1963,7(2):469 – 474.

[10] McGeer P L,Duus H C. Effect of Pressure on the Melting Point of Teflon Tetrafluoroethylene Resin[J]. Journal of Chemical Physics,1952,20(11):1813 – 1814.

[11] Hearle J W S. High Performance Fibers,1st edition[M]. Woodhead Publishing,2001.

[12] 罗益锋. 保持平稳增长的有机高性能纤维(下)[J]. 新材料产业,2009,(7):44 – 46.

[13] 魏征,王妮. 特氟纶纤维的生产、性能与应用[J]. 陕西纺织,2002,1(53):43 – 45.

[14] 鲍萍,王秋美. 特氟纶纤维的制造、性能与应用[J]. 产品用纺织品,2003,4:35 – 37.

[15] Bunn C W,Cobbold A J,Palmer R P. The fine structure of polytetrafluoroethylene[J]. Journal of Polymer Science,1958,28(117):365 – 376.

[16] Yasuda T,Araki Y. Effect of pressure on the room – temperature transition of polytetrafluoroethylene and its heat of transition[J]. Journal of Applied Polymer Science,1961,5(15):331 – 336.

[17] McCrum N G. The low temperature transition in polytetrafluoroethylene[J]. Journal of Polymer Science,1958,27(115):555 – 558.

[18] McCrum N G. An internal friction study of polytetrafluoroethylene[J]. Journal of Polymer Science,1959,34(127):355 – 369.

[19] Perepelkin K E. Fluoropolymer Fibres:Physicochemical Nature and Structural Dependence of their Unique Properties,Fabrication,and Use. A Review[J]. Fibre Chemistry,2004,36(1):43 – 58.

[20] 罗益锋. 含氟纤维的制备、特性和应用[J]. 高科技纤维与应用,1999,24(5):20 – 25.

［21］申建鸣,秦礼敏.特氟纶纤维的特性与应用[J].国外纺织技术,2000(1):8－10.

［22］江建安.氟树脂及其应用[M].北京:化学工业出版社,2014.

［23］钱知勉,包永忠.氟塑料加工与应用[M].北京:化学工业出版社,2010.

［24］Li Min,Zhang Wei,Wang Chaosheng,et al. Melt Processability of Polytetrafluoroethylene:Effect of Melt Treatment on Tensile Deformation Mechanism[J].Journal of Applied Polymer Science,2012,123:1667－1674.

［25］Robert L Mc Gee,John R Collier. Solid state extrusion of polytetrafluoroethylene fibers[J].Polymer Engineering & Science,1986,26(3):239－242.

［26］郭志洪,林佩洁,王燕萍,等.聚四氟乙烯纤维的成型方法[J].合成技术及应用,2011,26(2):28－32.

［27］郝新敏,杨元,黄斌香.聚四氟乙烯微孔膜及纤维[M].北京:化学工业出版社,2011.

［28］Emerson B FitzGerald. Process for making polytetrafluoroethylene yarn:US 4064214[P].1977.

［29］Franz Sasshofer. Method of producing threads or fibers of synthetic materials:US 4025598[P].1977.

［30］Franz Sasshofer. Monoaxially stretched shaped article of Polytetrafluoroethylene and process for producing the same:US 5167890[P].1992.

［31］Brad F. Abrams. Expanded PTFE fiber and fabric and method of making same:US 5591526[P].1997.

［32］Katsutoshi Yamamoto. Polytetrafluoroehtylene fibers,Polytetrafluoroehtylene materials and process for preparation of the same:US 5562986[P].1996.

［33］Franz Sasshofer. Monoaxially stretched shaped article of Polytetrafluoroethylene and process for producing the same:US 5167890[P].1992.

［34］Wilbert L Gore. Sealing material:US 3664915[P].1969.

［35］徐志梁,罗文春,姜学梁.聚四氟乙烯超细纤维:CN 103451758A[P].2013.

［36］徐志梁,罗文春,姜学梁.聚四氟乙烯膜及用该膜制备的纤维:CN 102432966A[P].2012.

［37］徐志梁,罗文春,姜学梁.聚四氟乙烯纤维的制造方法:CN101967694A[P].2011.

［38］郭占军.PTFE长丝的研制及性能研究[D].杭州:浙江理工大学,2010.

［39］郭占军,陈建勇,郭玉海,等.热处理对PTFE拉伸性能的影响[J].纺织学报,2010,1(6):21－24.

［40］Burrows Lawton Arthur,Jordan Walter Edwin. Composition comprising a polyhalogenated ethylene polymer and viscose and process of shaping the same:US 2772444[P].1956.

［41］Nicole Lee Blankenbeckler,Michael Donckers II Joseph,Warren Francis Knoff. Dispersion spinning process for poly(tetrafluoroethylene) and related polymers:US 5820984[P].1998.

［42］Arthur R Gallup. Process for producing polytetrafluoroethylene filaments:US 3655853[P].1972.

［43］Nicole Lee Blankenbeckler,Michael Donckers II Joseph,Warren Francis Knoff. Dispersion spinning process for polytetrafluoroethylene and related polymers:US 5723081[P].1998.

［44］Nicole Lee Blankenbeckler,Michael Donckers II Joseph,Warren Francis Knoff. Dispersion spinning process for polytetrafluoroethylene and related polymers:US 5762846[P].1998.

［45］何正兴,卢小强,李仕金.聚四氟乙烯棕色纤维加工设备:CN 1966784B[P].2005.

［46］Boyer Clarence. Method of preparation of filaments from polytetrafluoroethylene emulsion:US 3147323[P].1964.

［47］马训明.PTFE乳液的凝胶纺丝及其性能研究[D].杭州:浙江理工大学,2008.

［48］马训明,郭玉海,陈建勇,等.聚四氟乙烯纤维的凝胶纺丝[J].纺织学报,2009,30(3):10－12,17.

［49］何志军,张一心,孙天翔,等.载体纺丝中PTFE/PVA干重比对PTFE纤维性能的影响[J].中国纤检,2012,(6):84－85.

［50］何志军,张一心,张昭环,等. 载体法制备聚四氟乙烯纤维及烧结工艺研究［J］. 合成纤维,2012,41
　　　(4):12-14.

［51］张天,胡祖明,肖家伟,等. 湿法纺丝制备 PTFE 纤维的后处理工艺研究［J］. 合成纤维工业,2013,36
　　　(2):31-33.

［52］张磊,胡祖明,于俊荣,等. PVA/PTFE 浆液中硼酸质量分数对 PVA/PTFE 纤维性能的影响［J］. 高科
　　　技纤维与应用,2013,38(4):29-33.

［53］Masazumi Shimizu,Process of making PTFE fibers:US 5686033［P］. 1997.

［54］郭玉海,陈建勇,冯新星,等. 一种特氟纶缝纫线的制备方法:CN 1974898［P］. 2007.

［55］郭玉海,马训明,阳建军,等. 糊料挤出成型聚四氟乙烯纤维的喷丝头:CN 101089253［P］. 2007.

［56］何正兴,陆小强,李仕金. 高强度聚四氟乙烯纤维及其制造工艺:CN 1966786［P］. 2007.

［57］Clough N E. ePTFE 纤维技术的创新:性能、应用和机会［J］. 国际纺织导报,2010,(6):10-16.

［58］唐娜. 耐高温缝纫线的力学性能及失效机制研究［D］. 杭州:浙江理工大学,2012.

［59］Peter E Frankenburg,Michael Schweizer,Fibers,10. Polytetrafluoroethylene Fibers,Ullmann's Encyclopedi-
　　　a of Industrial Chemistry［M］. Wiley,2012.

［60］李建强,刘宏. 氟纶纤维的特性、应用及鉴别检验［J］. 中国纤检,2002(9):22-24.

［61］张明霞. 聚四氟乙烯膜裂成纱工艺及其性能研究［D］. 青岛:青岛大学,2009.

［62］蔡伟龙,罗祥波. 我国袋式除尘高温滤料的发展现状及发展趋势［J］. 中国环保产业,2011(10):
　　　18-22.

［63］Kumar V,等. 纺织品过滤材料及其应用［J］. 张威,译. 国外纺织技术,2004(1):34-40.

［64］王玲玲,李亚滨. 高性能纤维在高温烟气过滤中的应用［R］. 2010 年全国过滤材料和工业呢毡高新
　　　技术推广应用交流会,112-117.

［65］王冬梅,邓洪,吴纯,等. 高温过滤材料的应用及发展趋势［J］. 中国环保产业,2009(6):24-29.

［66］Robert Flitney. Seals and Sealing Handbook［M］. Elsevier Science Ltd,2007.

［67］王仕江,曹开斌,狄艳春. 石墨填充改性 PTFE 纤维编织盘根的研制［J］. 液压气动与密封,2012
　　　(10):82-84.

［68］Jose Carlos C Veiga. Advanced PTFE Compression Packing Filaments［R］. Teadit Industrial Comercio
　　　Ltd. Rio de Janeiro,Brazil.

［69］张向钊. 密封填料的发展趋势——几种新型密封填料［J］. 阀门,1999(1):39-42.

［70］黄斌香,黄磊. 聚四氟乙烯牙线:CN 201290778Y［P］. 2008.

［71］黄斌香,黄磊. 一种聚四氟乙烯牙线:CN 201558188U［P］. 2010.

［72］邵明. 聚四氟乙烯改性剂的制备及性能［J］. 中国氯碱,2006(6):19-21.

［73］朱长岭,陈跃,杜三明. PTFE 纤维织物复合材料材料衬垫的高速摆动摩擦特性［J］. 河南科技大学:
　　　自然科学版,2012,33(2):5-8.

［74］Specialty PTFE yarns for Technical Textiles,www. lenzing-plastics. com.

［75］Emerson B FitzGerald. Process for making polytetrafluoroethylene yarn:US 4064214［P］. 1977.

［76］Katsutoshi Yamamoto. Polytetrafluoroehtylene fibers,Polytetrafluoroehtylene materials and process for prepa-
　　　ration of the same:US 5562986［P］. 1996.

［77］Shinji Tamaru. Bulky polytetrafluoroethylene filament and split yarn,method of producing thereof,method of
　　　producing cotton-like materials by using said filament or split yarn and filter cloth for dust collection:US
　　　6133165［P］. 2000.

［78］Brad F Abrams. Expanded PTFE fiber and fabric and method of making same:US 5591526［P］. 1997.

［79］Donald L Hollenbaugh,Continuous Polytetrafluoroethylene fibers:US 5364699［P］. 1994.

[80] 黄斌香,黄磊,苏韵芳,等. 一种聚四氟乙烯长丝的制造方法:CN 101074499A[P]. 2007.

[81] 黄斌香,黄磊,苏韵芳,等. 一种聚四氟乙烯短纤维的制造方法:CN 101074500A[P]. 2007.

[82] 黄雅夫,周钦俊,周钦杰,等. 聚四氟乙烯纤维及其制造方法:CN 1676688[P]. 2005.

[83] 徐志梁,罗文春,姜学梁. 聚四氟乙烯超细纤维:CN 103451758A[P]. 2013.

[84] 郭玉海,张华鹏. 聚四氟乙烯纤维加工技术[J]. 高分子通报,2013(10):81 - 89.

[85] 郭玉海,来侃,陈建勇,等. 有催化分解二噁英功能的膨体聚四氟乙烯纤维的制备方法: CN 101255615A[P]. 2008.

[86] Norman E Clough. Innovations in ePTFE Fiber Technology, W. L. Gore & Associates, Inc.

第 4 章

聚苯并咪唑(PBI)纤维

4.1 PBI 树脂及纤维概述

4.1.1 PBI 树脂概述

4.1.1.1 PBI 的结构

苯并咪唑(图 4-1)是一种多元芳杂环,由邻位二胺和羧酸缩合而成,该物质以出色的稳定性著称[1],对热降解稳定且耐酸和碱。

聚苯并咪唑(Polybenzimidazole,PBI)是一类大分子链上含有苯并咪唑的聚合物,其结构如图 4-2 所示。该聚合物链上含有苯环、咪唑杂环,咪唑环上还存在氢键缔合作用,因此分子链刚性较大。一般聚苯并咪唑的热分解温度在400℃以上,主链的结构不同,其热稳定性也略有不同。由于其特殊的刚性结构,聚苯并咪唑是新一代尺寸稳定性好、力学性能优异、耐高温耐水解的芳杂环高分子材料,主要用途有:航天器密封舱耐热防火材料[2]、耐高温黏合剂[3]、高性能纤维[4]、气体分离膜[5,6]和质子交换膜[7,8]等。

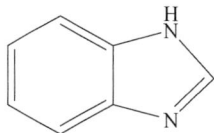

图 4-1 苯并咪唑的结构   图 4-2 PBI 结构示意图

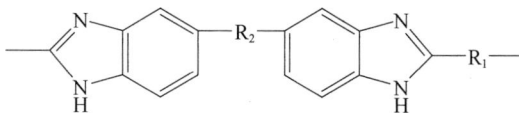

4.1.1.2 PBI 的合成

PBI 是由二元酸(或其衍生物)与四元胺(或其盐酸盐)缩合而成。其反应通式如图 4-3 所示,其中 Ar 结构见表 4-1,R、R′结构见表 4-2。

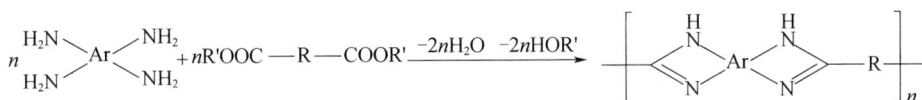

图 4-3　合成 PBI 反应方程式(其中 Ar,R,R′结构见表 4-1,表 4-2)

表 4-1　合成 PBI 的主要四胺单体[9]

单体全称	Ar 结构	简称
3,3′,4,4′-四氨基联苯		DAB
3,3′,4,4′-四氨基二苯醚		TADE
3,3′,4,4′-四氨基二苯砜		TADS
1,2,4,5-四氨基苯		TAB
3,3′,4,4′-四氨基二苯甲酮		TABP
3,3′,4,4′-四氨基二苯甲烷		TADM
1,2,5,6-四氨基萘		TAN
3,3′,4,4′-四氨基二苯硫醚		TASE
2,2-双[4-(3,4-二氨基苯氧基)苯基]丙烷		BPATA

表 4 – 2 合成 PBI 的主要二元酸及其衍生物[9]

单体全称	R'结构式	R 结构式	简称
间苯二甲酸	H	(间位苯基)	IPA
间苯二甲酸二苯酯	(苯基)	(间位苯基)	DPIP
对苯二甲酸	H	(对位苯基)	TPA
对苯二甲酸二苯酯	(苯基)	(对位苯基)	DPTP
4,4′–二羧基二苯醚	H	(对位苯基—O—对位苯基)	DCDPE

以上列举的仅是合成 PBI 所需单体的一些例子,说明已被研发的 PBI 种类繁多,但是其合成方法归纳起来主要有两种——熔融缩聚法和溶液缩聚法。此外,还有少数其他类型的反应。

1. 多相熔融缩聚

1961 年,Volgel 和 Marvel[10] 所报道的 PBI 就是采用熔融缩聚法合成。基于此,目前工业上仍然采用熔融本体缩聚工艺制备 PBI,即在惰性气体保护下按等摩尔配比将单体四氨基联苯(DAB)和间苯二甲酸二苯酯(DPIP)在高温下通过熔融本体缩聚合成 PBI,见图 4 – 4。

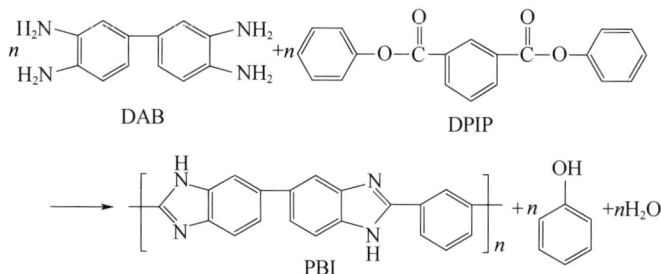

图 4 – 4 DAB 和 DPIP 两步法熔融本体缩聚合成 PBI 反应式

熔融缩聚法分为两步:第一步,四胺、二羧酸二苯酯在氮气气氛、220℃左右开始反应,在 250℃ 以上产物开始发泡,停止搅拌,将发泡物在 290℃ 左右保温 1 ~ 2h,得到低分子量预聚物;第二步,将预聚体冷却后粉碎,重新放入反应器中,氮气保护下 375 ~ 400℃ 固相聚合 2 ~ 3h,最终得到高分子量 PBI 树脂[11,12]。这种合成方法的不便之处在于:在第二步反应之前需要将低分子量的预聚物取出并粉碎。

为了改进熔融缩聚工艺,Choe[13,14]开发了一步法熔融本体缩聚。他用间苯二甲酸代替原来的间苯二甲酸二苯酯,以有机酸或者未氧化无机酸作为催化剂制备高分子量 PBI(图 4 – 5)。

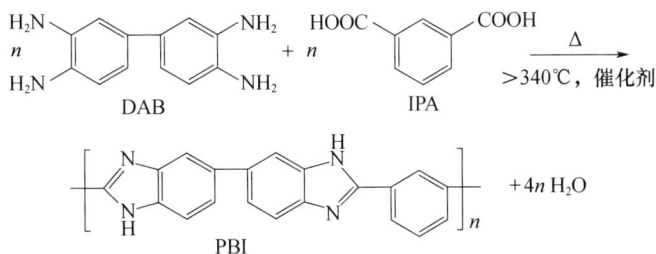

图 4 – 5　DAB 和 IPA 一步法熔融本体缩聚合成 PBI 反应式

一步法和两步法的区别如表 4 – 3 所列。

表 4 – 3　熔融一步法和两步法的区别[15]

	一步法	两步法
主要单体	3,3′,4,4′ – 四氨基联苯(DAB),间苯二甲酸(IPA)	3,3′,4,4′ – 四氨基联苯(DAB),间苯二甲酸二苯酯(DPIP)
反应温度与时间	400℃,1h	第一步:270～300℃,1～2h。第二步:375～400℃,2～3h
副产物	水	苯酚,水
是否发泡	不发泡	由反应过程决定
催化剂	使用	可选择
成本	中等	高

通常用特性黏数(η_{int},dL·g^{-1})表征所合成 PBI 的分子量,Mark – Houwink 方程中特性黏数和黏均分子量(M_η,g·mol^{-1})的关系式为

$$\eta_{int} = KM_\eta^{\alpha}$$

室温下,对于 PBI/96% 浓硫酸的溶液,K 和 α 的经验值分别为 1.94×10^{-4} 和 0.79[16]。

由于商用 PBI 采用的合成方式为熔融本体缩聚,反应物为非均相体系,因此其分子量相对较低,在应用过程中聚合物的溶解性好。如商用 Celazole 的分子量中等偏低:M_w 为 23000～37000g·mol^{-1},对应的特性黏度为 0.55～0.8 dL·g^{-1},因此这种 PBI 主要用于制备模塑材料[17]。

应用于薄膜材料的 PBI 需要更高的分子量,为解决此问题,Wainright 等[18]

在 94～160℃温度范围内，用 DMAc 对 PBI 进行溶解分级，以提取高分子量 PBI。样品中分子量最低的组分溶于温度最低的 DMAc 中，逐步升高温度，分子量较高的组分也逐步溶解，最终得到的未溶解部分就是分子量最高的 PBI。

2. 均相溶液缩聚

意识到熔融缩聚的局限性，研究者开始探索用低温溶液缩聚或者界面缩聚制备 PBI，这两种缩聚方式需要反应活性更高的单体。最初人们尝试用二酰氯代替二羧酸二苯酯，但是这类反应很快以失败告终。因为这些单体的反应活性过高，形成聚氨基酰胺预聚体后，预聚体中的氨基会继续和酰氯发生反应，形成三维网络结构（图 4-6）。此后人们也尝试过用二硝基联苯胺等具有不同反应活性的氨基化合物代替四氨基联苯[19]，用这种方式控制二酰氯等反应活性较高单体的反应位点，避免形成三维网络结构。

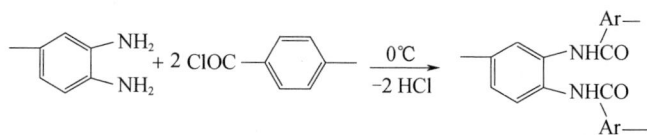

图 4-6　酰氯与邻苯二胺的反应式

此外，更多的研发集中于高温溶液缩聚，其中 1964 年 Iwakura 等[20]用多聚磷酸（PPA）作为介质合成 PBI 的报道最引人瞩目（图 4-7）。Iwakura 方法的优点在于：用更加稳定的四氨基联苯盐酸盐单体代替四氨基联苯进行缩聚反应；反应对二羧酸的单体结构没有要求；相对于熔融缩聚，这种溶液缩聚的反应条件更加温和（170～200℃）。这种合成方式更多适用于实验室或者小批量生产。因此，PPA 为反应介质的溶液聚合方式被广泛用于 PBI 的各种化学改性中。其具体反应过程为：先将四氨基联苯或其盐酸盐在多聚磷酸中搅拌均匀（氨基盐酸盐需在 140～150℃下预热），加入二元羧酸后在 180～200℃、氮气气氛下反应约 20h 得到 PBI。用高温溶液缩聚法得到的 PBI 和用 Marvel 的熔融缩聚得到的 PBI 具有相同的性能，但是这种聚合方法对于那些在热酸性条件下不稳定的单体具有局限性。由于在整个反应过程中，反应物充分混合，用溶液缩聚法制备的 PBI 分子量高于熔融缩聚。为追求更高分子量的 PBI，科学家们尝试过引入含磷催化剂，如磷酸三苯酯[21]。但是实验证明，单体的纯度、反应温度以及容器中的氧气含量才是影响聚合物分子量的关键因素。

除了 PPA，早期的实验还探索过用苯酚、二甲基苯胺和二甲基乙酰胺等溶剂[22,23]作为合成 PBI 的介质，但是结果都不理想，只有砜类溶剂[24]才能得到高分子量的 PBI。1985 年，Ueda 等[25]用质量比为 10/1 的甲基磺酸/五氧化二磷（P_2O_5）（Eaton's reagent）代替多聚磷酸，对含醚二酸和 3,3'-二氨基联苯胺盐酸盐的缩合反应进行了探讨，发现二羧酸单体中与羧基相连的苯环周围含有醚

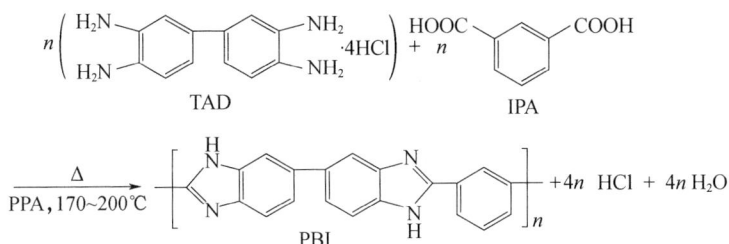

图 4 - 7　聚苯并咪唑在 PPA 中的合成反应式

键等供电子基时,所得到的 PBI 分子量较高。此后,甲基磺酸/P_2O_5 体系也被广泛使用[26,27]。与多聚磷酸相比,Eaton's reagent 体系的优点在于:①较低的反应温度(120 ~ 140℃);②较短的反应时间(0.5 ~ 5h)。但是甲基磺酸/P_2O_5 溶剂对二羧酸的结构有一定的要求,即只有那些与羧基相连的苯环的电子云密度较大时,才能得到高分子量聚合物。

3. 其他

1970 年,Higgins 和 Marvel[28]用不同的四元胺单体和间苯二甲醛重亚硫酸钠盐反应制备 PBI,此反应条件温和、时间较短,但是聚合物的特性黏数较低,如今这种合成方法被较多地用于合成苯并咪唑小分子[29]。此外,还可以先合成苯并咪唑二氟(图 4 - 8(a))[30]、二硝基苯并咪唑(图 4 - 8(b))[31]或者苯并咪唑二酚(图 4 - 8(c))[29,32,33]等含咪唑环的单体,然后通过亲核取代反应合成 PBI。但是,这类合成 PBI 的方法或者因为得到的聚合物分子量较低不能成型加工,或者因为合成步骤复杂,均未被广泛使用。

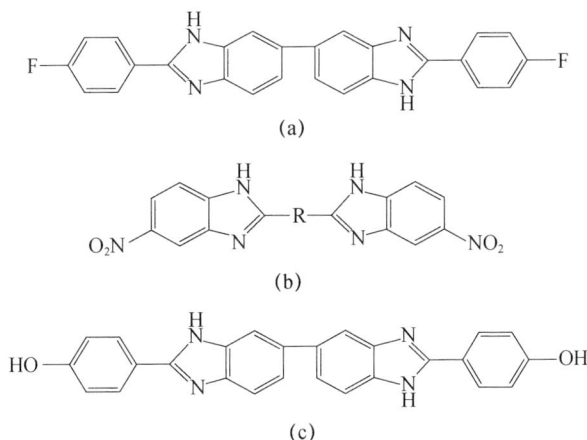

(a)

(b)

(c)

图 4 - 8　亲核取代用苯并咪唑单体结构

(a)苯并咪唑二氟[30];(b)二硝基苯并咪唑[31];(c)苯并咪唑二酚[29,32,33]。

4.1.1.3 PBI 的主链改性

早期对 PBI 的改性主要集中在改变其主链结构方面:如通过在四氨基联苯单体中引入醚、砜、酮、脂肪链等基团,或者改变二羧酸及其衍生物的结构等改变 PBI 主链结构(图4-9),这方面的工作已经有人做了详细的综述[34,35]。

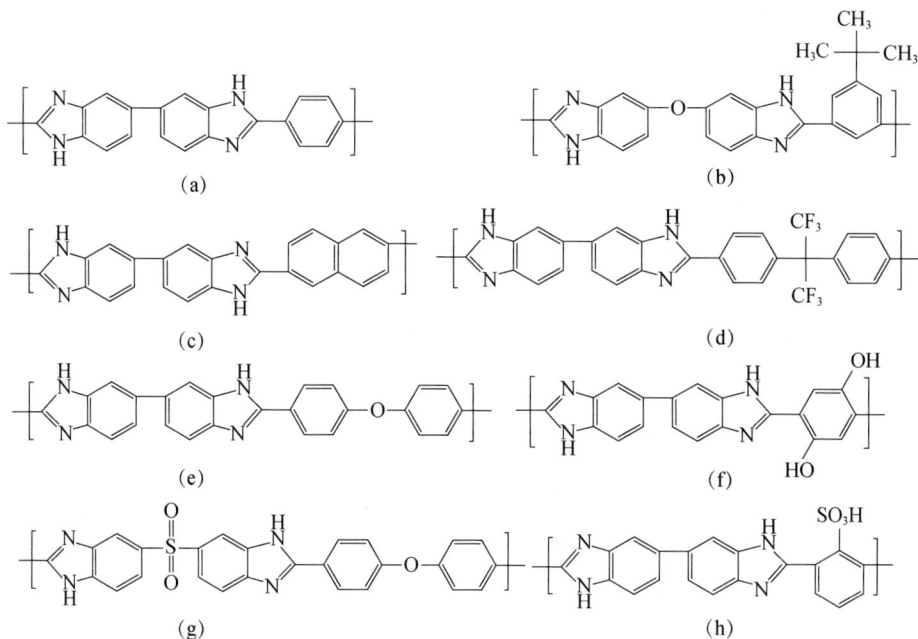

图4-9　改性 PBI 的各种分子结构[16]

(a) 对位结构 PBI;(b) 含叔丁基 PBI;(c) 含萘 PBI;(d) 六氟 PBI;
(e) 含醚 PBI;(f) 含羟基 PBI;(g) 含醚砜 PBI;(h) 磺化 PBI。

1. 对位结构聚苯并咪唑

对位结构聚苯并咪唑(pPBI,图4-9(a))最早合成于 1960s[10,36]。与间位结构聚苯并咪唑相比,对位结构的聚合物表现出更高的拉伸强度[37],但是玻璃化转变温度降低了 59℃[35],这表明对位结构增加了聚合物链的柔性。pPBI 用对苯二甲酸(TPA)合成,虽然 TPA 在 PPA 中的溶解性较低(<4%),但是据报道[38],在相同的合成条件下,对位聚苯并咪唑比间位聚苯并咪唑的分子量高,其中对位聚苯并咪唑的特性黏度在 $1.5 \sim 3.0 \mathrm{dL} \cdot \mathrm{g}^{-1}$,而间位聚苯并咪唑的值为 $1.3 \sim 2.0 \mathrm{dL} \cdot \mathrm{g}^{-1}$。

2. 聚苯并咪唑-吡啶

Kallitsis 和 Gourdoupi[39,40]将 PBI 和含吡啶的聚苯醚共混,得到的复合材料具有更高的耐化学腐蚀性和氧化稳定性。Xiao 等[38]用吡啶二羧酸和四氨基联苯反应(图4-10(a)),在聚苯并咪唑主链中引入了吡啶基团,他们发现将吡啶基团替代苯环能提高聚苯并咪唑的溶解性和氧化稳定性。2013 年,Sudhangshu Maity 等[41]报道了一种含吡啶四元胺:2,6 - 二(3,4 - 二氨基苯) - 4 - 苯基吡啶 (图 4 - 10(b)),这种四元胺和已商业化的四氨基联苯相比,合成工艺更简单且性质更稳定。聚(苯并咪唑 - 吡啶)主链中 N 杂环含量比普通 PBI 更高,用这种聚苯并咪唑 - 吡啶制备的质子交换膜可吸附更多的磷酸,得到更高质子电导率的质子交换膜。一般地,合成聚(苯并咪唑 - 吡啶)的方法是:先合成含吡啶的二元羧酸或四元胺,然后与相应的四胺和二酸发生缩聚反应。

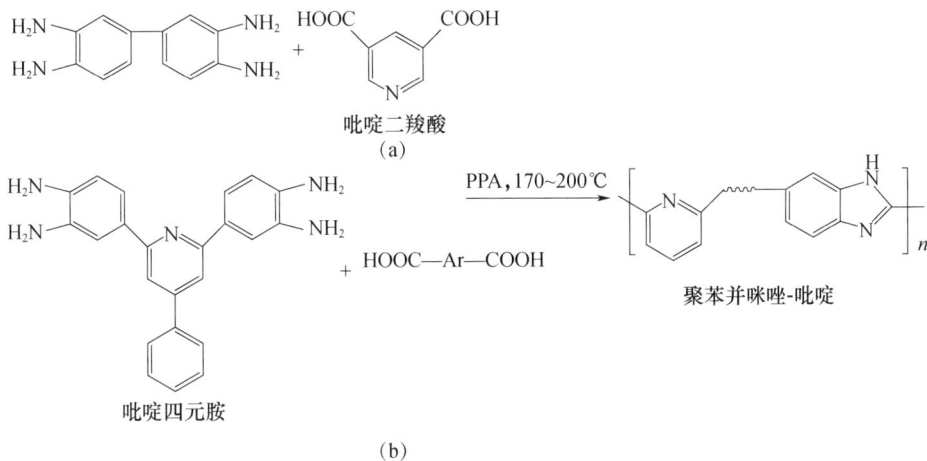

图 4 - 10　聚(苯并咪唑 - 吡啶)合成反应式
(a)由吡啶二羧酸合成[38];(b)由吡啶四元胺合成[41]。

3. 聚苯并咪唑 - 酰亚胺

将 PBI 和聚酰亚胺(PI)共混,可以得到高性能复合材料,但是 PBI 和 PI 均不熔且溶解性差,因此只能用高沸点的极性有机溶剂作为介质,采用溶液共混方式制备[42,43]。研究表明,虽然这种合金材料只有一个玻璃化转变温度[44],但也只是部分相容[45]。2001 年,Chung 等[46]最先在聚苯并咪唑主链中引入酰亚胺结构,他们先合成一种含苯并咪唑结构的不对称二胺单体:4,6 - 二氨基 - 2 - 苯基苯并咪唑(图 4 - 11(a)),再将它和二酸酐反应,得到聚酰亚胺。之后,Berrada 等[47]又合成了一种新的结构对称的苯并咪唑二胺单体:2,2′ - (1,2 - 苯撑) - 二 (5 - 氨基苯并咪唑)(图 4 - 11(b)),这种单体由于其结构对称性使得聚合物具有优异的机械性能和热性能。之后也有很多关于聚苯并咪唑 - 酰亚胺聚合物的报道[48-51](图 4 - 11(c)),但是这些研究都基于这三种苯并咪唑二胺单体基础之上,且这三种二胺单体合成方法复杂,需要先合成端硝基苯并咪唑,然后将硝基还原成二胺,在还原反应时需要用贵金属催化剂。2014 年,Yue 等[52]采用更为简单的方法合成了一种新的结构对称的苯并咪唑二胺,即 6,6′ - 二[2 - (4 - 氨基苯)苯并咪唑](图4-11(d)),且用这种二胺制备的聚(苯并咪唑-酰亚胺)具有优异的热稳定性和机械性能。从以上文献中可以看出:与合成聚苯并咪唑-吡啶方法不同的是,在合成聚苯并咪唑-酰亚胺时首先合成的是含苯并咪唑结构的二胺,在缩聚过程中形成酰亚胺键。

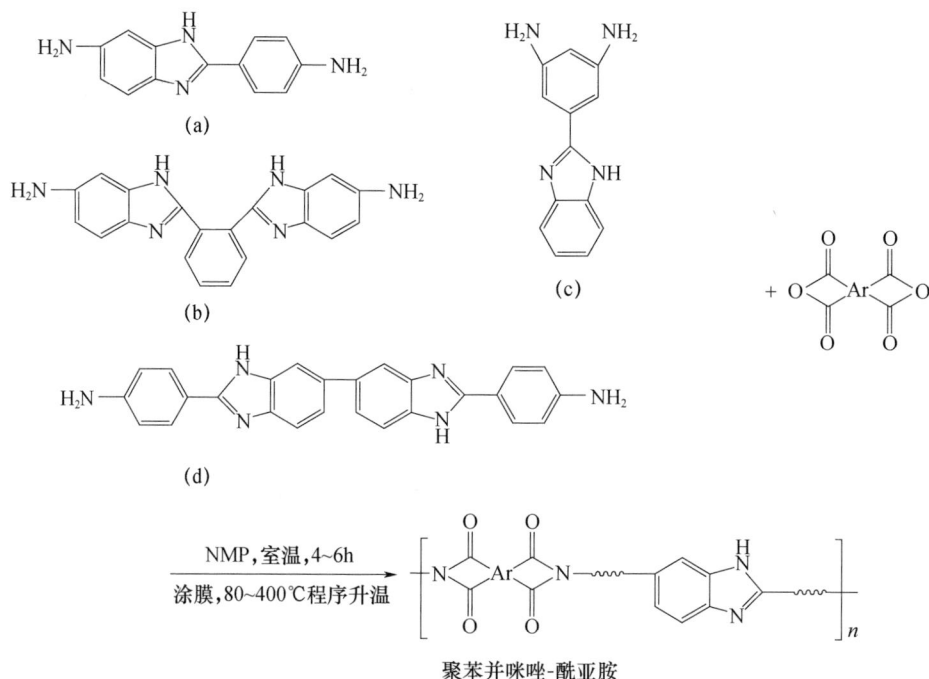

(a)

(b)

(c)

(d)

聚苯并咪唑-酰亚胺

图4-11 聚(苯并咪唑-酰亚胺)合成反应式

(a) 由4,6-二氨基-2-苯基苯并咪唑合成[46];

(b) 由2,2'-(1,2-苯撑)-二(5-氨基苯并咪唑)合成[47];

(c) 由2-(3,5-二氨基苯基)-苯并咪唑合成[48-51];

(d) 由6,6'-二[2-(4-氨基苯基)苯并咪唑]合成[52]。

4. 聚2,5-苯并咪唑(ABPBI)

聚2,5-苯并咪唑是聚苯并咪唑中结构最简单的聚合物,由相对便宜且已商业化的单体3,4-二氨基苯甲酸合成(图4-12)。由于单体中同时含有反应所需的两种基团,所得的聚合物的分子量较高[53]。用提纯后的3,4-二氨基苯甲酸,Wainright等[18]合成了超高分子量的ABPBI,其特性黏数高达7.33dL/g。

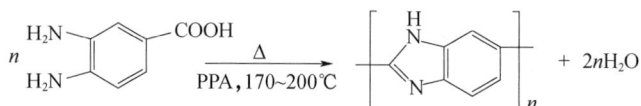

图4-12 聚2,5-苯并咪唑合成反应式

5. 聚苯并咪唑 – 芳醚砜

聚芳醚砜是一种水解稳定、耐高温、高机械强度的聚合物。聚芳醚砜和 PBI 可以通过溶液共混制备复合材料，但是通常用高沸点的极性有机溶剂作为介质，且退火处理后，两者的相容性变差，影响复合材料的性能。通过合成苯并咪唑 – 芳醚砜共聚物可以得到性能优异的材料，2008 年 Young 等[32] 用四氨基联苯和苯基 – 4 – 羟基苯酯在高温氮气气氛下合成了 5,5′ – 二[2,4 – （羟基苯基）苯并咪唑]，用这种含苯并咪唑结构的二酚和等摩尔配比的二氟或者二氯单体缩聚，得到高分子量聚苯并咪唑 – 芳醚砜（图 4 – 13）。

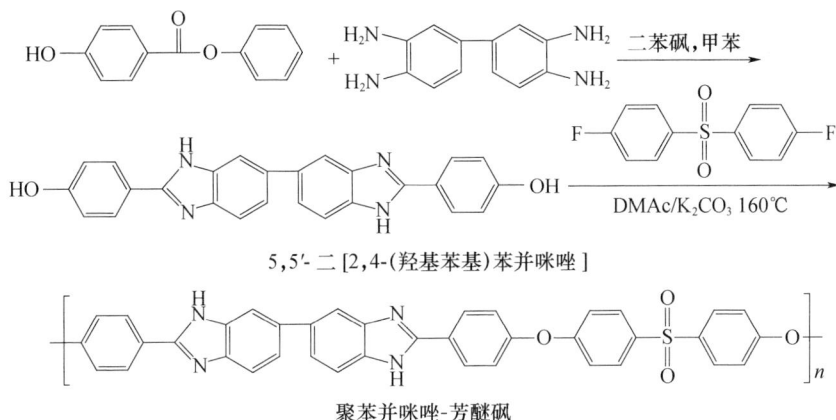

5,5′- 二 [2,4-(羟基苯基) 苯并咪唑]

聚苯并咪唑-芳醚砜

图 4 – 13　聚苯并咪唑 – 芳醚砜合成反应方程式[32]

之后，这种苯并咪唑二酚被用来与各种结构的二氟、二氯反应，得到了很多高性能聚苯并咪唑 – 芳醚砜[33,54]。其中用磺化二氟单体和苯并咪唑二酚反应得到的磺化聚苯并咪唑 – 芳醚砜具有更优异的机械性能和热/化学稳定性，这是因为咪唑环中碱性基团和酸性的磺酸基发生酸碱离子相互作用，使得聚合物分子链间形成了稳定的离子交联结构（图 4 – 14）。

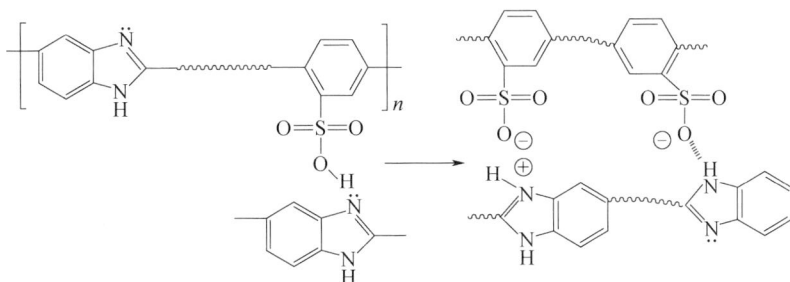

图 4 – 14　磺酸基和咪唑环间的离子交联结构示意图

4.1.1.4　PBI 的侧链改性

直链 PBI 溶解性较差，将 PBI 支化可以降低分子链间的紧密堆砌程度，增加自由体积,提高溶解能力。咪唑的 – NH 基团具有类似酚羟基的化学活性,可以和卤素发生亲核取代反应[55]。因此,可以将 PBI 和各类端卤素化合物反应,得到了多种侧链型 PBI。2000 年,Isao 等[56]用 12 – 溴 – 1 – 十二醇和 PBI 反应,在 PBI 上成功接入长烷基侧链。Pu 等[57]利用类似方法,在 PBI 上引入短烷基侧链,这种短侧链型 PBI 具有更强的磷酸吸附能力,可用于燃料电池质子交换膜领域。此外,Glipa 等[58]用苄溴磺酸和 PBI 中的 – NH 反应,在 PBI 侧链中引入磺酸基团,提高了膜的质子电导率。

这类卤素和咪唑中的 – NH 之间的取代反应,需要用碱作催化剂。一般先将未取代的 PBI 溶解,加入碱金属氢化物(NaH、LiH 等),形成 PBI 阴离子聚合物,端卤素烷基化合物可以在中低温下和 PBI 阴离子聚合物发生 N 取代反应(图 4 – 15)。

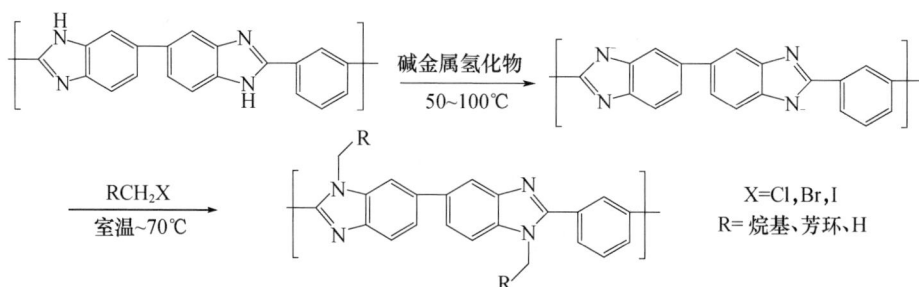

图 4 – 15　PBI 和卤代烷基反应式[16]

从反应式中可以发现,参与 N 取代的卤代烷烃中与卤素相邻的基团为亚甲基,这是因为这类反应为亲核取代反应,和卤素相邻的碳电正性越强,反应越易进行。若直接将卤素和苯环相连,与卤素相邻碳的电正性减弱,亲核取代反应需要在高温(>200℃)下进行(图 4 – 16(a))[59];或者用强吸电子基团如硝基、三氟甲基、腈基等取代卤代苯,增强于卤素相邻碳的电正性(图 4 – 16(b))[60]。

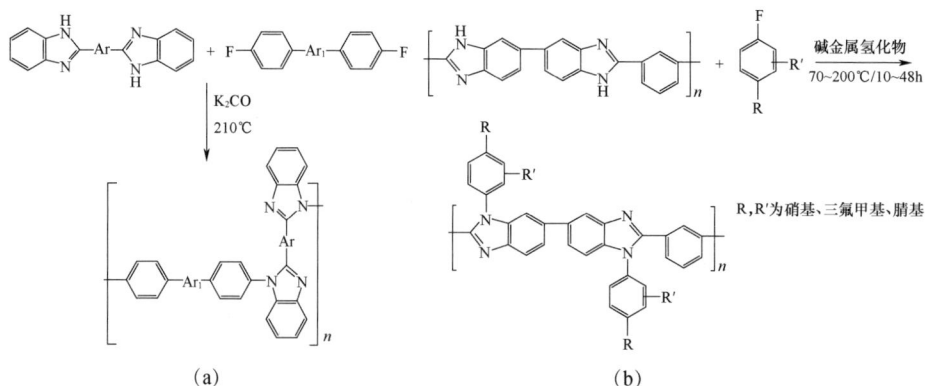

图 4 – 16　PBI 和卤代苯反应式

(a)高温亲核取代反应[59];(b)强吸电子基取代卤代苯亲核取代反应[60]。

4.1.1.5　PBI 交联改性

交联结构的引入可以有效提高 PBI 的力学性能和化学稳定性。通常用三元羧酸单体和四氨基联苯直接缩聚,得到交联 PBI。2011 年,Sung - Kon Kim 等[61]利用 1,3,5 - 苯三甲酸和 3,4 - 二氨基苯甲酸反应得到一种端羧基的三臂低聚物,然后将这种三臂低聚物和四氨基联苯反应,得到全芳型交联 PBI。此外,还可以在 PBI 主链中引入活性位点,用交联剂和活性位点反应得到共价交联 PBI。除了用二卤代物作为交联剂和咪唑中的 – NH 反应[62-65],Hui Na 等[66-69]利用咪唑中碱性的 N 和环氧基反应得到了交联 PBI(图 4 – 17)。Yue 等[70,71]合成了一种含醚键的端溴甲基化合物:4,4′ - 二溴甲基二苯醚,利用溴甲基和磺化聚(苯并咪唑 – 酰亚胺)中的咪唑反应,同时通过控制磺酸基团和咪唑基团的含量,得到交联度可控的共价 – 离子交联型聚合物。

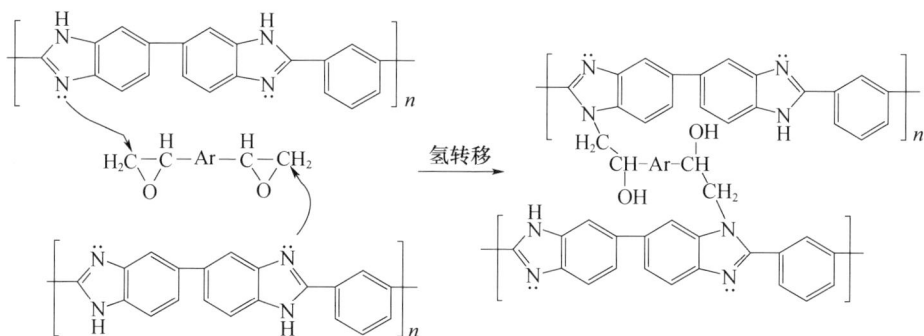

图 4 – 17　环氧化合物交联 PBI 反应式[66]

4.1.2　PBI 纤维概述

合成 PBI 的历史可以追溯到 1959 年,Du Pont 公司的 Brinker 和 Robinson[72]首次合成了分子链中含苯并咪唑的聚合物。这种 PBI 主链中含有脂肪链,因此其热稳定性和抗氧化性相对较差,聚合物在 300℃ 以上就开始分解。两年之后,Vogel 和 Marvel[10]合成了主链全为芳香环的全芳型 PBI,这类聚合物具有优异的热稳定性,氮气保护下热失重 5% 的温度达到 600 ℃。这种优异的热稳定性归因于分子链的芳香性,但是较强的分子链刚性又势必导致聚合物难熔难溶,不易加工成型。因此,为了调节 PBI 的芳香性和可加工性之间的关系,新的高性能PBI 层出不穷,分子结构对 PBI 溶解性和热稳定性的影响成为了当时 PBI 领域的研究热点。1974 年,Yoel 和 Harold 等[73]尝试用间苯二甲酸、间苯二乙酸、对苯二乙酸以及一系列脂肪族二酸与不同的四胺反应,制备出不同结构的 PBI,结果表明:用 3,3′ - 二氨基联苯胺和 3/1 配比的间苯二甲酸和间苯二乙酸共缩聚,制备出的 PBI 具有最佳的热稳定性、溶解性和热氧化稳定性。1985 年,日本的

Ueda 和 Sato 等[12]将含醚二酸和 3,3′－二氨基联苯胺盐酸盐在质量比为 1/10 的五氧化二磷/甲基磺酸溶液中于 140℃下反应 80min，得到特性黏数高达 5.8 dL/g 的聚合物。由于合成聚苯并咪唑所需的四胺单体价格昂贵，且 PBI 可溶解性较差，不利于工业应用，20 世纪 90 年代，随着其他耐高温树脂如聚醚醚酮、聚酰亚胺、液晶高分子等的研发，聚苯并咪唑的研究逐渐降温。近年来，随着燃料电池研究的兴起，基于 PBI 的酸掺杂膜作为燃料电池中的关键部件，即质子交换膜的报道屡见不鲜[74,75]。特别是，我国已经实现了四胺基联苯的工业化生产，使得我国对 PBI 高性能纤维的研究又日趋活跃。

全球很多公司和研究所都在竞相开发有关 PBI 的技术，其中当属美国的塞拉尼斯（Celanese）最为突出。他们在 20 世纪 70 年代就成功地开发了 PBI 黏合剂[76]、半透膜[77]，同时解决了用阴离子染料对 PBI 纤维的染色问题[78]；80 年代该公司和 Alpha Performance 公司开始研发用于制备模塑零件的 PBI，其商品名为 Celazole，即聚[2,2′－间苯撑－5,5′－双苯并咪唑]（图 4－18）。1995 年，Alpha 公司逐渐掌握和完善了 Celazole 的模塑技术，并通过模塑技术制备出用于高温腐蚀环境下的密封元件[79]。此外，Celanese 公司还开发了高强超细旦 PBI 长丝[80]、PBI 基活性炭纤维[81]、PBI 泡沫[82]、PBI 超滤膜[83]、导电性 PBI 材料[84]等；90 年代生产出高性能 PBI 薄膜[85]、PBI 燃料电池质子交换膜[86]等材料。

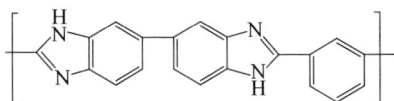

图 4－18　聚[2,2′－间苯撑－5,5′－双苯并咪唑]

将高性能的 PBI 材料制备成纤维，这种纤维是一种耐高温、耐化学腐蚀的阻燃纤维。目前已商业化的聚苯并咪唑纤维是聚[2,2′－间苯撑－5,5′－双苯并咪唑]（图 4－18）。该纤维是由 Celanese 公司和美国空军实验室（AFML）联合开发研究的成果，最初用于制作火箭回收的降落伞。1983 年 Celanese 公司用 3,3′,4,4′－四氨基联苯（DAB）和间苯二甲酸二苯酯（DPIP）为原料合成聚苯并咪唑，以二甲基乙酰胺（DMAc）为溶剂，采用溶液纺丝技术正式投产，年生产能力为 460t[87]，主要用于宇航密封舱耐热防火材料，生产成本高，发展缓慢。由于该纤维吸湿率高达 15%，因此自 1983 年后，人们又利用 PBI 开发出穿着舒适的高温防护服等产品。除美国外，英国、法国、日本及俄罗斯等也都相继开展了 PBI 纤维的研究工作，开发了一些类似的产品，但是产量都不大，我国在 20 世纪 70 年代也曾尝试制备这种纤维。

PBI 纤维具有一系列突出的性能，如优异的阻燃性、热稳定性，良好的吸湿性，耐强酸强碱等化学试剂，良好的纺织加工性能、穿着舒适性及尺寸稳定性等。其极限氧指数高达41%,垂直燃烧试验(ASTM191 – 5903)最短炭化长度为10mm。PBI 纤维的热稳定性见表 4 – 4。在燃烧时,PBI 纤维 2 分钟释放平均热量不到 10×10^3J/(m^2·s)。其抗张强度为 39.7~43.2cN/tex(短纤维为 27.4 cN/tex),延伸率为 23%~24%(短纤维为 30%)。这些性能使得 PBI 纤维在航空航天及防护等领域应用广泛。此外,在一般工业中可代替石棉用品,包括耐高温手套、高温防护服、传送带等。美国化学协会曾将 PBI 纤维和商品聚间苯二甲酰间苯二胺(PMIA)纤维(即杜邦公司生产的 Nomex 纤维)进行对比试验,结果表明 PBI 纤维比 Nomex 具有更高的耐热性、阻燃性及服用性能。

表 4 – 4　PBI 纤维的热稳定性[88]

温度/℃	600	450	400	330
使用寿命	3~5s	5min	1h	24h

4.2 PBI 纤维的制备

由于 PBI 熔点高、难溶于普通溶剂,所以其纤维成型、树脂加工等比较困难。通过化学方法在 PBI 大分子主链上引入其他基团,如醚键、脂肪链、砜基及苯并噻唑等,可改进 PBI 的纺丝、成型等加工性能。但是,这些改进要么需要合成新的单体,要么合成步骤复杂,不适用于大规模生产。目前认为聚[2,2′- 间苯撑 – 5,5′- 双苯并咪唑]是最适合大规模生产纤维的一种 PBI。对于纺丝工艺过程而言,最简单经济的纺丝工艺当属熔体纺丝,但是 PBI 的熔点高,聚合物在熔融之前就分解,因此要将 PBI 纺成纤维必须选择溶液纺丝(即干纺、湿纺、干湿纺)。干纺过程是将纺丝原液通过喷丝头喷出后,溶剂在甬道中挥发形成纤维;湿纺则是将纺丝原液压入沉淀剂组成的凝固浴中使纺丝液形成纤维;干湿纺则将喷丝头和凝固浴分离,纺丝原液在空气中挤出,在凝固浴中凝固成纤维。虽然 PBI 可以湿纺纺丝成型,但是 Celanese 公司采用的是干法纺丝工艺。纺丝前需要将 PBI 溶液进行过滤和脱泡处理,除去原液中的杂质、凝胶状物质和气体,然后存储供纺丝使用。

图 4 – 19 为 PBI 纤维干法纺丝生产工艺流程示意图。PBI 的纺丝溶剂主要为硫酸 – 水溶液、二甲基甲酰胺(DMF)、二甲基亚砜(DMSO)和二甲基乙酰胺(DMAc)等,其中 DMAc 是比较理想、适宜的纺丝溶剂[89-91]。调制纺丝原液时,将颗粒状的 PBI 加入 DMAc 中,边搅拌边加热到250℃左右,聚合物全部溶解,配制成质量浓度约25%、室温下黏度约为1500Pa·s的纺丝原液。

```
┌─────────┐              ┌─────────┐
│   TAD   │              │  DPIP   │
└────┬────┘              └────┬────┘
     └───────────┬────────────┘
           ┌─────┴─────┐
           │  一级聚合物  │
           └─────┬─────┘          ── 聚合
           ┌─────┴─────┐
           │  二级聚合物  │
           └─────┬─────┘
           ┌─────┴─────┐
DMAc ─────→│   溶解    │
           └─────┬─────┘          ── 纺丝原液制备
           ┌─────┴─────┐
           │   过滤    │
           └─────┬─────┘
           ┌─────┴─────┐
           │  干法纺丝   │
           └─────┬─────┘
           ┌─────┴─────┐
           │   水洗    │
           └─────┬─────┘
           ┌─────┴─────┐
           │   干燥    │
           └─────┬─────┘          ── 纤维成型
           ┌─────┴─────┐
           │   拉伸    │
           └─────┬─────┘
           ┌─────┴─────┐
H₂SO₄ ────→│  酸处理   │
           └─────┬─────┘
           ┌─────┴─────┐
           │   卷绕    │
           └─────┬─────┘
           ┌─────┴─────┐
           │  纺丝加工   │
           └───────────┘
```

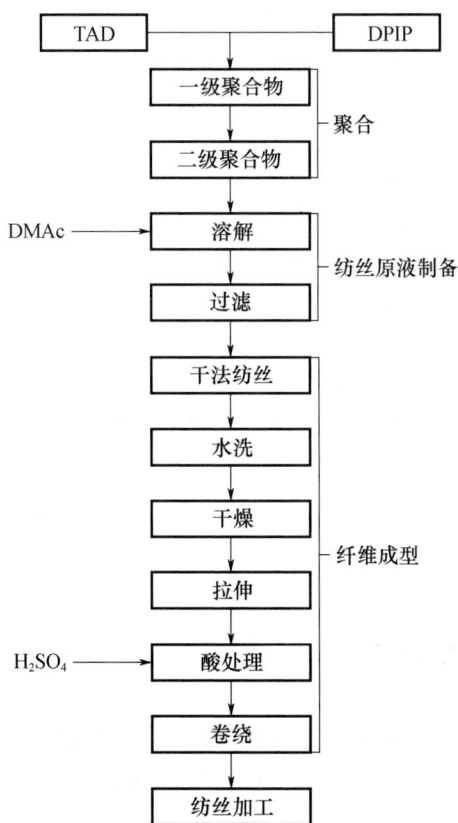

图 4-19 PBI 纤维生产工艺流程示意图[87]

4.2.1 纺丝液的制备

DMAc 是良好的 PBI 纺丝溶剂,因为它能较好地溶解 PBI,且相对于 NMP 和 DMSO,DMAc 的沸点低,有利于通过蒸发的方式回收。但是,PBI 在 DMAc 中的溶解速度较慢,将聚合物磨成粉末或者提高溶解温度,均可以加速溶解过程。在 250℃(高于 DMAc 沸点)以及高压条件下,可以得到质量浓度高达 23% 的 PBI/DMAc 溶液[90]。据报道,PBI/DMAc 溶液的不稳定性主要有两种表现形式:一种是由于氧化交联反应形成的凝胶;另一种是 PBI 在原液中结晶析出,其中前者为不可逆的化学反应。因此,为防止纺丝原液因氧化交联而产生凝胶,需要在溶解及纺丝过程中保持无氧环境。另外,为防止在存放过程中原液中的 PBI 结晶并析出,导致纺丝原液不稳定,需要在纺丝原液中添加 1%~5%(质量分数)的 LiCl 或者 ZnCl₂(基于 DMAc 的质量)[92],抑制 PBI 结晶,提高原液稳定性,纺丝成型后可通过水洗除去纤维中的 LiCl。

由于干纺喷丝板的喷孔很小（直径大约为 $50 \sim 100\mu m$），纺丝液在被挤出之前需要经过非常严格地过滤，同时彻底脱除氧气，经过过滤和脱氧的溶液被输送到贮存罐中备用。需要指出的是贮存罐中不需要搅拌，这样能最大限度地减少气泡的产生，以防纺丝时断头。

4.2.2　干法纺丝

如图 4 – 20 所示，纺丝原液经计量泵、烛形过滤器进入喷丝头，在喷丝甬道中发生剪切流动后进入充满逆行循环氮气（或二氧化碳）流的纺丝甬道，纺丝细流中的溶剂被氮气带走冷凝回收，而纺丝细流本身被浓缩并固化成型，在纺丝通道底部卷绕得到初生纤维。由于初生纤维的强度低，强度在 $0.11 \sim 15N/tex$ 之间，模量为 $2.6 \sim 4.4N/tex$，断裂伸长率为 $100\% \sim 120\%$ [93]，不能满足使用要求，还需要进行必要的热拉伸等后加工处理。

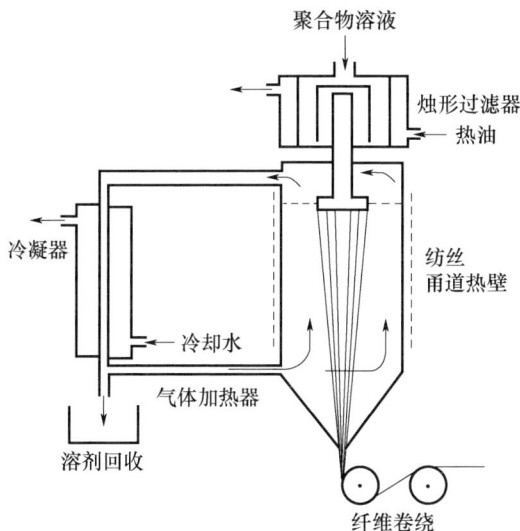

图 4 – 20　PBI 干法纺丝工艺示意图[93]

4.2.3　纤维的水洗和干燥

由于高温拉伸时残存在 PBI 初生纤维中的溶剂易气化而产生"爆米花"状纤维，所以拉伸前必须对纤维进行水洗和干燥，除尽残存的溶剂和水。

4.2.4　拉伸

PBI 初生纤维的拉伸比为 $1 \sim 4$，可分为两级进行，一级拉伸比在 $1:1.5 \sim 1:3.5$ 之间，二级拉伸的温度要高于一级拉伸。为防止发生氧化降解，拉伸需要在

167

400~500℃高温氮气环境下进行,如图4-21所示。拉伸后纤维的初始模量由原来的3.3N/tex提高到11.0N/tex,而断裂伸长率由100%降到18%。

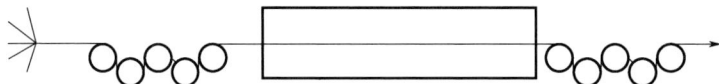

图4-21　PBI纤维的高温拉伸

4.2.5　酸处理

PBI纤维耐热性及阻燃性好,但在火焰中也会发生收缩,因此拉伸后的纤维还需要用硫酸进行稳定化处理,在纤维大分子中形成咪唑环结构的盐[94](图4-22)。

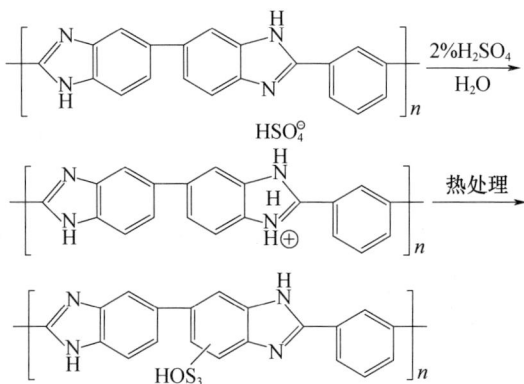

图4-22　PBI纤维酸处理对结构变化[87]

由于咪唑环具有酸碱两性,PBI纤维中的碱性基团和酸性的硫酸发生酸碱相互作用形成盐,热处理后这种盐发生结构重排,在苯环上形成硫化基团,使纤维结构更加稳定。

4.2.6　染色

通过以上工艺制得的PBI纤维为金黄色。但是PBI的模型化合物表明,理论上PBI可能呈现灰白色,这是因为在加工过程中,微量的氧和高温条件使得聚合物某种程度上氧化而变色。

根据PBI的化学结构和形态结构判断,分散染料和酸性染料都可作为其染色剂[87]。但是采用标准工艺却不能使PBI成功染色,这是因为PBI的玻璃化转变温度(T_g)较高,且存在分子链间氢键相互作用,导致染料在扩散时所需要的聚合物链段活动受阻。分子链间的相互作用可以通过受热或者化学作用破坏,但是一般的工业染色设备通常不能经受高温操作,而且耐高温的染料种类也非常少,因此对于 PBI 的染色比较困难,为了解决这一难题,世界各国科学家尝试了很多特殊的染色方法。

20 世纪 70 年代末,Celanese 公司开发了阴离子染料对聚苯并咪唑纤维的染色技术[78]。他们首先用有机溶剂对聚苯并咪唑纤维进行溶胀,然后用对羟基苯甲酸和聚苯并咪唑反应,形成聚苯并咪唑 – 对羟基苯甲酸盐。最后将这种盐和阴离子染色剂反应,使纤维着色。这个染色过程在 40 ~ 97℃ 下进行,染色温度相对较低,使得很多着色剂都适用。

20 世纪 80 年代,Rhone 发展了 STX 溶剂染色体系[95],这种染色技术最初用于尼龙地毯染色。该技术采用 90:10 的四氯乙烯/甲醇混合液为染色介质,染料溶解在介质中。STX 溶剂染色体系适用于 PBI/芳纶织物的浅中色染色。这种染色技术的特点是[96]:染色工艺简便,染料的上染率几乎可达 100%,且有很好的干、湿摩擦牢度和耐水洗牢度。其缺点是:染色后需大量水洗,除去纤维上的溶剂,甲醇容易引起人体中毒,且回收困难。今后,开发无毒、可回收的溶剂是这项技术的关键。

4.3　PBI 纤维的性能

4.3.1　PBI 结构与性能之间的关系

4.3.1.1　热稳定性

PBI 具有优异的热稳定性,含脂肪链的 PBI 在 370℃ 下完全分解,但是全芳型 PBI 分解温度在 500 ~ 600℃,这是由芳香环良好的热稳定性决定的。对位结构的 PBI 的热稳定性高于间位结构。主链中引入杂环,会使 PBI 的热稳定性有所下降,在氮气气氛中,600℃ 下,在 PBI 主链中引入间苯、吡啶、呋喃后的热失重依次为 4.5%、5.6%、10.0%[10]。在 PBI 主链中引入醚键[97]和砜键[98]可以增加聚合物的溶解性和柔顺性,但也相应降低了其热氧化稳定性。用甲基取代咪唑环上的氨基氢(– NH)将使 PBI 的可溶性增加 4 倍,热分解温度下降约 100℃[99]。此外,用磷酸将咪唑环质子化可以提高聚苯并咪唑的热稳定性[100]。

4.3.1.2　溶解性

芳香型 PBI 的溶解性较差,室温下在多聚磷酸(PPA)、间甲酚、N,N' – 二甲基乙酰胺(DMAc)、N – 甲基 – 2 – 吡咯烷酮(NMP)、N,N' – 二甲基甲酰胺(DMF)、二甲基亚砜(DMSO)、苯酚等溶剂中仅有有限的溶解度[35]。一般而言,PBI 分子链刚性越大、氢键作用越强、结晶度越高,其溶解性越差。因此,破坏

PBI 分子间的氢键作用是提高其溶解性的一个有效方法。常用 LiCl[92] 作为增溶剂,其作用原理为 Cl⁻ 离子和聚合物中的阳离子产生库仑力作用,消弱聚合物内部的氢键作用,因此提高了 PBI 的溶解性。此外,间位取代或者 2,2′ 位联苯撑类聚合物溶解性优于对位取代或者 4,4′ 位联苯撑类 PBI。

4.3.1.3 力学性能

目前针对不同分子结构对 PBI 的力学性能影响的研究报道较少,只有已商品化的聚 [2,2′ - (间苯撑) - 5,5′ - 双苯并咪唑] 有相关的力学性能数据,如表 4 - 5 所列。

表 4 - 5　聚 2,2′ - (间苯撑) - 5,5′ - 双苯并咪唑的力学性能[101]

性能	单位	条件	数值	性能	单位	条件	数值
弹性模量	N/tex	稳定化纤维	39.6	拉伸强度	N/tex	稳定化纤维	2.3
		未稳定化纤维	79.2			未稳定化纤维	2.3
	MPa	纤维级膜			MPa	纤维级膜	
		未后处理	2750			未后处理	117
		退火处理	3790			退火处理	186
		塑化处理	2270			塑化处理	103
		高分子量膜				高分子量膜	
		未后处理	3170			未后处理	96
		塑化处理	2820			塑化处理	96
延伸断裂	%	纤维	30	延伸断裂	%	纤维级膜	
						未后处理	14
						退火处理	24
						塑化处理	20

虽然许多类似的聚合物都能提供某些优良的性能,但是聚 [2,2′ - 间苯撑 - 5,5′ - 双苯并咪唑] 被认为是能用于大规模生产的最具吸引力的材料。

4.3.2　PBI 纤维的性能

PBI 纤维为金黄色,经酸处理后纤维密度由 1.39g/cm³ 提高到 1.43 g/cm³ 左右,其主要性能指标如表 4 - 6 所列。用 PBI 纺制的纤维具有优良的阻燃性、尺寸稳定性、化学稳定性和穿着舒适性。这些纤维是由特性黏数在 0.7 ~ 0.8 dL/g 范围之间的聚合物制得,研究表明,由特性黏数在此范围的 PBI 制备的纤维,性能最佳。当特性黏数小于 0.5dL/g 时,聚合物不能成纤;当特性黏数高于 0.9dL/g 时,纤维性能提高较少,但是纺丝原液中形成晶态微胶粒的趋势却增加,影响了纺丝液的稳定性,给纺丝带来困难。

表 4-6　PBI 纤维的主要性能指标[102]

纤度/dtex	拉伸强度/(cN/dex)	初始模量/(cN/dex)	断裂伸长率/%	卷曲度短纤维/%	含油量/%	密度/(g/cm³)	回潮率(65%RH/20℃)/%
1.7	2.4	28.0	28.0	28.0	0.25	1.43	15
比热容/[J/(kg·K)]	205℃干热收缩率/%	沸水收缩率/%	极限氧指数/%	标准纤维长度/mm	热导率/[W/(m·K)]	纤维色泽	表面电阻(65%RH,21℃)/Ω
1256	<1.0	<1.0	>41	38,35,76,102	0.032	金黄	1×10^{10}

4.3.2.1　可燃性

纤维的燃烧性能用极限氧指数(LOI 值)表示,LOI 值越大,表示材料越不容易燃烧,其中 LOI<20 为易燃纤维,LOI 在 20~26 范围内为可燃纤维,LOI 在 27~34 范围内为难燃纤维,LOI>34 为不燃纤维[103]。PBI 的 LOI 值高达 41,意味着其在空气中不燃。这是因为 PBI 在空气中燃烧时释放的气体相对惰性且释放的速度较低。由表 4-7 可知,用硫酸对纤维进行稳定化处理可以明显改善纤维在燃烧时的尺寸稳定性。

表 4-7　稳定化处理对纤维热收缩性能的改善[87]

项　　目	经稳定化处理的纤维	未经稳定化处理的纤维
在 400°F 热空气中的收缩率/%	<1	>2
火焰试验中的收缩率/%	6	50
在 400~500℃下由静态热机械分析(TMA)测得的收缩率	4	10

4.3.2.2　舒适性

PBI 纤维手感柔软,具有优良的穿着舒适性,这种舒适性主要归因于 PBI 高达 15% 的吸湿性。将 PBI 与棉花、涤纶、尼龙制品和腈纶进行对比,结果见表 4-8。由表 4-8 可知 PBI 的吸湿性强于棉纤维及普通化学纤维,高的回潮率提供了 PBI 的穿着舒适性,研究表明 PBI 的舒适等级可与棉花相媲美。将 PBI 制成更轻薄的织物时,舒适性可进一步改善。

表 4-8　各类纤维的回潮率[87]

纤维类型	玻璃	聚酯	聚丙烯腈	尼龙	芳纶	棉花	蚕丝	稳定化的 PBI	羊毛
回潮率/%	0	<1	2	4.5	5	10	11	16	16
注:在 70°F、相对湿度为 65% 时测得									

PBI 纤维具有像棉花一样的穿着舒适感,因此可用于制备防护服、航天员内衣等服饰。

4.3.2.3 热稳定性

图4-23为PBI纤维在两种不同环境下的热重分析谱图[102]。升温初期,较小的质量损失主要因为纤维中吸附的水蒸发所致。在空气中,当温度超过525℃左右,纤维质量急剧减少;在氮气中,即使温度达到1000℃,纤维的残余质量仍为50%以上,保持着较好的纤维形态和基本性能。PBI纤维的优异的热性能由芳环良好的热稳定性所决定。

对PBI分解释放的气体进行分析,在570℃和900℃之间,PBI纤维氧化降解时释放的气体大部分为CO_2(84.3%)和水(14.3%),其余为CO(1%)、NO_x(0.4%)和微量的HCN、(CN)/CH_3CN混合物及SO_2等。在570℃以下,分解的气体主要为CO_2(70%)、水(29.5%)、CO(0.3%)以及上述微量含氮化合物。在惰性气体中降解时,PBI纤维的分解产物为水、甲烷、丙烯及苯腈、氢氰酸等[102]。

热防护性能测试(TPP)是一种衡量材料对人体防护能力、避免二度烧伤的曝热实验。该实验显示PBI/对位芳纶混纺织物能保持织物的柔软性和完整性,有效保护人体,避免二度烧伤,因此该混纺织物已大量用于防火保护。

4.3.2.4 化学稳定性

PBI纤维具有良好的耐化学试剂性,包括耐无机强酸、强碱和有机试剂。图4-24为不同温度下PBI纤维在75%浓硫酸蒸气中,3h后的强度变化[102]。由图可见,即使经过400℃以上高温硫酸蒸气处理,PBI纤维的强度仍可保持初始强度的50%左右。另外,PBI纤维也有优异的耐水解性,将PBI纤维放置在0.462MPa、147℃的水蒸气中72h,PBI能保留原强度的96%。用无机酸、碱处理PBI纤维,其强度保持率的实验结果如表4-9所列,而一般的试剂对其强度无影响。

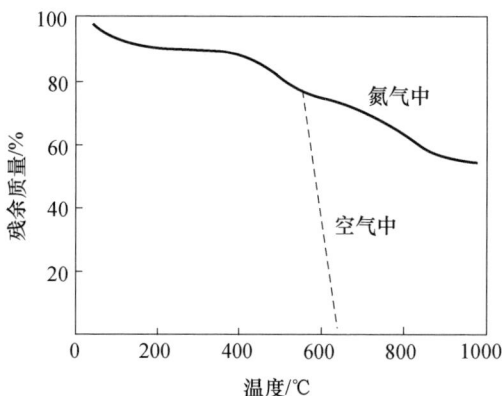

图4-23　PBI纤维热重分析谱图[102]

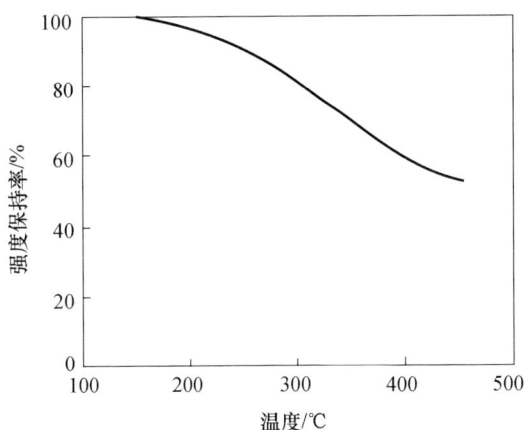

图 4-24　不同温度下 PBI 纤维在硫
酸蒸气中的强度保持率[102]

表 4-9　PBI 纤维在无机酸和碱液中浸渍后的强度保持率[87]

酸或碱	浓度/%	温度/℃	时间/h	强度保持率/%
硫酸	50	30	144	90
硫酸	50	70	24	90
盐酸	35	30	144	95
硫酸	10	70	24	90
硝酸	70	30	144	100
硫酸	10	70	48	90
氢氧化钠	10	30	144	95
氢氧化钠	10	93	2	65
氢氧化钠	10	25	24	88

由于咪唑能吸收可见光并发生光降解,特别是在氧存在时这种现象更加明显,所以 PBI 纤维耐光性较差。但若在无氧环境下,即使在室外暴露 16 周,PBI 纤维的强度也基本不变。

4.4　PBI 纤维的改性研究

随着科学技术的发展,单一纤维的织物往往难以满足更多高性能、高性价比的要求。将 PBI 作为基体材料,使用增强填料如碳纤维[104,105]、石墨烯[106]、芳纶纤维[107,108]对其增强改性,可以发挥复合材料的最优性能。如 Celanese 公司用

PBI 纤维与对位芳香族聚酰胺纤维按 60/40 混纺,将其制成消防服。这种消防服经久耐用,防火性能好,这正是利用 PBI 纤维优异的热稳定性和舒适性以及对位芳纶纤维极佳的强度和耐久性。

目前,已报道了很多相容或者部分相容的 PBI 合金,如 PBI/六氟亚异丙基邻苯二甲酸酐型聚酰亚胺[93]、PBI/商用聚酰亚胺[109]、PBI/聚酰胺[93]、PBI/聚4-乙烯基吡啶[110]等。由于聚合物链间存在着 -NH 之间以及 -NH 和其他聚合物中的羰基之间氢键的相互作用,这些合金具有良好的相容性、化学稳定性及热稳定性。

虽然动态热机械分析(DMA)表明很多 PBI 合金材料只有一个 T_g,但是科学家发现这些合金材料处于亚稳态[111],当材料在玻璃化温度以上长时间退火后,复合材料的羰基发生了位移,氢键消失。用 PBI/PAr 及 PBI/PS 为例,这两种材料制备的复合纤维表现出有趣的老化现象。将热拉伸后的纤维及放置 1～2 周的纤维做力学性能测试,经对比发现这两种纤维的性能差别很大(表 4-10)。这是因为未老化处理的纤维在分子水平上共混,但是放置 1～2 周后,随着残留溶剂 DMAc 的挥发,合金中两相结构变得不稳定,复合材料的性能变差。

表 4-10 老化对复合纤维力学性能的影响[79]

试样	处理过程	纤度/dpf	初始模量/GPa	韧性/GPa	断裂伸长率/%
80/20PBI/PAr(无 LiCl)	未老化	1.501	22.2	0.72	6.75
80/20PBI/PAr(无 LiCl)	老化	1.600	15.9	0.58	7.01
80/20PBI/PS (无 LiCl)	未老化	1.698	12.6	0.63	18.5
80/20PBI/PS (无 LiCl)	老化	1.812	14.4	0.59	16.7

此外,随着纳米材料等大比表面积材料研究的兴起,中空纤维、超细纤维、多层纤维等特殊形状的纤维材料越来越受到人们的关注。Tai-Shung Chung 等采用多层共挤的方式制备了多种 PBI/聚酰亚胺[112]、PBI/聚砜[113]、PBI/聚醚砜[114,115]的双层中空纤维,用于制备选择性渗透膜。在这些双层中空纤维中,PBI 由于具有较强的耐化学腐蚀性及独特的酸碱两性结构,被用作纤维外部的选择层。研究表明:咪唑的两性结构赋予 PBI 纤维的等电点在 pH=7 左右,且随着环境 pH 的不同,PBI 所带电荷也不同,因此可以通过调节 pH 值达到最大排斥阴离子(如 $H_2PO_4^-$、HPO_4^{2-}、PO_4^{3-}、$HAsO_3^{2-}$、$H_2AsO_3^-$)[116]及重金属离子(如 Cu^{2+}、Cd^{2+}、Pb^{2+}、$Cr_2O_7^{2-}$)[115]的效率,用于废水处理;聚砜、聚酰亚胺等材料由于其相对低廉的价格,优异的纺丝性能、机械性能及极易形成多孔结构的特点被用作纤维内层的支撑层,这种多孔结构降低了废水的传输阻力。

此外,多孔结构的中空超细纤维膜还可以用在气体分离中,Tai-Shung

Chung 等[117]利用 PBI 及高气体分离性能的 Matrimid® 5218(一种商业化聚酰亚胺)作为外部功能层,具有优良机械性能的聚砜作为内部支撑层,制备了双层中空纤维膜。这种纤维具有无缺陷的超薄皮层及多孔的内部支撑层。改变纺丝过程中的空气间隙和纺丝方式可以调节膜的气体选择性,所制备的气体分离膜 H_2/CO_2 的选择性系数为 11.11, H_2 的渗透系数为 29.26GPU, CO_2/CH_4 的选择性系数为 41.81, CO_2 的渗透系数为 4.81GPU。

1999 年,美国 Akron 大学的 J. S. Kim 等率先报道了用静电纺丝法制备超细 PBI 纤维,这些纤维的直径在 300nm 左右,且纤维具有双折射性,表明纤维的规整性较好[118]。此后,他们将这种纤维用于增强环氧树脂[119],在最佳纤维用量条件下,复合材料的韧性及杨氏模量均高于普通 PBI 纤维增强环氧树脂。Kim Chan[120]通过电纺技术制备了直径为 250nm 的 PBI 纤维,将该纤维组成的无纺布膜碳化、高温水热处理,可以得到活性碳纳米纤维。这种活性碳纳米纤维具有 $500 \sim 1220 m^2/g$ 的比表面积及 $125 \sim 178F/g$ 的电容,有望用于超级电容器中。2008 年,Graberg 和 Thomas 等[121]用无机硅纳米颗粒掺杂 PBI,经电纺后制成多孔性超细 PBI 纤维,这种多孔结构可以有效提高磷酸掺杂量。除了用静电纺丝技术制备超细 PBI 纤维外,2008 年,Kohama 等[122]用 DAB 与对苯二甲酸在二苄基甲苯中反应,通过溶液聚合过程中的反应诱导相分离控制 PBI 的形貌,制备出了直径为 50nm 的超细 PBI 纤维。这种纤维具有较高的结晶度和热稳定性。超细 PBI 纤维除了具有优异的耐高温及阻燃性,还因纤维较细,所形成的非织造布是一种具有纳米级微孔的多孔材料,因此具有较大比表面积、强吸附性、阻隔性、保温性等,在高性能滤材、电子材料、防护服等领域具有潜在的应用。

4.5　PBI 纤维的应用

PBI 纤维耐热、抗燃性能突出,极限氧指数高,在空气中不燃且不产生热熔滴,有良好的耐化学腐蚀性和穿着舒适性,因此可用于耐热防火纺织品。

4.5.1　耐热防火纺织物

在 PBI 纤维的发展初期,为了满足美国国家航空航天局(NASA)开发空间的需要,生产了很多 PBI 纤维,这些纤维曾被用于"阿波罗"号空间飞船密封舱内的密封垫、航天服和内衣,"哥伦比亚"号航天飞机的宇航员在发射和着陆期间的救生衣等。1978 年 11 月,美国陆军 Natick 研发实验室对稳定化处理后的 PBI 纤维、Nomex 452 和 Nomex 456 进行了评估。将人体模型穿上由 PBI、Nomex 452 和 Nomex 456 制备的飞行服,在 JP-4 燃料的火焰中暴露 3~6s,分析飞行服穿戴者可能遭受的身体烧伤面积。实验表明，在供热 7cal/cm² 的条件下，3s 后，穿着 Nomex 452 飞行服的人体模型相应烧伤面积为 22%，Nomex 456 的烧伤面积为 13%，而穿着 PBI 飞行服的人体模型烧伤面积仅为 1% 左右。此外，Nomex 衣服在 3s 的暴露期间内变硬、焦化并开裂；而 PBI 织物则保持着原有的柔顺状和完整性[27]。这表明 PBI 织物具有非常优异的热稳定性。这种性能使之成为石棉的替代材料，在铸造车间和其他金属处理设施上，可以将 PBI 纤维制成耐高温手套，这种手套的使用寿命是石棉的 2~9 倍。

4.5.2　高性能过滤用品

在工业应用中，利用 PBI 纤维的耐热、抗燃性及耐化学试剂性等，可以将其制备成过滤材料，用于工业产品过滤、废水处理、空气和烟道气过滤及海水淡化工程等。比如，PBI 材料可在燃煤锅炉中作为燃料气体的过滤材料。普通的纤维织物不能经受住酸性和燃料气的高温破坏，但 PBI 材料却有较长的使用寿命，在 180℃ 条件下，使用 13 个月后，PBI 材料的强度仍能保留 70%。将 PBI 制成膜或者中空纤维，可以作为渗透膜在海水淡化、日常用水净化中起到很好的分离作用。

4.5.3　其他应用

近年来，随着人类对能源与环境问题的日益关注，PBI 中空纤维或膜在燃料电池质子交换膜的应用也备受瞩目。PBI 具有优良的耐酸性，在磷酸中处理后仍能保持良好的尺寸稳定性，因此，磷酸型 PBI 成为高温燃料电池质子交换膜的最合适的材料[123]。

4.6 展望

聚苯并咪唑自问世以来成为航空航天等高新技术领域及其他苛刻环境下不可替代的材料，在国外已得到广泛的研究和应用。在国内，虽然有多家研究机构在做这方面的研究，但是尚未推出工程化应用的产品。从国内的现状看，合成聚苯并咪唑的四胺单体价格昂贵，且能生产的厂家不多，阻碍了聚苯并咪唑工程化应用的进展。从合成过程看，熔融聚合和溶液聚合工艺最为成熟，前者对设备要求苛刻，需要高真空等条件；后者反应条件相对温和，但是需要消耗大量溶剂，即污染环境又不经济。从纤维生产过程看，干法纺丝过程中需要高温，氮气保护等苛刻条件也限制了 PBI 纤维的工业化进程。

因此，PBI 未来的研究亟需解决的问题是：制备高纯度、廉价的四氨基单体，简化 PBI 合成工艺及纺丝工艺进而降低 PBI 的生产成本，提高 PBI 纤维与其他类似耐高温芳香纤维的竞争力。开发 PBI 在其它方向的应用,如在新能源领域,PBI 有望取代传统的 Nafion 离子交换膜成为新一代燃料电池的核心部件。

参 考 文 献

［1］Steck E A,Nachod F C,Ewing G W,et al. Absorption Spectra of Heterocyclic Compounds. III. Some Benzimidazole Derivatives［J］. Journal of the American Chemical Society,1948,70(10):3406 – 3410.

［2］Lee L – H. Polymer Science and Technology:Adhesives,Sealants,and Coatings for Space and Harsh Environments［M］. New York:Plenum Press,1998.

［3］Anderson C C. Adhesives［J］. Industrial & Engineering Chemistry,1968,60(8):80 – 87.

［4］Walmsley R S,Hlangothi P,Litwinski C,et al. Catalytic oxidation of thioanisole using oxovanadium(IV) – functionalized electrospun polybenzimidazole nanofibers［J］. Journal of Applied Polymer Science,2013,127(6):4719 – 4725.

［5］Rabbani M G,El – Kaderi H M. Template – free synthesis of a highly porous benzimidazole – linked polymer for CO_2 Capture and H_2 storage［J］. Chemistry of Materials,2011,23(7):1650 – 1653.

［6］Han S H,Lee J E,Lee K – J,et al. Highly gas permeable and microporous polybenzimidazole membrane by thermal rearrangement［J］. Journal of Membrane Science,2010,357(1 – 2):143 – 151.

［7］Wang G,Xiao G,Yan D. Synthesis and properties of soluble sulfonated polybenzimidazoles derived from asymmetric dicarboxylic acid monomers with sulfonate group as proton exchange membrane［J］. Journal of Membrane Science,2011,369(1 – 2):388 – 396.

［8］Liu D,Liao H,Tan N,et al. Sulfonated poly(arylene thioether phosphine oxide)/sulfonated benzimidazole blends for proton exchange membranes［J］. Journal of Membrane Science,2011,372(1 – 2):125 – 133.

［9］陆伟峰,虞鑫海. 聚苯并咪唑树脂的合成及其应用［J］. 绝缘材料通讯,2000(5):5 – 8.

［10］Vogel H,Marvel C S. Polybenzimidazoles,new thermally stable polymers［J］. Journal of Polymer Science,1961,50(154):511 – 539.

［11］Choe E W,Conciatori A B. Production of high molecular weight polybenzimidazole with aryl phosphonic acid or aryl phosphinic acid catalyst:US,4452972［P］. 1984.

［12］Ward B C. Two stage polybenzimidazole process and product:US,4672104. 1987.

［13］Choe E – W. Catalysts for the preparation of polybenzimidazoles［J］. Journal of Applied Polymer Science,1994,53(5):497 – 506.

［14］Choe E W. Single – stage melt polymerization process for the production of high molecular weight polybenzimidazole:US,4312976. 1982.

［15］Chung T S. Handbook of thermoplastics［M］. New York:Marcel Dekker,1996.

［16］Li Q,Jensen J O,Savinell R F,et al. High temperature proton exchange membranes based on polybenzimidazoles for fuel cells［J］. Progress in Polymer Science,2009,34(5):449 – 477.

［17］Choe E,Choe D. Polybenzimidazoles［M］. New York:CRC,1996.

［18］Wainright J,Litt M,Savinell R. High temperature membranes［M］. John Wiley Sons Ltd,2003.

［19］Korshak V V,Gverdtsiteli I M,Kipiani L G,et al. Synthesis of aromatic polybenzimidazoles by the reductive polyheterocyclization of poly – (o – nitro)amides［J］. Polymer Science USSR,1979,21(1):133 – 138.

［20］Iwakura Y,Uno K,Imai Y. Polybenzimidazoles. II. Polyalkylenebenzimidazoles［J］. Die Makromolekulare

Chemie,1964,77(1):33 - 40.

[21] Lobato J,Cañizares P,Rodrigo M A,et al. Synthesis and characterisation of poly[2,2 - (m - phenylene) - 5,5 - bibenzimidazole] as polymer electrolyte membrane for high temperature PEMFCs [J]. Journal of Membrane Science,2006,280(1 - 2):351 - 362.

[22] Levine H. Polybenzimidazole [M]. New York:Wiley Interscience,1969.

[23] Vogel H,Marvel C. Polybenzimidazoles. II [J]. Journal of Polymer Science Part A:General Papers,1963, 1(5):1531 - 1541.

[24] Hedberg F L,Marvel C S. A new single - step process for polybenzimidazole synthesis [J]. Journal of Polymer Science:Polymer Chemistry Edition,1974,12(8):1823 - 1828.

[25] Ueda M,Sato M,Mochizuki A. Poly(benzimidazole) sythesis by direct reaction of diacids and tetramine [J]. Macromolecules,1985,18(12):2723 - 2726.

[26] Kim H - J,Cho S Y,An S J,et al. Synthesis of Poly(2,5 - benzimidazole) for Use as a Fuel - Cell Membrane [J]. Macromolecular rapid communications,2004,25(8):894 - 897.

[27] Jouanneau J,Mercier R,Gonon L,et al. Synthesis of Sulfonated Polybenzimidazoles from Functionalized Monomers:Preparation of Ionic Conducting Membranes [J]. Macromolecules,2007,40(4):983 - 990.

[28] Higgins J,Marvel C S. Benzimidazole polymers from aldehydes and tetraamines [J]. Journal of Polymer Science Part A - 1:Polymer Chemistry,1970,8(1):171 - 177.

[29] Ko H - n,Yu D M,Choi J - H,et al. Synthesis and characterization of intermolecular ionic cross - linked sulfonated poly(arylene ether sulfone)s for direct methanol fuel cells [J]. Journal of Membrane Science, 2012,390 - 391:226 - 234.

[30] Twieg R,Matray T,Hedrick J L. Poly(aryl ether benzimidazoles) [J]. Macromolecules,1996,29(23): 7335 - 7341.

[31] Berrada M,Anbaoui Z,Lajrhed N,et al. Synthesis,Characterization,and Studies of Heat - Resistant Poly (ether benzimidazole)s [J]. Chemistry of Materials,1997,9(9):1989 - 1993.

[32] Hong Y T,Lee C H,Park H S,et al. Improvement of electrochemical performances of sulfonated poly (arylene ether sulfone) via incorporation of sulfonated poly(arylene ether benzimidazole) [J]. Journal of Power Sources,2008,175(2):724 - 731.

[33] Wang J,Song Y,Zhang C,et al. Alternating Copolymer of Sulfonated Poly(ether ether ketone - benzimidazole)s (SPEEK - BI) Bearing Acid and Base Moieties [J]. Macromolecular Chemistry and Physics, 2008,209(14):1495 - 1502.

[34] Neuse E. Aromatic polybenzimidazoles. Syntheses,properties,and applications [M]. Synthesis and Degradation Rheology and Extrusion. Springer Berlin Heidelberg,1982.

[35] Cassidy P E. Thermally Stable Polymers [M]. New York:Marcel Dekker,1980.

[36] Iwakura Y,Uno K,Imai Y. Polyphenylenebenzimidazoles [J]. Journal of Polymer Science Part A:General Papers,1964,2(6):2605 - 2615.

[37] Kovar R F,Arnold F E. Para - ordered polybenzimidazole [J]. Journal of Polymer Science:Polymer Chemistry Edition,1976,14(11):2807 - 2817.

[38] Xiao L,Zhang H,Jana T,et al. Synthesis and Characterization of Pyridine - Based Polybenzimidazoles for High Temperature Polymer Electrolyte Membrane Fuel Cell Applications [J]. Fuel Cells,2005,5(2): 287 - 295.

[39] Kallitsis J K,Gourdoupi N. Proton conducting membranes based on polymer blends for use in high temperature PEM fuel cells [J]. Journal of new materials for electrochemical systems,2003,6:217 - 222.

［40］ Daletou M K,Gourdoupi N,Kallitsis J K. Proton conducting membranes based on blends of PBI with aromatic polyethers containing pyridine units ［J］. Journal of Membrane Science,2005,252（1 – 2）: 115 – 122.

［41］ Maity S,Jana T. Soluble Polybenzimidazoles for PEM:Synthesized from Efficient,Inexpensive,Readily Accessible Alternative Tetraamine Monomer ［J］. Macromolecules,2013,46（17）:6814 – 6823.

［42］ Hosseini S S,Teoh M M,Chung T S. Hydrogen separation and purification in membranes of miscible polymer blends with interpenetration networks ［J］. Polymer,2008,49（6）:1594 – 1603.

［43］ Kung G,Jiang L Y,Wang Y,et al. Asymmetric hollow fibers by polyimide and polybenzimidazole blends for toluene/iso – octane separation ［J］. Journal of Membrane Science,2010,360（1 – 2）:303 – 314.

［44］ Ahn T – K,Kim M,Choe S. Hydrogen – Bonding Strength in the Blends of Polybenzimidazole with BTDA – and DSDA – Based Polyimides ［J］. Macromolecules,1997,30（11）:3369 – 3374.

［45］ Földes E,Fekete E,Karasz F E,et al. Interaction,miscibility and phase inversion in PBI/PI blends ［J］. Polymer,2000,41（3）:975 – 983.

［46］ Chung I S,Park C E,Ree M,et al. Soluble Polyimides Containing Benzimidazole Rings for Interlevel Dielectrics ［J］. Chemistry of Materials,2001,13（9）:2801 – 2806.

［47］ Berrada M,Carriere F,Abboud Y,et al. Preparation and characterization of new soluble benzimidazole – imide copolymers ［J］. Journal of Materials Chemistry,2002,12（12）:3551 – 3559.

［48］ Choi H,Chung I S,Hong K,et al. Soluble polyimides from unsymmetrical diamine containing benzimidazole ring and trifluoromethyl pendent group ［J］. Polymer,2008,49（11）:2644 – 2649.

［49］ Wang S,Zhou H,Dang G,et al. Synthesis and characterization of thermally stable,high – modulus polyimides containing benzimidazole moieties ［J］. Journal of Polymer Science Part A:Polymer Chemistry,2009,47 （8）:2024 – 2031.

［50］ Zhuang Y,Liu X,Gu Y. Molecular packing and properties of poly（benzoxazole – benzimidazole – imide）copolymers ［J］. Polymer Chemistry,2012,3（6）:1517 – 1525.

［51］ Liu J,Zhang Q,Xia Q,et al. Synthesis,characterization and properties of polyimides derived from a symmetrical diamine containing bis – benzimidazole rings ［J］. Polymer Degradation and Stability,2012,97（6）: 987 – 994.

［52］ Yue Z,Cai Y – B,Xu S. Facile synthesis of a symmetrical diamine containing bis – benzimidazole ring and its thermally stable polyimides ［J］. J Polym Res,2014,21（6）:1 – 8.

［53］ Asensio J A,Borros S,Gomez – Romero P. Polymer electrolyte fuel cells based on phosphoric acid – impregnated poly（2,5 – benzimidazole）membranes ［J］. Journal of the electrochemical society,2004,151（2）: 304 – 310.

［54］ Wang J,Yu H,Lee M – H,et al. Characterization of molecular interaionic and intraionic crosslinkable sulfonated poly（ether ether ketone – alt – benzimidazole）membrane ［J］. Journal of Applied Polymer Science, 2012,124（4）:3175 – 3183.

［55］ Hlil A R,Matsumura S,Hay A S. Polymers Containing Di（1 H – benzo［d］imidazol – 2 – yl）arene Moieties:Polymerization via NC Coupling Reactions ［J］. Macromolecules,2008,41（6）:1912 – 1914.

［56］ Yamaguchi I,Osakada K,Yamamoto T. A novel crown ether stopping group for side chain polyrotaxane. Preparation of side chain polybenzimidazole rotaxane containing alkyl side chain ended by crown ether – ONa group ［J］. Macromolecules,2000,33（7）:2315 – 2319.

［57］ Pu H. Methanol permeation and proton conductivity of acid – doped poly（N – ethylbenzimidazole）and poly （N – methylbenzimidazole）［J］. Journal of Membrane Science,2004,241（2）:169 – 175.

［58］ Glipa X,El Haddad M,Jones D J,et al. Synthesis and characterisation of sulfonated polybenzimidazole:a highly conducting proton exchange polymer［J］. Solid State Ionics,1997,97(1－4):323－331.

［59］ Xu Y,Tang J,Chang G,et al. Synthesis and characterization of poly(N－arylenebenzimidazole ketone ketone)s［J］. Macromolecular Research,2012,21(6):681－686.

［60］ J. Sansone M,Kwiatek M S. Preparation of N－substituted phenyl polybenzimidazole polymers:US,4933397. 1990.

［61］ Kim S－K,Kim T－H,Ko T,et al. Cross－linked poly(2,5－benzimidazole) consisting of wholly aromatic groups for high－temperature PEM fuel cell applications［J］. Journal of Membrane Science,2011,373(1－2):80－88.

［62］ Shen C－H,Jheng L－c,Hsu S L－c,et al. Phosphoric acid－doped cross－linked porous polybenzimidazole membranes for proton exchange membrane fuel cells［J］. Journal of materials chemistry,2011,21(39):15660－15665.

［63］ Yang J,Aili D,Li Q,et al. Covalently cross－linked sulfone polybenzimidazole membranes with poly(vinylbenzyl chloride) for fuel cell applications［J］. ChemSusChem,2013,6(2):275－282.

［64］ Noyé P,Li Q,Pan C,et al. Cross－linked polybenzimidazole membranes for high temperature proton exchange membrane fuel cells with dichloromethyl phosphinic acid as a cross－linker［J］. Polymers for Advanced Technologies,2008,19(9):1270－1275.

［65］ Li Q,Pan C,Jensen J O,et al. Cross－linked polybenzimidazole membranes for fuel cells［J］. Chemistry of materials,2007,19(3):350－352.

［66］ Wang S,Zhang G,Han M,et al. Novel epoxy－based cross－linked polybenzimidazole for high temperature proton exchange membrane fuel cells［J］. International Journal of Hydrogen Energy,2011,36(14):8412－8421.

［67］ Han M,Zhang G,Liu Z,et al. Cross－linked polybenzimidazole with enhanced stability for high temperature proton exchange membrane fuel cells［J］. Journal of materials chemistry,2011,21(7):2187－2193.

［68］ Wang S,Zhao C,Ma W,et al. Preparation and properties of epoxy－cross－linked porous polybenzimidazole for high temperature proton exchange membrane fuel cells［J］. Journal of Membrane Science,2012,411－412:54－63.

［69］ Wang S,Zhao C,Ma W,et al. Silane－cross－linked polybenzimidazole with improved conductivity for high temperature proton exchange membrane fuel cells［J］. Journal of Materials Chemistry A,2013,1(3):621－629.

［70］ Yue Z,Cai Y－B,Xu S. Proton conducting sulfonated poly (imide－benzimidazole) with tunable density of covalent/ionic cross－linking for fuel cell membranes［J］. Journal of Power Sources,2015,286:571－579.

［71］ Yue Z,Cai Y－B,Xu S. Phosphoric acid－doped cross－linked sulfonated poly (imide－benzimidazole) for proton exchange membrane fuel cell applications［J］. Journal of Membrane Science,2016,510:220－227.

［72］ Brinker K C,Robinson I M. Polybenzimidazole:US 2895948［P］. 1959.

［73］ Tsur Y,Levine H H,Levy M. Effects of structure on properties of some new aromatic－aliphatic polybenzimidazoles［J］. Journal of Polymer Science:Polymer Chemistry Edition,1974,12(7):1515－1529.

［74］ Yang J,Aili D,Li Q,et al. Benzimidazole grafted polybenzimidazoles for proton exchange membrane fuel cells［J］. Polymer Chemistry,2013,4(17):4768－4775.

［75］ Wang S,Zhao C,Ma W,et al. Macromolecular cross－linked polybenzimidazole based on bromomethylated poly (aryl ether ketone) with enhanced stability for high temperature fuel cell applications［J］. Journal of Power Sources,2013,243:102－109.

［76］ Dunay M,Fanwood. Adhesive composition:US,3539523［P］.1970.

［77］ Brinegar W C. Production of semipermeable polybenzimidazole membranes:US,3841492［P］.1974.

［78］ Powers E J,Hassinger W P. Process for the dyeing of polybenzimidazole fibers with anionic dyestuffs:US 3942950［P］.1976.

［79］ Chung T－S. A Critical Review of Polybenzimidazoles［J］. Polymer Reviews,1997,37(2):277－301.

［80］ Tan M. Process for producing high－strength,ultralow denier polybenzimidazole(PBI)filaments:US 4263245［P］.1981.

［81］ Stuetz D E. Production of activated carbon fibers from acid contacted polybenzimidazole fibrous material:US 4460708［P］.1984.

［82］ Trouw N S. Process for the production of polybenzimidazole foams:US 4598099［P］.1986.

［83］ Sansone M J. Process for the production of polybenzimidazole ultrafiltration membranes:US 4693824［P］.1987.

［84］ Marikar Y M F,Besso M M. Electrically conductive polbemzimidazole fibrous material:US 4759986［P］.1988.

［85］ Wadhwa L,Bitritto M,Powers E J. High performance thermally stable polybenzimidazole film:US 5017681［P］.1991.

［86］ Sansone M J,Onorato F J. Acid－modified polybenzimidazole fuel cell elements:US 5599639［P］.1997.

［87］ Lewin M,Preston J. Handbook of fiber science and technologh. Vol. III. High technology fibers－Part A［M］. New York:Marcel Dekker,1985.

［88］ 霍瑞亭,杨文芳,田俊莹,等. 高性能防护纺织品［M］.北京:中国纺织出版社,2008.

［89］ Powers E J,Serad G A. High performance polymers:their origin and development［M］. New York:Elsevier,1986.

［90］ Conciatori A B,Chenevey E C,Bohrer T C,et al. Polymerization and spinning of PBI［J］. Journal of Polymer Science Part C:Polymer Symposia,1967,19(1):49－64.

［91］ Chenevey E C,B. Chatham A. Process for preparing polybenzimidazoles:US 3433772［P］.1969.

［92］ Chung T－S. The effect of lithium chloride on polybenzimidazole and polysulfone blend fibers［J］. Polymer Engineering & Science,1994,34(5):428－433.

［93］ Jaffe M,Chen P,Choe E－W,et al. High performance polymer blends［M］. Hergenrother P. High Performance Polymers. Springer Berlin Heidelberg,1994.

［94］ Buckley A,Stuetz D,Serad G A. Encyclopedia of Polymer Science and Engineering［M］. New York:Wiley,1987.

［95］ Mak C M. PBI:耐热纤维的发展［J］.国外纺织技术,2003,8:14－15.

［96］ 朱利峰.芳纶1313的染色工艺与性能研究［D］.北京:北京服装学院,2006.

［97］ Foster R T,Marvel C S. Polybenzimidazoles. IV. Polybenzimidazoles containing aryl ether linkages［J］. Journal of Polymer Science Part A:General Papers,1965,3(2):417－421.

［98］ Narayan T V L,Marvel C S. Polybenzimidazoles. VI. Polybenzimidazoles containing aryl sulfone linkages［J］. Journal of Polymer Science Part A－1:Polymer Chemistry,1967,5(5):1113－1118.

［99］ Trischler F D,Levine H H. Substituted aliphatic polybenzimidazoles as membrane separator materials［J］. Journal of Applied Polymer Science,1969,13(1):101－106.

［100］ Prince A E. Process for the polymerization of aromatic polybenzimidazole:US 3549603.1970.

［101］ Welsh W J. Poly(benzimidazole),Polymer Date Handbook［M］. New York:Mark and James E,1990.

［102］ 西鹏,高晶,李文刚. 高技术纤维［M］.北京:化学工业出版社,2004.

［103］商成杰. 功能纺织品［M］. 北京:中国纺织出版社,2006.

［104］Lu Y,Chen J,Cui H,et al. Doping of carbon fiber into polybenzimidazole matrix and mechanical properties of structural carbon fiber – doped polybenzimidazole composites［J］. Composites Science and Technology, 2008,68(15 – 16):3278 – 3284.

［105］Shao H,Shi Z,Fang J,et al. One pot synthesis of multiwalled carbon nanotubes reinforced polybenzimidazole hybrids:Preparation,characterization and properties［J］. Polymer,2009,50(25):5987 – 5995.

［106］Wang Y,Yu J,Chen L,et al. Nacre – like graphene paper reinforced by polybenzimidazole［J］. RSC Advances,2013,3(43):20353 – 20362.

［107］Chung T S,Chen P N. Polybenzimidazole(PBI) and polyarylate blends［J］. Journal of Applied Polymer Science,1990,40(7 – 8):1209 – 1222.

［108］Chung T – S,Chen P N. Film and membrane properties of polybenzimidazole(PBI) and polyarylate alloys ［J］. Polymer Engineering & Science,1990,30(1):1 – 6.

［109］VanderHart D,Campbell G,Briber R M. Phase separation behavior in blends of poly(benzimidazole) and poly(ether imide)［J］. Macromolecules,1992,25(18):4734 – 4743.

［110］Chanda M,Rempel G L. Removal of uranium from acidic sulfate solution by ion exchange on poly(4 – vinylpyridine) and polybenzimidazole in protonated sulfate form［J］. Reactive Polymers,1992,17(2): 159 – 174.

［111］Grobelny J,Rice D M,Karasz F E,et al. High – resolution solid – state carbon – 13 nuclear magnetic resonance study of polybenzimidazole/polyimide blends［J］. Macromolecules,1990,23(8):2139 – 2144.

［112］Chung T – S,Xu Z – L. Asymmetric hollow fiber membranes prepared from miscible polybenzimidazole and polyetherimide blends［J］. Journal of Membrane Science,1998,147(1):35 – 47.

［113］Chung T – S,Tun C M,Pramoda K P,et al. Novel hollow fiber membranes with defined unit – step morphological change［J］. Journal of Membrane Science,2001,193(1):123 – 128.

［114］Yang Q,Wang K Y,Chung T – S. A novel dual – layer forward osmosis membrane for protein enrichment and concentration［J］. Separation and Purification Technology,2009,69(3):269 – 274.

［115］Zhu W – P,Sun S – P,Gao J,et al. Dual – layer Polybenzimidazole/Polyethersulfone(PBI/PES) nanofiltration(NF) hollow fiber membranes for heavy metals removal from wastewater［J］. Journal of Membrane Science,2014,456:117 – 127.

［116］Lv J,Wang K Y,Chung T – S. Investigation of amphoteric polybenzimidazole(PBI) nanofiltration hollow fiber membrane for both cation and anions removal［J］. Journal of Membrane Science,2008,310(1 – 2): 557 – 566.

［117］Hosseini S S,Peng N,Chung T S. Gas separation membranes developed through integration of polymer blending and dual – layer hollow fiber spinning process for hydrogen and natural gas enrichments［J］. Journal of Membrane Science,2010,349(1 – 2):156 – 166.

［118］Kim J – S,Reneker D H. Polybenzimidazole nanofiber produced by electrospinning［J］. Polymer Engineering & Science,1999,39(5):849 – 854.

［119］Kim J – S,Reneker D H. Mechanical properties of composites using ultrafine electrospun fibers［J］. Polymer Composites,1999,20(1):124 – 131.

［120］Kim C,Park S – H,Lee W – J,et al. Characteristics of supercapaitor electrodes of PBI – based carbon nanofiber web prepared by electrospinning［J］. Electrochimica Acta,2004,50(2 – 3):877 – 881.

［121］Von Graberg T,Thomas A,Greiner A,et al. Electrospun Silica—Polybenzimidazole Nanocomposite Fibers ［J］. Macromolecular Materials and Engineering,2008,293(10):815 – 819.

［122］ Kohama S - I,Gong J,Kimura K,et al. Morphology control of poly（2,2′ - phenylene - 5,5′ - bibenz-imidazole）by reaction - induced crystallization during polymerization ［J］. Polymer,2008,49（7）: 1783 - 1791.

［123］ Berber M R,Fujigaya T,Sasaki K,et al. Remarkably durable high temperature polymer electrolyte fuel cell based on Poly（vinylphosphonic acid）- doped Polybenzimidazole ［J］. Scientific Report,2013,3: 1764 - 1770.

第 5 章

聚砜酰胺(PSA)纤维

5.1 PSA 树脂及纤维概述

5.1.1　PSA 树脂概述

聚砜酰胺(Polysulfonamide,PSA,芳砜纶),其分子结构式如图 5-1 所示。其大分子主链上存在强吸电子的砜基基团,通过苯环的共轭体系,使酰胺基上氮原子的电子云密度显著降低,从而获得了稳定的抗热老化性能。它具有良好的耐热性和电绝缘性能,而且还具有耐腐蚀、耐辐射、难燃性和良好的尺寸稳定性等特点。

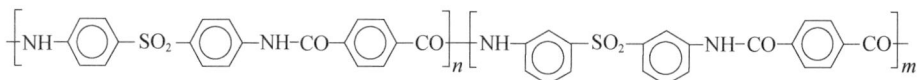

$$\left[NH-\bigcirc-SO_2-\bigcirc-NH-CO-\bigcirc-CO\right]_n\left[NH-\bigcirc-SO_2-\bigcirc-NH-CO-\bigcirc-CO\right]_m$$

图 5-1　PSA 纤维分子结构式

5.1.2　PSA 纤维概述

1967 年前后,苏联、美国、法国、联邦德国、日本等国在实验室内对 PSA 纤维进行了试验和研究,尤其是苏联几乎每年都有研究论文发表,并在 1971—1972 年间转入中试生产研究,分别用湿法纺丝和干法纺丝的方法制成了纤维。

1974 年起,上海纺研院首先对聚砜酰胺纤维的高聚物合成、纺丝等进行了试验研究。1975 年,该院与上海化纤八厂协作,于 1976 年底完成实验室小试工作。PSA 纤维除了主要作为 F、H 级耐高温电机绝缘纸外,在改善环境保护及治理三废方面,作为 200~250℃的高温烟气过滤材料,以及其他耐热、防燃织物等方面,正在逐步推广应用。1978 年,由一机部电工局召开的第三次绝缘材料鉴定会议上,通过了产品鉴定,并荣获一机部重大科技成果奖和上海市重大科研成

果奖。1980 年 12 月,中试生产技术鉴定正式通过,并于 1983 年荣获国家经委
颁发的优秀新产品证书。为了进一步开发聚砜酰胺纤维产品的应用,该产品被
列为国家科委"六五"科技重点攻关项目。

　　进入 21 世纪后,新材料的应用和普及对国民生活和经济的贡献日益显著。
从重要战略物资和产业新材料核心技术的角度出发,发展有机耐高温纤维迫在
眉睫,并已列入国家"十一五"科技产业重点领域指南。2002 年,由上海纺织(集
团)有限公司与上海合成纤维研究所、东华大学联合对聚砜酰胺产业化关键技
术进行攻关,建立了芳砜纶产业化研究基地。2004 年,上海市科委立项支持,并
将其列入产业化关键技术重大专项。2005 年,"千吨级芳砜纶产业化关键技术
研究"通过专家组验收。2006 年,由上海纺织(集团)有限公司成立的全资子公
司上海特安纶纤维有限公司设计、建成了千吨级芳砜纶纤维生产线,2007 年正
式投产,2010 年荣获上海市技术发明一等奖。产业化的聚砜酰胺纤维产品经过
多年的市场应用和实际工况的考验,目前在 200 ~ 250℃ 的高温烟气过滤领域逐
渐被市场发现和认可,尤其在水泥烟气的过滤领域已经被广泛应用。

5.2　PSA 纤维的制备

5.2.1　PSA 纤维的纺丝工艺

　　目前工业生产 PSA 纤维所采用的纺丝工艺为湿法纺丝,是将 4,4'-二氨
基二苯砜(4,4'-DDS)与 3,3'-二氨基二苯砜(3,3'-DDS)以及对苯二甲
酰氯(TPC),以 3∶1∶4 的摩尔比加入溶剂二甲基乙酰胺(DMAc)中,通过低温缩
聚得到成纤聚合物,经氧化钙中和、过滤脱泡后,在含有 $CaCl_2$-DMAc-H_2O 三
元体系的凝固浴中湿法纺丝成型。初生纤维经拉伸、水洗、干燥,最后再在高温
下拉伸,制得米黄色而富有光泽的芳砜纶,属于一步法纺丝过程。其生产流程如
图 5-2 所示。

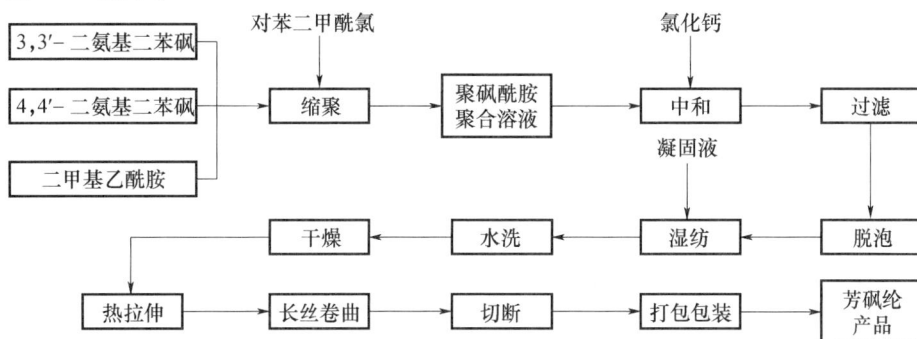

图 5-2　PSA 的生产流程

专利 CN1389604A 详细报道了聚砜酰胺纤维的生产工艺,包括纺丝浆液制备、湿法纺丝、后处理等,并公布了凝固浴组成、拉伸浴及水洗条件。上海市合纤所公布了一种连续化双螺杆制备聚砜酰胺纺丝溶液的方法,特点是能避免聚合物分子量不均一并能部分除去小分子副产物。上海特安纶纤维有限公司的专利公布了转向湿法纺丝方法制备 PSA 纤维的方法以及分段聚合制备聚砜酰胺聚合溶液的方法。

5.2.2　PSA 纤维的流变性能与可纺性

大多数的高聚物浓溶液属于切力变稀的假塑性流体,一般用指数关系来描述其表观黏度 η_n 和剪切速率 γ 的关系:

$$\eta_n = k\gamma^{n-1}$$

式中　k——常数;

n——非牛顿指数,表征偏离牛顿流体流动行为的程度。

从图 5-3 和图 5-4 可见,随着切变速率的增加,PSA 溶液的表观剪切黏度下降,体现出典型的切力变稀的假塑性流体特征。

5.2.2.1　温度对流变曲线的影响

图 5-3 是聚合物溶液在不同温度下的流变曲线。从图中可见,随着温度从 70℃ 提高到 110℃,聚合物流变曲线下移,溶液的黏度下降。

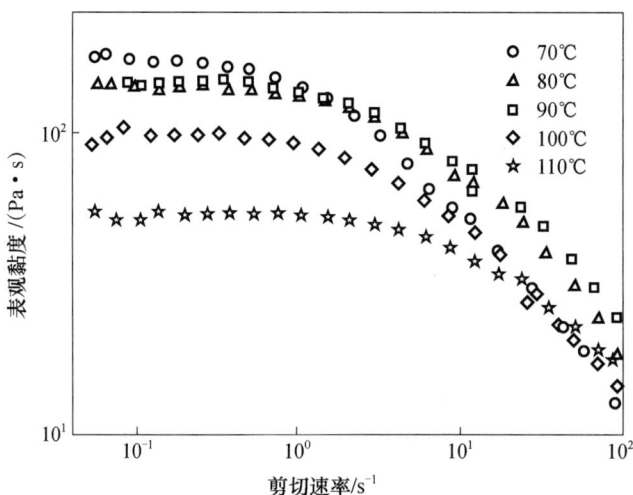

图 5-3　PSA 在不同温度下的流变曲线

5.2.2.2　浓度对流变曲线的影响

在高聚物溶液的纺丝过程中,溶液浓度低,纺丝溶液的流动性好,加工温度低,能耗小,但生产效率低;提高溶液浓度,纤维的强度好,生产效率高,但为了保证聚合物溶液具有较好的流动性,必须提高加工温度。图 5 – 4 为不同浓度的聚砜酰胺样品在 70℃时的流变曲线。由图可见,随着浓度的升高,在相同温度下,纺丝溶液的黏度增加,临界切变速率下降。

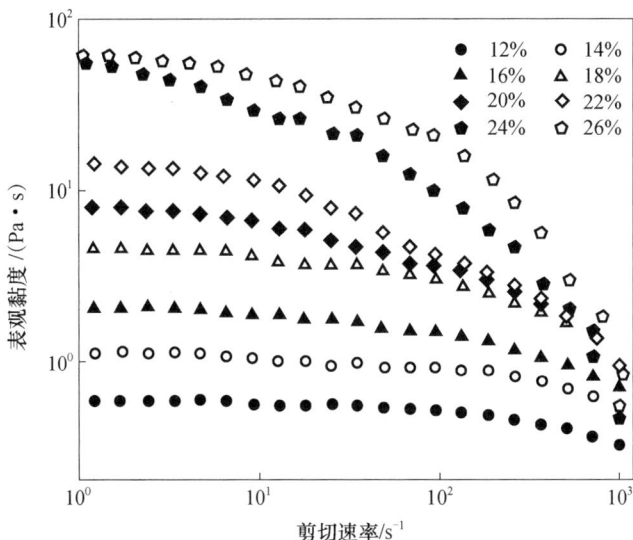

图 5 – 4　不同浓度 PSA 在 70℃下的流变曲线

5.2.2.3　分子量对流变曲线的影响

在一定的湿法纺丝条件下,聚合物分子量的提高对纤维力学性能的提高有很大的帮助,但较高的分子量,会使聚合物溶液的表观黏度迅速上升,给加工带来困难。在相同的温度与浓度条件下,随着聚合物分子量的增大,在同一剪切速率下,溶液的黏度升高。

5.2.3　PSA 纤维的超分子结构延纺程

如图 5 – 5 所示,芳砜纶初生丝的 WAXD 底片呈现出很明显的弥漫环状衍射,这是典型的非晶态式样底片;而对应的 SAXS 图像呈现为圆环状散射,同样预示着纤维内部呈无定型态。这是由于经湿法纺丝成型的初生纤维中含有大量的凝固浴液(DMAc 以及水),其结构尚不稳定,超分子结构序态较低,分子链取向和结晶不明显。

初生纤维经塑化拉伸处理后,从 WAXD 图像上可以观察到,尽管仍然呈现为弥散环状衍射,但是弥散环的宽度变窄且向远离中心方向移动,这表明经过塑化拉伸后,纤维的结晶度有所增加,但是由于纤维内部仍然存在大量的凝固浴液,其晶态结构依然不明显。而从对应的 SAXS 图像上则呈现出很明显的变化,即纤维在塑化拉伸前后,SAXS 图像由最初的圆环状发展为沿赤道方向的椭圆

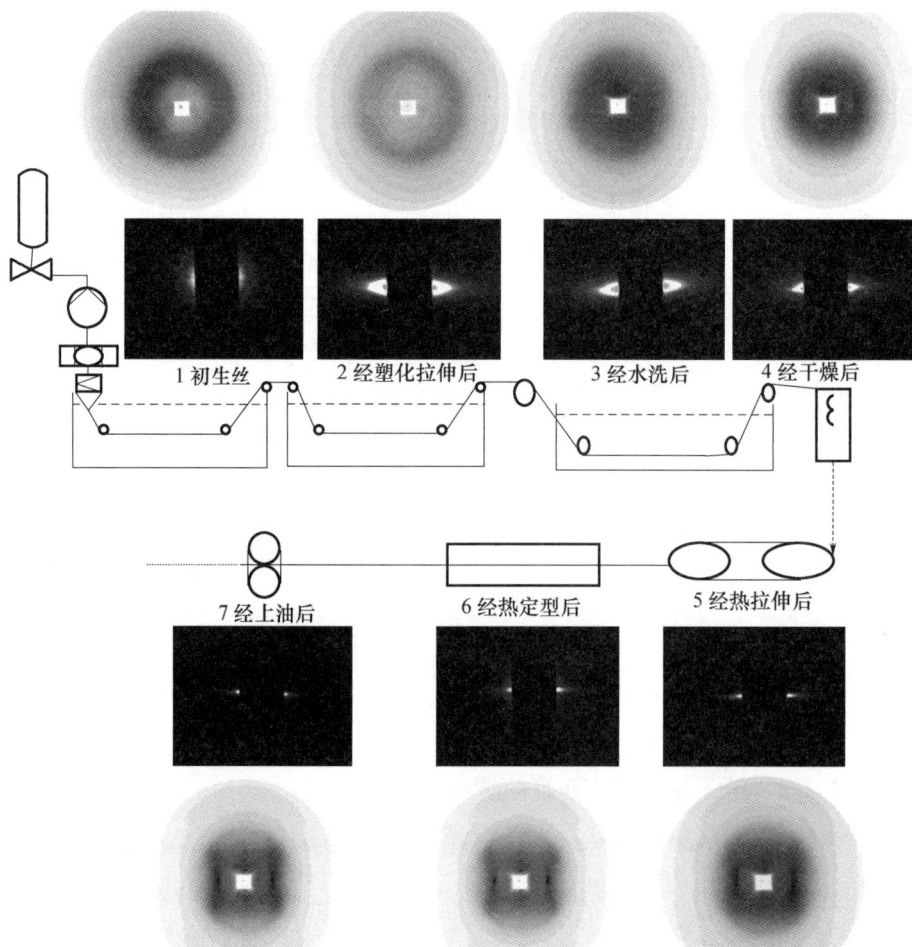

图 5-5　PSA 纤维沿纺程各阶段 WAXD 以及 SAXS 图像

环状散射,这表明,在塑化拉伸过程中,初生纤维内部的取向粒子的分布逐渐呈现为各向异性;同时,中心散射强度明显增强,表明经过塑化拉伸后纤维的回旋半径减小,预示着纤维内部的凝胶态结构的逐渐消失。而纤维经过水洗后,内部的残留溶剂已经基本除去,但是纤维内部仍含有大量的水分,从 WAXD 谱图上可以看到,此时出现了较清晰的衍射环,这表明纤维内部形成了择优取向不明显的多晶结构,而对比水洗前后的纤维的 SAXS 谱图发现并无明显的变化,这表明芳砜纶纤维在水洗阶段,溶剂(DMAc)与水的双扩散过程并未造成中间相结构的明显变化。经过干燥后,残留水分子离开纤维体系,纤维的 SAXS 谱图在赤道方向趋于尖锐,这是由于在湿法纺丝成型过程中,溶剂分子离开体系,很容易留下孔隙,使得纤维的 SAXS 漫散射强度发生明显的增高所致。

　　PSA 纤维晶态结构的形成以及晶区部分的择优取向主要发生在热拉伸阶

段。从 WAXD 谱图上可以看到,经过热拉伸处理后,前一道工序中形成的衍射环沿赤道方向发展为明显的对称衍射弧,即(hk0)反射尖锐,说明大分子链段出现了侧向有序结构;子午线方向较低层线上也出现了明显的布拉格衍射,即(00l)衍射尖锐,说明高聚物纵向有序;在四个象限内还观察到两对明显的偏赤道反射,即(hkl)反射。这说明 PSA 不同于一般的无规共聚物,它的分子链可能呈线性排列或者形成三维有序结构。而从 SAXS 图像上也可以观察到,在赤道方向上峰型进一步趋于尖锐,图像呈现为梭形;在子午线方向上未出现任何层线状散射,这表明在聚砜酰胺纤维结构中不存在片晶结构。

经过热处理过程之后,WAXD 谱图的背景(弥散环)强度进一步降低,表明大分子结构中非晶部分进一步减少,结晶度提高,晶态结构趋于完善;而沿方位角的强度分布(衍射弧)进一步增强,说明结晶区的取向进一步增大。纤维的结晶度以及晶区取向度的提高,有利于提高纤维的强力。

5.3 PSA 纤维的性能

5.3.1 PSA 纤维的物理性能

PSA 纤维经 X 射线小角衍射试验,表明其具有较好的取向度和 14% ~ 18% 的结晶度。纤维的玻璃化转变温度为 370℃ 左右,纤维没有明显的熔点,在 420℃ 以上开始分解。表 5 - 1 列出了 PSA 纤维的基本物理性能。

表 5 - 1 PSA 纤维的基本物理性能

项 目	PSA 纤维
拉伸强度/(cN/dtex)	2.8 ~ 3.8
拉伸模量/(cN/dtex)	52.8
断裂伸长/%	20 ~ 32
密度/(g/cm³)	1.416
熔点/℃	无
分解温度/℃	422
长期使用温度/℃	250
极限氧指数(LOI)	33
燃烧性能	难燃,具有自熄性
强力保持率(热稳定性)/%	
250℃热空气处理 100h	90
300℃热空气处理 100h	80

（续）

项　　目	PSA 纤维
350℃热空气处理 50h	55
400℃热空气处理 50h	15
热收缩率/%	
沸水	0.5～1.0
300℃热空气	2.0

5.3.2　PSA 纤维的化学特性

PSA 纤维在化学稳定性上,耐酸性较耐碱性更强。纤维经 80℃浓度 30% 的硫酸、盐酸、硝酸处理后,除硝酸使纤维强力稍有下降外,其余均无明显影响。而纤维在同样温度下,以 20% 浓度的 NaOH 水溶液处理后,强力损失达 60% 以上。PSA 纤维在耐有机溶剂方面,除了几种强极性溶剂,如 DMAc、DMF、DMSO、六磷胺、N-甲基吡咯烷酮以及浓硫酸外,对各种化学物品均能保持良好的稳定性(表 5-2)。

表 5-2　PSA 纤维的耐化学性能(室温)

试剂名称	浓度/%	时间/h	强力保持率/%
H_2SO_4	30	2	91～100
		2 *	91～100
HNO_3	30	2	91～100
		2 *	71～90
HCl	30	2	91～100
		2 *	91～100
NaOH	20	2	91～100
		2 *	50 以下
乙醇	100	336	91～100
丙酮	100	336	91～100
甲醛	30	336	91～100
四氢呋喃	100	336	71～90
苯	100	336	91～100
二苯醚	100	336	91～100
二氯甲烷	100	336	91～100
二氧六环	100	336	71～90
石油醚	100	336	71～90

注:在 DMF、DMAc 及浓硫酸中只能保持 20% 以下的强力;
　　* 温度为 80℃

5.3.3　PSA 纤维的其他性能

1. 阻燃性

PSA 具有良好的阻燃性。纤维在燃烧时不熔融、不收缩或很少收缩,离火焰自熄,极少有阴燃或续燃现象。

2. 电绝缘性能

PSA 具有良好的电绝缘性能。芳砜纶绝缘纸(以 0.143mm 为例),绝缘电阻 $r_v = 4.49 \times 10^{13} W \cdot cm$, $r_s = 6.04 \times 10^{12} W \cdot cm$;击穿电压 2.9kV,击穿电压强度 19.59kV/mm,铜管击穿电压 2.12kV;介电常数 $e = 1.79$,介电损失正切 $\tan d = 0.18$。

3. 抗辐射性能

PSA 具有较好的耐辐射稳定性。在 Co 60 丙种射线照射下,纤维经 $5 \times 10^6 \sim 1 \times 10^7 rad$ 的剂量辐照后,强力、伸长均无明显变化;在 $1 \times 10^8 rad$ 时,强力稍有下降;而在 $1 \times 10^9 rad$ 时,纤维强力显著下降,且纤维色泽也发生明显变化。

5.4　PSA 纤维的改性

本小节主要从 PSA 的化学结构、溶液特性、纺丝成型、纤维的形态结构以及超分子结构等方面对 PSA 最新的研究情况进行了系统的总结,指出了当前 PSA 纤维研究中存在的不足,并提出了今后研究工作中需要亟待解决的问题。

5.4.1　PSA 的化学结构

PSA 是指主链上含有芳砜基团和芳酰胺基团的线性聚合物,按照单体结构的变化可以分为聚间二苯砜间苯二甲酰胺(mi－PSA),聚间二苯砜对苯二甲酰胺(mt－PSA),聚对二苯砜间苯二甲酰胺(pi－PSA),聚对二苯砜对苯二甲酰胺(pt－PSA)以及芳砜酰胺的共聚物(co－PSA),如图 5－6 所示。

目前,PSA 纺丝溶液最为成熟合成的技术为低温溶液缩聚。Muravea 等[1]在 1971 年发表的文献中以 3′3 － 二氨基二苯基砜(3,3′－DDS)与对苯二甲酰氯(TPC)为单体,DMAc 为溶剂采用低温溶液缩聚的方式,合成具有一定分子量的 PSA。Kuznetsov 等[2]随后同样以 DMAc 为溶剂利用低温溶液缩聚合成了四种不同单体结构的 PSA。黄超伯[3]及钱勇[4]等先后以 DMAc 为溶剂,通过低温溶液缩聚法合成出了一系列均聚和共 PSA,并利用 FTIR 和 1H NMR 对聚合物的结构进行表征,用乌氏黏度计测定了特性黏度,确定了 PSA 合适的初始反

应温度为 $-17 \sim -15℃$。目前,已经工业化的芳砜纶采用的是 4,4′ - DDS、3, 3′ - DDS 与 TPC 共聚制备的共 PSA,反应过程中加入 $Ca(OH)_2$ 中和反应副产物氯化氢。

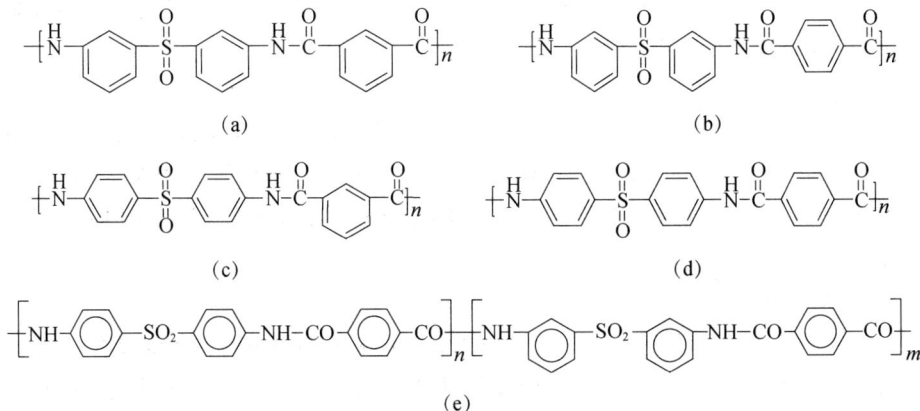

(a)

(b)

(c)

(d)

(e)

图 5 - 6　不同共聚组成的 PSA 的化学结构式

(a)mi - PSA;(b)mt - PSA;(c)pi - PSA;(d)pt - PSA;(e)co - PSA。

Ding 等[5]通过 FTIR、^1H - NMR 以及 ^{13}C - NMR 对不同共聚比的芳砜酰胺共聚物的结构进行详细的表征,认为各单体的聚合活性相近,共聚物的组成和共聚序列结构与单体配比有密切的对应关系。从芳砜酰胺共聚物的红外谱图中(图 5 - 7)可以明显观察到在波数为 $1666cm^{-1}$、$1149cm^{-1}$ 和 $1322cm^{-1}$ 处的特征峰分别归属为酰胺中的羰基的伸缩振动峰、砜基的对称和不对称伸缩振动峰;在波数为 $789cm^{-1}$ 和 $837cm^{-1}$ 的特征峰分别为间位苯环和对位苯环的伸缩振动峰。随着共聚物中 3,3′ - DDS 链段在聚合物中的比例增加,间位苯环上特征峰的强度增大;相反,对位苯环上特征峰强度增大。同时,通过 ^1H - NMR 谱图中特

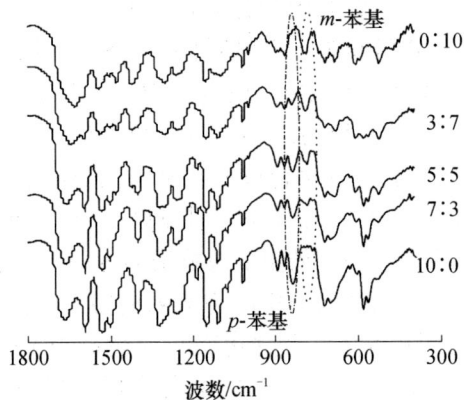

图 5 - 7　不同共聚比 PSA 的红外线谱

征峰 H-4、H-9 和 H-5 的强度计算芳砜酰胺共聚物的组成,结果表明,当投料比远离 1 时,共聚物的共聚比与原料投料比有一定的偏离,这主要受聚合过程中单体的浓度的影响,如图 5-8 所示。此外,通过共聚物的 $^{13}C-NMR$ 图谱,根据酰胺基团中羰基特征峰的峰面积大小,计算出共聚物的无规度,其值接近于 1 时,表明该共聚物为无规共聚物,如表 5-3 所列,可以发现 3,3′-DDS 和 4,4′-DDS 与对苯二甲酰氯的反应程度相似。

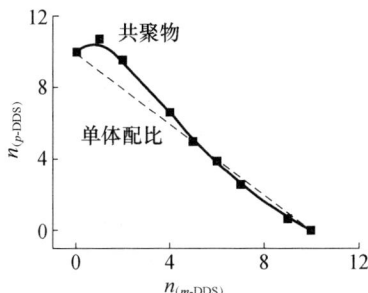

图 5-8 ^1H-NMR 谱图得到聚合物共聚比的计算值与理论值

表 5-3 不同共聚比聚芳砜酰胺的无规度值

4′,4-DDS:3′,3DDS 摩尔比	10:0	9:1	8:2	7:3	6:4	5:5	4:6	3:7	1:9	0:10
无规度值	0	0.18	0.37	0.53	0.74	0.92	0.74	0.61	0.22	0

与此同时,研究了聚合物的热性能,表明聚合物的热分解温度不受其化学结构的影响,都超过 420℃,但玻璃化转变温度受化学结构影响显著,从 280 ~ 380℃,具有较大的温度区间范围,随着对位单体的含量增加,聚合物的玻璃化转变温度逐步上升,如表 5-4 所列。

表 5-4 不同共聚比的 PSA 的热分解温度和玻璃化转变温度数据

4′,4-DDS:3′,3DDS 摩尔比	10:0	9:1	8:2	7:3	6:4	5:5	4:6	3:7	0:10
$T_d/(N_2,℃)$	445	443	443	442	440	438	439	436	435
$T_d/(空气,℃)$	435	435	433	423	423	427	427	425	423
$T_g/℃$	375	356	345	333	326	312	304	292	284

5.4.2 PSA 的溶液特性

从化学结构上看,PSA 大分子主链上含有芳砜基团和酰胺基团,由于大分子链上存在砜基($-SO_2-$),其中硫原子处于最高的氧化状态,砜基两边是苯环,而酰胺基团之间又可以形成分子内和分子间氢键。正是由于砜基的空间位阻和苯环与酰胺基团的共轭效应以及分子间氢键的作用[6]，致使聚合物具有较高的玻璃化转变温度和热分解温度，从而导致其熔点高于分解温度，不能进行熔融加工，只能采用溶液加工。幸运的是，PSA 能够溶解在许多极性溶剂中，如 N,N - 二甲基甲酰胺(DMF)、N,N - 二乙基甲酰胺(DMAc)、二甲基亚砜(DMSO)。

1. PSA 溶液中的分子形态

20 世纪 70 年代，Dibrova 等[7,8]采用黏度法和光散射法研究了聚对二苯砜对苯二甲酰胺(pt - PSA)在 DMAc 中的稀溶液特性。研究表明，pt - PSA 在DMAc 溶液中的 α 值(Mark - Kuhn - Houwink 方程)为 0.87，表现为柔性高分子链特性，但其 Kuhn 链长度是通常柔性高分子链的 4 ~ 5 倍。Zulfiqar 等[9]通过动态和静态光散射得到了 20℃时聚对二苯砜间苯二甲酰胺(pi - PSA)在 DMSO 中的均方回转半径 R_g 为 11nm，第二维利系数 A2 为 1.22×10^{-6} mol dm^3/g^2，流体力学半径 R_H 为 8.55nm，表明 20℃时 DMSO 是 pi - PSA 的良溶剂，大分子在溶液中以柔性线团的构象存在。此外，chen 等[10]同样采用动态和静态光散射技术结合乌氏黏度计的方法对聚间苯二苯砜对苯二甲酰胺(mt - PSA)的稀溶液进行了研究，发现 mt - PSA 同样以单分子、无归线团的柔性链形式存在溶液中，DMF和 DMSO 同为 mt - PSA 的良溶剂。与此同时，Wu 等[11]研究了 mt - PSA 在 DMSO 中的流变特性，通过溶液的增比黏度随浓度的变化，确定了 mt - PSA 的接触浓度 C * 和缠结浓度 Ce，根据标度理论，同样可以推测 mt - PSA 以柔性分子链、无规线团状存在于 DMSO 中。此外，chen 等[10]在实验中发现，当 PSA 分子主链上增加对位的二苯基砜基团时，共聚物(r - PSA)的分子链的刚性增大，但依然呈现无归线团构象。

总之，PSA 大分子主链上因砜基的键接而难以形成有效的共轭平面结构，聚砜酰胺在溶液中呈现无归线团构象[9,10]，并不像聚对苯二甲酰对苯二胺(芳纶1414)[12]、PBO[13]等可以形成有序的液晶形态。

2. PSA 溶液的稳定性

众所周知，强极性溶剂不仅在热力学上影响聚合物分子的柔顺性，而且影响其在溶液中结构化，这对于预测纺丝液的可纺性以及稳定纺丝十分重要。大量研究表明[7,14,15]，PSA/DMAc 体系中，溶液黏度随着时间的延长而增大，出现所谓的凝胶化现象，溶液的不稳定性增加。这种凝胶现象随着聚合物分子量的增大、溶液浓度的提高以及水分含量的增多而越加显著，其凝胶时间明显缩短，聚合物的黏度急剧上升[14,16]。

Gashinskaya、Malkin、Kochervinskiy 等[15-18]认为，PSA 溶液的这种凝胶现象是由聚合物分子局部的结晶结构形成物理交联点，从而促使溶液内形成三维网络结构。Kochervinsky 等[17,18]通过小角光散射、X 射线衍射等方法详细研究了

pt-PSA 在 DMAc 中,其分子链开始聚集并形成"晶核"引起自发凝胶过程的产生。G. Prozorova 等[19]则通过偏光显微镜、X 射线衍射、质谱等手段研究了凝胶体系中球体的精细结构,认为这个球体是由等摩尔比的聚合物分子和 DMAc 组成的复合物,溶剂中的水分并不参与形成这种复合结构,仅仅是通过降低 PSA 在溶剂中的含量而为结晶形成提供了更为有利的条件。因此,对于 pt-PSA 溶液,任何不利于聚合物溶解的因素,如分子量增大、聚合物浓度提高,或者水分子增加都会促使 PSA 分子链接触并聚集形成局部结晶结构,促进凝胶的产生[7,14,20]。并且 A. Y. Malkin 等[16]通过 Avrami 方程定量分析了凝胶形成的动力学过程,研究发现,随着体系内水分含量从0%增加到6%,Avrami 指数 n 从 3.3 增加到 7.1,n 值的偏离说明了凝胶形成过程中自催化的特点,从而在理论上证实了水能够促进凝胶的产生。

进一步研究表明,PSA 溶液中添加无机盐(如 LiCl、CaCl$_2$ 等)有助于提高溶液的稳定性。当 PSA 溶液中含有少量的无机盐时,溶液中会形成无机盐/溶剂聚合物分子的复合结构[14,20-22],溶液的黏度并不随时间的延长而变化,其稳定性显著增强,即便溶液中有少量水分的存在,溶液的稳定性也不受影响[7,14]。Dibrova[14],Vasil'eva[20]等人认为溶液中存在这种聚合物/无机盐/溶剂的复合结构,会产生空间位阻,阻碍了聚合物分子的相互接触,抑制了结晶结构的形成,溶液的稳定性增强。

3. 无机盐对聚砜酰胺溶液结构的影响

相关文献表明[8,14,20],无机盐影响聚合物在有机溶剂中链段的尺寸、聚集形态、溶解性和稳定性等。Vasil'eva 等[20]研究了 PSA - DMAc - LiCl 浓溶液体系,发现随着无机盐含量的增多,溶液的剪切黏度呈现先增大后减小再增大的趋势,在无机盐和聚合物分子的摩尔比分别为 1 和 2 时,溶液的剪切黏度(20℃)出现最大值和最小值。当无机盐/聚合物的摩尔比小于 1 时溶液中 PSA - DMAC - LiCl 和 PSA - DMAc 以复合物共存,并通过物理交联的作用使得溶液中的 PSA 分子构象重构,从而使得溶液的黏度增加。当溶液中无机盐和聚合物分子的摩尔比为 1 时,这两种复合物的结构之间的相互作用达到平衡,使得 PSA 的分子尺寸扩张到最大值,溶液黏度达到最大。随着无机盐含量继续增加,溶液中三元复合物占主导地位,溶液的黏度下降,当无机盐与聚合物分子的摩尔比为 2 时,溶液中只存在一种稳定的三元复合结构,且相互作用力减弱,溶液的黏度达到最低。此后,无机盐继续加入,由于溶剂中 LiCl + DMAc 的黏度增大,溶液的黏度增大。这种现象与 Dibrova[7,14]观察到的结构一致。余优霞[21]等采用黏度法和电导率法研究了聚间二苯砜间二甲酰胺(mi - PSA)在 DMF/CaCl$_2$ 中的稀溶液行为。研究发现,CaCl$_2$ 以 $[(DMF)_4Ca]_2{}^+Cl_2{}^-$ 的形式存在于 DMF 中,mi - PSA 分子链酰胺基团上的氢原子与 Cl$^-$ 相互作用,使得大分子的离子化程度增加,导致分子链段的静电斥力增加,mi－PSA 分子链相对舒展,这种现象同样可以在聚间苯二苯砜对苯二甲酰胺/DMF/CaCl$_2$ 体系中观察到[22]。随着 CaCl$_2$ 浓度的增加,溶液的比浓黏度呈现先增大后减小的趋势,表现出中性高聚物的聚电解质效应。综上所述,无论何种无机盐、何种溶剂,无机盐均能够与聚合物分子产生较强的相互作用,这对于溶液稳定性的提高时大有裨益的。

5.4.3　PSA 纤维的纺丝工艺

根据先前的报道[23],PSA 主要采用干法和湿法两种方式进行纺丝。但是,干法纺丝仅限于 20 世纪 70 年代的实验室研究[23],目前工业化生产采用的湿法纺丝[24]。

Muraveva 等[1]研究了凝固浴中加入适量的无机盐对纤维成型的影响,发现无机盐能够起到助溶作用,且更有利于纤维的凝固成型。当凝固浴中水含量过多,或者凝固浴的温度过低时,纤维更容易形成皮芯多孔结构,而温度过高或者凝固浴中溶剂含量过多时,则溶液造成凝固不充分,会出现黏丝现象[1,25,26]。根据研究,Muraveva[1]确定了聚合物浓度为 15%,溶剂为含 5% LiCl 的 DMF 的聚间苯二苯砜对苯二甲酰胺/DMF 溶液体系的最佳纺丝成型条件为:凝固浴组成为15%的 LiCl、50%的 DMF 溶液,凝固浴的温度为 60℃。初生纤维经过塑化拉伸3 倍,然后在 300℃的条件下热拉伸 20%,纤维的强度达到 4.2gf/dtex,且获得的纤维有一定的结晶和取向。俞金林等[27]通过模拟样品在凝固过程中的质量变化,来观察不同凝固浴条件下凝固体系的凝固速率变化,并根据凝固样品横截面形貌推测凝固条件对纺丝过程中原丝结构的影响:随凝固浴浓度的提高,凝固速度减小,初生纤维的截面由非圆形变为圆形,并趋于均匀化、致密化。金伟[28]等研究了凝固浴浓度、原液温度、聚合物相对分子质量、凝固浴中的盐分、共聚物分布序列和第三单体含量对聚砜酰胺原液凝固值和临界浓度的影响,为凝固条件的选择提供了参考。

在初生纤维凝固成型后,PSA 纤维还需经过塑化拉伸、热拉伸等过程,以进一步提高纤维的结晶取向。根据王锐[29]、Muravera[30]等的研究发现,聚砜酰胺纤维在凝固成型、塑化拉伸后纤维内部基本没有结晶结构形成。聚砜酰胺纤维只有经过热拉伸才能够形成结晶结构,并达到一定的力学性能。Muravera[30]等研究聚合物黏度以及热拉伸温度对聚砜酰胺纤维结构和性能的影响,结果表明增大分子量有助于提高纤维的强度和结晶取向度,热拉伸温度在 100～350℃的范围内,纤维的伸长和强度都出现了最大值,即在 300～315℃的条件下,纤维的强度达到最大值。但是,该作者只是根据 WAXD 的衍射图给出结构的定性判断,并没有给出定量的结果。Dibrova[31]等研究了不同热拉伸温度对聚砜酰胺纤维结构和力学性能的影响,在拉伸温度在 250~490℃ 的范围内,纤维的断裂强度随温度的变化呈现出"双峰"现象。作者认为在 250~350℃,处于玻璃化温度以下,纤维强力的提高主要是由于纤维的强迫弹性形变引起的,在 350~400℃,高于玻璃化温度,分子链发生松弛,解取向从而使之强力下降,在随后的 400~430℃,聚合物内部有结晶形成,其强度开始再次升高;此后,在更高的温度下,由于聚合物的热氧化降解致使其强力下降。尽管作者同时结构纤维的热机械性质分析了不同温度区间其内部结构可能的变化,但是在热和应力的作用下,纤维内部结构变化复杂,作者并没有给出可靠的结构表征。王锐[29] 则在 350~390℃ 的温度范围内对共聚砜酰胺纤维进行热拉伸,结果发现,在拉伸温度为 350~370℃ 时纤维的力学性能有大幅度提高,达到 4.6cN/dtex,但当热拉伸温度达到 380℃ 时,纤维的力学性能有所下降。随着热拉伸温度的升高,纤维的晶态趋于完善,结晶度、取向度和晶粒尺寸增大。作者认为过高的热拉伸温度容易造成纤维表面氧化,且晶粒尺寸增大反而增加了纤维的脆性,但是作者并没有给出决定纤维性能的最直接的结构因素。

5.4.4　PSA 纤维的形态和结构

1. PSA 纤维的形态

一般来讲,纤维的形态结构包括纤维的原纤结构、孔隙结构、截面的均一性以及表面形态等。Banduryan[23] 等采用低温氮吸附和扫描电镜的方法研究了干法纺丝和湿法纺丝纤维的形态。研究认为,干法纺丝纤维结构致密、均匀,而湿法纺丝纤维的结构更依赖于凝固剂的凝固能力,在剧烈的凝固浴中,纤维表面更为致密,形成明显的皮芯结构,而在缓和的凝固浴中,整个纤维截面有开放的微孔。这种现象与其他学者研究凝固条件对纤维结构的影响基本一致[1,25]。Sokira[26]、Banduryan[23] 等同时指出凝固成型阶段是控制纤维内部形成孔洞的重要阶段,随着后续的拉伸以及热拉伸的过程,纤维的结构会变得致密,孔隙的数量大大减少,但是纤维的截面会存在相分离的层状结构,使之截面呈现出不均一性。但是,纤维内部孔隙的大小、孔隙的分布等并没有进行探讨。除此之外,聚砜酰胺纤维的原纤结构、截面形态至今鲜有报道,这对研究纤维的性能有着很大的局限性。

2. PSA 纤维的超分子结构

尽管 PSA 的合成及纺丝成型研究可以追溯到 20 世纪 60 年代,但至今为止,PSA 大分子的晶态结构尚未得到全面揭示。虽然 PSA 在化学结构上类似于其他刚性高分子,如聚芳酰胺等,但由于分子主链上砜基的引入,使其具有很好的柔顺性,即便全对位的 pt-PSA 在溶液中依然呈现无归线团的构象形态[7,8],在成型过程中,PSA 的取向结晶程度低,只有经过热拉伸、退火处理才能够得到纤维的 X 射线衍射图[2,29],但其衍射点相对弥散且相互重叠,这就为准确计算 PSA 的晶胞参数以及分子在晶胞中的空间排列方式造成不便。Kuznetsov[2]、Ginzburg[32]等曾报道了全对位聚芳砜酰胺(pt–PSA)的热拉伸之后的 X 射线衍射的结果,根据子午线的周期性推测了 pt–PSA 大分子的构象,提出了 2/1 螺旋的构象结构,并根据有限衍射点的位置,提出了 $a = 18.84 \pm 0.01\text{Å}$,$c = 30.89 \pm 0.03\text{Å}$(纤维轴)的六方晶系结构,但并没有合理的分子空间排列方式的结果。这一巨大的晶报结构,并没有被广泛的认可。Zhang[33]等通过广角 X 射线衍射(WAXD)和分子模拟相结合的方法,确定了 pt–PSA 合理的晶胞参数、大分子构象和分子空间排列方式,并提出了晶胞参数为 $a = 0.645\text{nm}$,$b = 0.488\text{nm}$,$c = 3.010\text{nm}$,以及 $\gamma = 122.5°$ 的单斜晶系结构,大分子采取由两个单体单元组成的 Zig–Zag 的 2/1 构象形态,分子相互排列成层状结构,层间依靠错位的共轭作用得以稳定,层内分子依靠—NH 和—C=O 间所形成的氢键得到稳定。这一结晶结构的确定,为分析 PSA 纤维的微观结构奠定了基础。

另外,值得注意的是,无论何种共聚组成的聚砜酰胺,在未经过热拉伸或者热处理时,均呈现无定型态,没有结晶结构形成,在 X 射线衍射图上表现为弥散环[2]。经过热拉伸后,即便是具有不对称结构的间位聚砜酰胺也具备结晶能力[30],这与 Kuznetsov 起初认为只有全对位的聚砜酰胺在高温退火处理后才可以形成结晶结构,而其他结构单元因不对称基团的存在而不形成结晶结构完全不同[2]。但所有此类聚合物,必须在应力和温度的共同作用下才能够形成结晶结构,这种结晶结构随聚合物共聚组成的不同而有所不同[29,30],如图 5–9 所示,可以发现,不同单体组成的 PSA 的广角 X 射线衍射图上,存在不同的衍射点,说明其对应的聚合物具有不同的结晶结构。

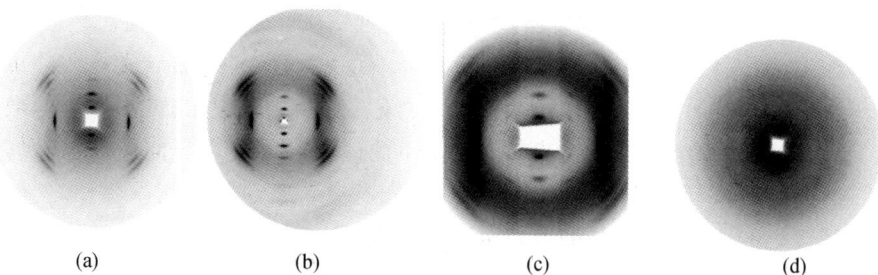

图 5–9　PSA 纤维的结晶结构
(a) 全对位 PSA;(b) 对位单体与间位单体摩尔比为 3:1 的 PSA;
(c) 对位单体与间位单体摩尔比为 1:1 的 PSA;(d) 间对位 PSA。

同时,外界条件的变化对聚合物的结构的完善性影响不同。王锐等[29]通过 WAXD 对 co–PSA 纤维的结构研究,发现,在评估温度范围内(350~390℃),随着热拉伸温度的升高,纤维内部的三维网络结构趋于完善,纤维的结晶度增大,但是纤维的力学性能则出现先增大后减小的趋势。Muraveva 等[30]同样在 mt－PSA 的热拉伸过程中观察到同样的变化规律。纤维结晶结构的变化与其性能(尤其是力学性能)并不成线性的规律。这种结构变化的复杂性,增加了研究结构和性能的难度,这是后续研究工作的一个难点。

5.5 PSA 纤维的应用

芳砜纶的加工性能良好,可用普通设备加工成纱线、机织布、针织布、非织造布和绝缘纸等。其产品主要用于防护制品、过滤材料、电绝缘材料、摩擦密封材料和其他工业织物。

5.5.1　防护制品

采用芳砜纶特种纤维加工而成的面料和服装具有永久的防火隔热功能,在高温高湿等恶劣气候条件下始终能保持足够的强度和服用性能;遇火及高温下不会产生融滴,面料尺寸稳定,不会强烈收缩或破裂;具有耐磨损、抗撕裂、重量轻和穿着舒适等综合特性。因此,芳砜纶新型防护制品不仅可作为特种军服被大量使用,更被广泛使用于各类宇航服、消防服、警用镇暴服、赛车服、石油化工防火工作服、森林工作服和电工服等众多行业的专业服装及其配套产品,同时也在宾馆用纺织品及救生通道材料、防火毯、防火手套、儿童睡衣及床上用品等一般民用市场上占据一席之地。

5.5.1.1　特种军服

在我国的军需装备中,有机耐高温纤维的用量很大,主要用于特种作战部队的耐高温阻燃迷彩作战服、防护服、空军抗载服、代偿服、抗浸服等。军队制服,如坦克等战车制服、飞行制服、舰艇制服等,都需大量采用有机耐高温纤维。

自从芳砜纶诞生后,研制出了新一代抗燃纤维织物,可用于制作特种军服、飞行员通风服、阻燃高空代偿服等。根据阻燃高空代偿服的试用情况,认为服装采用阻燃材料,防火性能好,保证飞行安全;穿着舒适,适体性好;具有透气性能;可减少飞行员的体力消耗。

随着我国经济的不断发展和我军装备能力的不断提高,高性能阻燃纤维的需求也不断增加,芳砜纶在军队防护服中的成功应用展现了其广阔的市场前景。

5.5.1.2　专业服装及其配套产品

1. 消防服

在各类阻燃防护制品中,消防人员的成套防护服理所当然地受到特别重视。根据美国 NFPA 21971—2000 标准、欧洲 EN 2469 标准和我国国家消防灭火防护服新标准,消防服由表面层、防水透气层、阻燃隔热层和舒适层 4 层组成。由于芳砜纶没有熔点,在 400℃ 以上高温下分解,但不熔融、不收缩或仅呈微小收缩;离焰后立即自熄,无阴燃或余燃现象,适于耐温要求最高的防火外层布以及成毡后做隔热层,也可制作成消防人员用的其他物品,如内衣、头盔、鞋靴、手套。除阻燃性外,所有消防服装还应具有抗切割、抗穿刺、不妨碍行动自由、防水、合身、质轻和耐用等性能,芳砜纶利用其本身的优良性质,再适当与其他纤维混纺或后整理即可满足以上提及的各种需要。在热防护服的使用过程中,一般是织物的某一面去迎接火焰,例如消防作业服,在消防员进出火场的作业过程中,绝大多数是消防服的外侧直接接触火焰,而内侧则很少接触火焰,这就要求织物能够抵挡火焰从一侧烧透到另一侧的性能,即需要考虑织物对火焰的烧透性能。对芳砜纶织物进行 TPP (Thermal Protective Performance) 的测试,其结果与 Nomex 织物的防热性能相当。芳砜纶的烧透实验结果说明,正面与背面存在很大的差异(正面是指织物与火焰接触的一面,背面则是不与火焰接触的一面)。在火焰对织物的一面进行灼烧时,没有使织物点燃或烧破,且由于芳砜纶的熔点比较高,灼烧没有使织物熔化,所有的烧透长度都为 0,这说明芳砜纶织物抵挡烧透性能比较好,是制作消防服的理想材料。消防服采用芳砜纶后,可大大提高阻燃隔热材料的国产化程度;集阻燃、隔热、防水、透气和舒适等多种功能为一体,使消防战士穿着后倍感舒适、轻软和贴身;可减轻消防服的整体质量(每套小于 3.5 kg),保障广大消防战士的生命安全。

2. 电弧防护服

电弧虽然可能只有几分之一秒的时间,但其危害性却非常严重,除造成人员触电而死亡外,电弧还会引起严重灼伤。大多数实例显示,许多和电弧有关的受伤事故都是由衣服燃烧所引起的。在发达国家,电弧防护服一般采用 Nomex Ⅲ A 织物。Nomex Ⅲ A 防护服能抵抗高热和火焰,可避免因电弧爆炸而震裂,可减少纤维摩擦产生静电和起火的危险。芳砜纶混纺织物也可提供如 Nomex Ⅲ A 一般的防护特性,且具有更佳的性价比,是新型高效电弧防护服的理想面料。

3. 耐高温工作服

在现代工作环境中,如钢铁厂、炼焦厂等高温作业人员,面对极高温的工作条件,如果没有工作防护服,根本无法工作。据报道,在丙烷瓦斯大火的实验条件下,穿着纯棉织物的人,只要 4~5s 人体皮肤的受伤面积就高达 97%,几乎没有存活的可能性。应用芳砜纶试制的防护工作服,在试验中耐用时间大大增加,初步的应用试验取得了满意的结果。

5.5.1.3　一般民用产品

1. 防火毯

现代城市娱乐场所和高层建筑飞速增长,房内的防火安全设置及防火材料的开发已经提到议事日程上来。用芳砜纶非织造布做的一块约 $2m^2$ 的紧急逃生防火毯折叠后尺寸只有 $22cm \times 29cm$,平时挂在厨房、客厅、过道等处,占据的空间很小,如有火苗发生立即可以覆盖扑灭,紧急时把防火毯披覆在头上成为避火逃生的救命斗篷。芳砜纶防火毯可使披覆者在发生火灾或其他燃烧意外事件时争取到可贵的数秒钟时间,不致于受到高温和火焰的侵袭,以避免受到灼烧或将受伤的程度降到最低。

2. 轻型防火材料

在需面对局部的高温环境的某些工作场合,工人可进行局部防护。如某工作需用手抓住 $150 \sim 250℃$ 的零件进行加工,原采用棉手套,但未能起到较好的隔热保护功能,且使用寿命极短。采用芳砜纶手套后,很好地保护了工人的双手,且戴上手套后手指灵活,不影响工作,使用寿命大大延长。芳砜纶耐热难燃非织造布估计在护腿、围裙、袖套等产品方面都可应用。

5.5.2　耐高温过滤材料

我国正在实施的可持续发展战略,要求现代企业在追求经济效益的同时,不能损害环境效益、生态效益和社会效益,最终实现低耗、高效、无污染的生产方式。在化学、石油、冶金、电力等工业生产中,都会产生高温含尘气体,如化学合成用原料气、炉窑气、反应器烧焦及煤燃烧所产生的高温烟气等,对于温度高于 $200℃$ 的烟气,通常利用余热锅炉等方式回收余热,使进入除尘器的烟气温度降至 $200℃$ 左右。

对高温含尘气体,除尘是一个棘手的问题。目前国内外袋式除尘器的应用越来越广泛,已占所用除尘设备的 80%,在大气污染的治理方面做出了巨大的贡献,袋式除尘器的除尘效率高,对亚微米级的粉尘也有很高的除尘效率,设备结构简单,投资少,适应性强,不受比电阻等性能的影响,不会造成二次污染,便于直接回收干料且管理方便,占地面积小,是一种很有发展前途的除尘方法。

芳砜纶是制作袋式除尘器配套滤袋的优良材料,具有良好的耐热性和抗热氧老化的稳定性,在 $270℃$ 以内能保持良好的尺寸稳定性,且有良好的耐酸性能等,尤其适合作为耐高温过滤材料。

我国的过滤材料市场广大,如正在崛起的城市垃圾处理装置和为数众多的国内火力发电厂。近几年北京、上海的生活垃圾总量就以 $6\% \sim 8\%$ 速度递增,大中城市将兴建垃圾焚烧炉。由于烟气中有 SO_x、NO_x 等腐蚀性化学物质,需要开发符合焚烧炉使用要求的耐高温过滤材料,芳砜纶耐化学性能稳定,正适合制作焚烧炉滤尘袋;我国火力发电有 2 亿 kW 装机容量,按 1kW 装机容量使用过滤材料 0.8 m² 计算,如有 50% 机组采用袋式除尘器,其配套过滤材料需用量将达 8000 万 m²,仅此项用量就相当可观。

芳砜纶除了不耐几种强极性溶剂以外,一般在常温下对各种化学品均能保持良好的稳定性,因此可以将其制成各种过滤织物,在化工生产中用来过滤各种液体。经初步试验表明,在合成氨生产中,可用其制作反应釜垫圈、密封圈等。

5.5.3　电绝缘材料

绝缘纸是芳砜纶材料的另一个主要应用方面。芳砜纶绝缘纸具有耐热、绝缘、高强度、耐辐射、阻燃、耐化学腐蚀和尺寸稳定等许多优点。适用于制造电机、电器用 F 级(155℃)和 H 级(180℃)长期耐高温电器绝缘纸。该纸与聚酰亚胺薄膜或电工级聚酯薄膜复合,即成 F 级或 H 级复合材料。

随着我国电机产品更新换代步伐加快以及电机出口数量增加,迫切需要生产 F 级、H 级电机,因而 F 级、H 级绝缘纸的需求激增。上海造纸研究所采用芳砜纶制造了 F 级 Ad 绝缘纸和 H 级 SHS 纸,广泛应用于冶金、防爆、起重等行业使用的电机,深受欢迎,并且需求正在不断增长。该纤维制成的针刺毡作为 F 级、H 级电机的衬垫适形材料,可使电机达到体积小、质量轻、功率大、效率高的要求,是现代电机的关键材料之一。上海为杜绝因变压器故障而引发的火灾事故,打算将使用变压器油的变压器升级换代为采用耐高温纤维的绝缘层变压器,需求量在百吨以上,芳砜纶绝缘纸的成功研制正好满足了这一需求。美国公司对该产品的索价高达 48.5 万元/ t。

5.5.4　蜂窝结构材料

芳砜纶的蜂窝结构材料可在飞机夹层材料、赛艇夹层材料、隔音隔热和自熄材料、护墙材料、复合材料等方面广泛应用。蜂窝结构具有良好的经向强度和比刚度,同时具有热交换、隔热和冲击吸收作用,在航空航天,船舶制造领域有广泛的应用。

芳砜纶蜂窝材料是由芳砜纶纸浸酚醛树脂制成,与铝蜂窝相比,发生局部屈曲的概率要小得多,因为芳砜纶蜂窝的壁相对要厚一些。芳砜纶不导电,不存在接触腐蚀的问题,但是和其他芳纶产品一样,不能抵抗紫外线的辐射,使用时外部通常覆有面板,起到一定的防护作用。

在有阻燃要求的一些场合,也可使用酚醛泡沫填充蜂窝孔隙,以提高材料和面材之间的黏结性能和结构隔热性能。例如,该类芳砜纶蜂窝结构材料可使用在公共交通工具内(如地铁车厢);使用在航空领域,如机翼的前缘和尾翼、起落架舱门、其他各种舱门和整流罩。

5.5.5　摩擦密封材料

芳砜纶特种摩擦密封材料具有耐高温、耐高压、耐腐蚀、摩擦系数小、自润滑、耐磨损等优良性能,比传统的橡胶、皮革、石棉和膨胀石墨等密封材料具有更好的柔软性、压缩回弹性、可塑性和长使用寿命等优点,与国际上开发的碳纤维、聚四氟乙烯纤维等耐高温、高压特种密封材料属同一档次。

5.5.6　复合材料

根据前期的一些实验表明,芳砜纶对部分耐高温树脂具有较好的亲和性,结合较好,在复合材料的运用上具有自己独特的优势。

5.5.7　其他工业织物

1. 造纸毛毯和转移印花毛毯

随着造纸工艺的不断发展,必须同步提高造纸毛毯的性能才能生产出高质量和低成本的纸张。随着转移印花技术日趋成熟,转移印花的应用日益增多,提高转移印花毛毯的性能势在必行。采用 5D 粗旦纤维制成厚毯用作耐高温造纸毛毯和转移毛毯,能满足目前造纸行业和转移印花的要求。

2. 熨烫台布

作为防热材料,用芳砜纶织成的平布已应用于熨烫机的烫台垫布,针刺毡作熨烫机的海绵衬垫,使用效果良好。

3. 其他

芳砜纶还可应用于 200～250℃ 高温下的输送带和牵引绳、扬声器的音膜片、复印机清洁毡、体育用品、装饰材料、缆绳与涂层织物等。

5.6 PSA 纤维的发展与展望

PSA 纤维从 20 世纪 60 年代至今,经历了从研发、小试、中试再到规模化生产的历程。2008 年后,不同种类的纤维与 PSA 纤维的组合应用带来的性能互补被市场关注,不同的材料发挥着各自的性能优点,被整合在同一根纱线、面料中。

进入 21 纪后,各种新兴的纺织技术与制造技术逐渐成熟和产业化,给 PSA 纤维的性能提升以及应用拓展带来了新的发展机遇,如纳米技术、静电纺丝技术、GPC 检测技术等。

随着国民安全意识的不断增强,防护用品的应用范围将不断扩大。未来阻燃防护市场的空间非常大,市场的需求各不相同,产品必将多种多样。PSA 纤维需要面向不同的市场领域,利用自身结构的多样性以及不同纤维的搭配组合开发不同性能的产品,形成差别化的产品格局,满足将来市场对产品个性化、多样性的需求。

参 考 文 献

[1] Muraveva N I, Konkin A A. Fibre from aromatic polysulphonamide [J]. Fibre chemistry, 1971, 3(6): 612 – 615.

[2] Kuznetsov G A, Nikiforov N I, Lebedev V P, et al. Investigation of the properties of some polysulfonamides in the condensed state [J]. Vysokomol. Soyed, 1974, 16: 2711 – 2716.

[3] 黄超伯, 钱勇, 陈水亮, 等. 聚间苯二甲酰对氨基苯砜的合成与表征 [J]. 江西师范大学学报(自然科学版), 2005, 29(5): 385 – 388.

[4] 钱勇, 黄超伯, 丁秋平, 等. 4,4′ – DDS/TPC/3,3′ – DDS 三元缩合聚合及表征. 高分子材料科学与工程, 2006, 22(3): 42 – 45.

[5] Ding X, Chen Y, Chen S, et al. Copolymer structure and properties of aromatic polysulfonamides [J]. Journal of macromolecular science, Part B: Physics, 2012, 51: 1199 – 1207.

[6] Biware M V, Ghatge N D. Studies in piperazine containing poly(sulphone – amide)s for use in water desalination [J]. Desalination, 1995, 101(1): 93 – 100.

[7] Dibrova A K, Schetinin A M, Kudryavtsev G I, et al. Properties of solutions of poly – 4,4′ – diphenylsulfone terephthalamide [J]. Fibre Chemistry, 1979, 10(4): 323 – 332.

[8] Dibrova, A K, Glazunov V B, Papkov S P. Interaction in the system polymer – dipolar aprotic solvent – salt [J]. Fibre Chemistry, 1987, 18(3): 180 – 183.

[9] Zulfiqar S, Ishaq M, Ahmad Z, et al. Synthesis, static, and dynamic light scattering studies of soluble aromatic polyamide [J]. Polymers for Advanced Technologies, 2008, 19(9): 1250 – 1255.

[10] Chen Y, Wu D, Li J, et al. Physicochemical characterization of two polysulfon – amides in dilute solution [J]. macromolecular symposia, 2010, 298: 116 – 123.

[11] Wu D, Chen X, Chen S, et al. Rheological Characterization of Poly(3,3′ – Diaminodiphenylsulfone Terephthaloylchloride) Solutions in Dimethylsulfoxide [J]. Journal of Macromolecular Science Part B – Physics, 2013, 52(3): 504 – 511.

[12] Notholt M G, Aartsen J J Van. On the crystal and molecular structure of Poly – (p – phenylene terephthalamide). Polymer Letters Edition, 1973, 11: 333 – 337.

[13] Fratini Abbert V, Lenhert P Galen, Resch Timothy J, et al. Molecular packing and crystalline order in polybenzobisoxazole and polybenzobisthiazole fibers [J]. Mat. Res. Soc. Symp., 1989, 134: 431 – 445.

[14] Dibrova A K, Prozorova G E, Shchetinin A M, et al. Viscosity and stability of polysulfonamide solutions in dimethylacetamide [J]. Fibre chemistry, 1973, 5(2): 131 – 134.

[15] Gashinskaya N A, Prozorova G E, Vasil'eva N V, et al. Gelation of polysulfonamide solutions [J]. Fibre

chemistry,1976,8(3):300 – 303.

[16] Malkin A Y,Braverman L P,Plotnikova Y P,et al. Variation of mechanical properties of polysulfonamide solutions in gel formation [J]. Polymer science USSR,1976,18(11):2967 – 2975.

[17] Kochervinskii V V,Zagainov B M,Sokolov V G,et al. A study of the spontaneous gelation of polysulfonamide solutions in dimethylacetamide [J]. Polymer science,1980,22(4):878 – 888.

[18] Kochervinsky V V,Zagainov V M,Sokolov V G,et al. A study of structure formation process occurring with the gelation of polysulfonamide solution in dimethylacetamide [J]. Journal of polymer science:Polymer chemistry edition,1981,19(5):1197 – 1202.

[19] Prozorova G E,Dibrova A K,Kalashnik A T,et al. Solubility of polysulfonamide [J]. Fibre chemistry,1977, 8(5):504 – 505.

[20] Vasil'eva N V,Prozorova G E,Shchetinin A M,et al. Nature of the solvent and the temperature as factors in the viscosity properties of polysulfonamide solutions [J]. Fibre chemistry,1976,8(2):195 – 198.

[21] 余优霞,陈晟辉,袁峥,等. 氯化钙对间位聚芳砜酰胺/二甲基甲酰胺溶液的影响 [J]. 合成纤维, 2013,42(1):7 – 12.

[22] 余优霞,夏晓林,陈晟辉,等. CaCl$_2$ 对聚间二苯砜对苯二甲酰胺/DMF 溶液特性的影响 [J]. 化工学报,2013,64(9):3446 – 3453.

[23] Banduryan S I,Ivanova N A,Efimova S G,et al. Dry and wet – spun polysulfonamide fibres [J]. Fibre Chemisty,1978,9(5):484 – 485.

[24] 汪家铭. 芳砜纶纤维发展状况及市场前景 [J]. 精细化工原料及中间体,2009,32(2):6 – 11.

[25] Banduryan S I,Shchetinin A M,Grechishki A V,et al. The relation between the micromorphology and elastic properties of bibres based on fully aromatic polysulphonamide [J]. Fibre chemistry,1976,7(6): 631 – 632.

[26] Sokira A N,Efimova S G,Shchetinin A M,et al. Porous structure of polysulfonamide fibres [J]. Fibre chemistry,1979,10(6):545 – 550.

[27] 俞金林,陈福源,金伟. 基于称量法的聚砜酰胺原液凝固过程[J]. 合成纤维,2009,6:22 – 24.

[28] 金伟,俞金林,李军,等. 聚砜酰胺原液凝固性能研究[J]. 合成纤维,2009,10:23 – 25.

[29] 王锐,杨春雷,杨曦,等. 芳砜纶水洗丝在不同热拉伸温度下的结构和性能变化 [J]. 合成纤维, 2012,41(10):5 – 11.

[30] Muraveva N I,Konkin A A. The molecular weight of the polymer and the conditions of stretching as factors in the properties of fibre from aromatic polysulfonamide [J]. Fibre chemistry,1973,4(2):127 – 129.

[31] Khudoshev I F,Vorosatova G G,Frenkel G G,et al. Effect of thermal stretching temperature on the properties of polysulfonamide fibre [J]. Fibre chemistry,1982,14(2):149 – 153.

[32] Ginzburg B M,Tuichiev S. Unusual behavior of long periods in elastically deformed polysulfonamide [J]. Polymer science. Series B,1997,39(1 – 2):56 – 58.

[33] Zhang Y,Wang H,Chen S,et al. Determination of poly(4,4′ – diphenylsulfonyl terephthalamide) crystalline structure via WAXD and molecular simulations [J]. Macromolecular chemistry and physics,2013,in press.

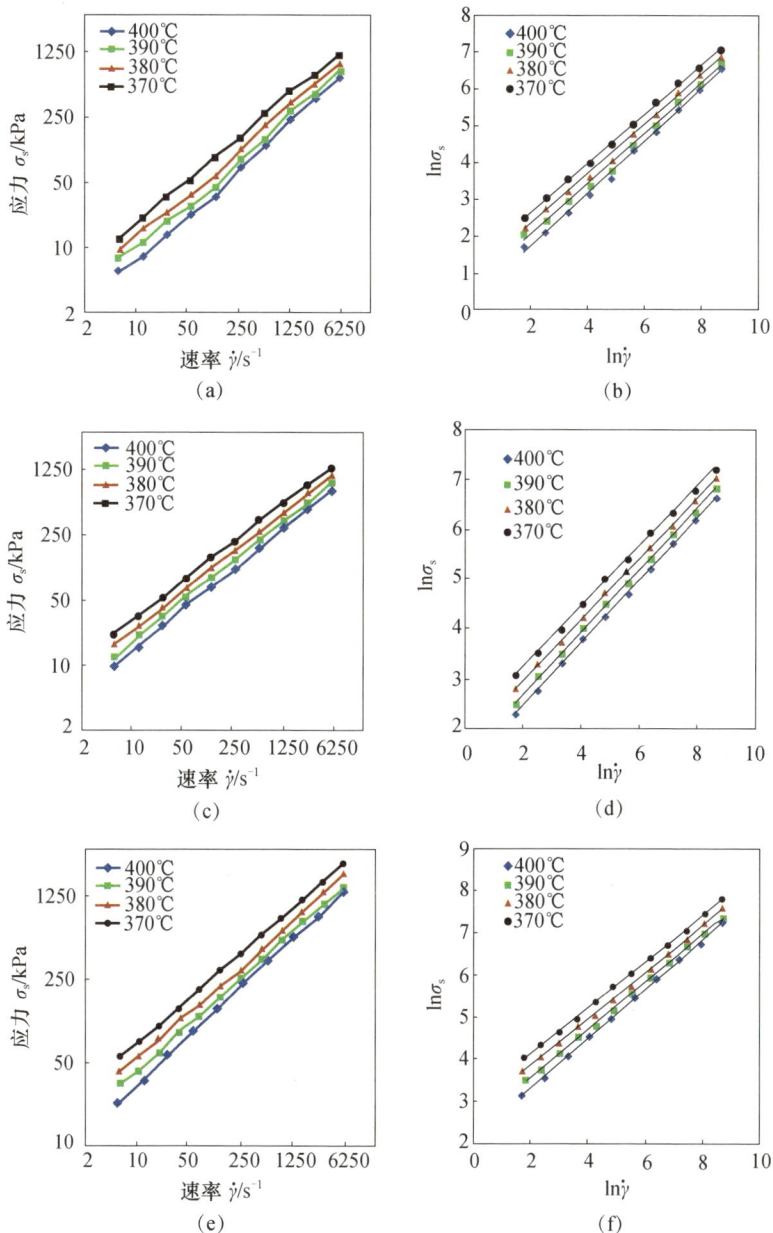

图 1-12 不同温度下的不同牌号 PEEK 树脂流动曲线和非牛顿指数计算
(a) CoPEEK-1; (b) CoPEEK-1; (c) CoPEEK-2; (d) CoPEEK-2; (e) CoPEEK-3; (f) CoPEEK-3。

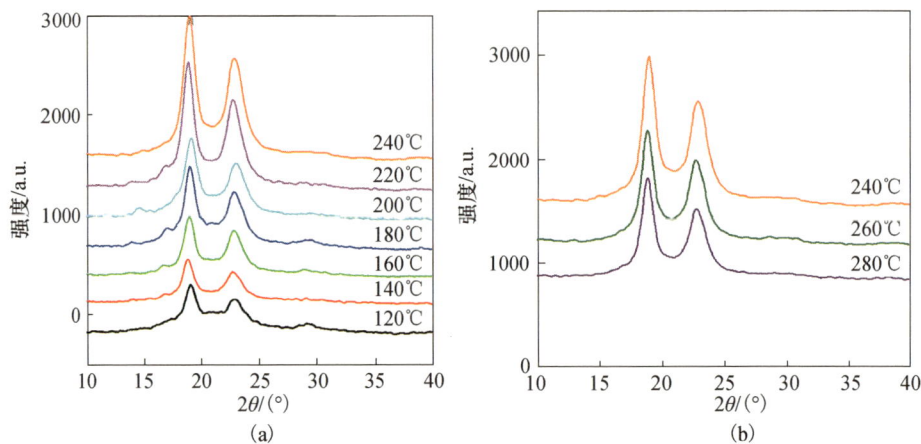

图 1-32　不同拉伸温度制备的 PEEK 纤维的 WAXD 曲线
（a）120～240℃；（b）240～280℃。

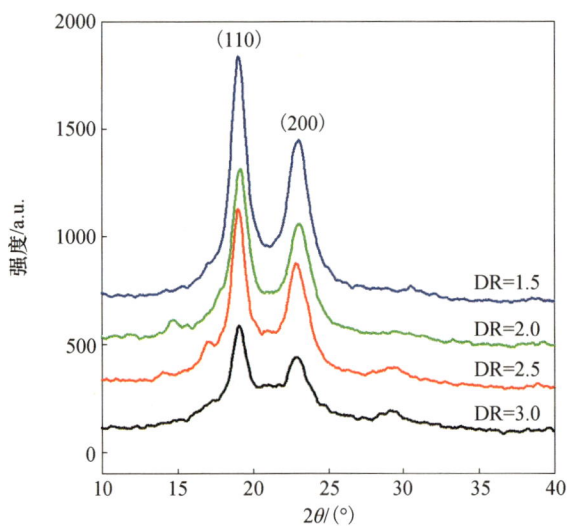

图 1-39　不同拉伸倍数制得的 PEEK 纤维的 WAXD 曲线

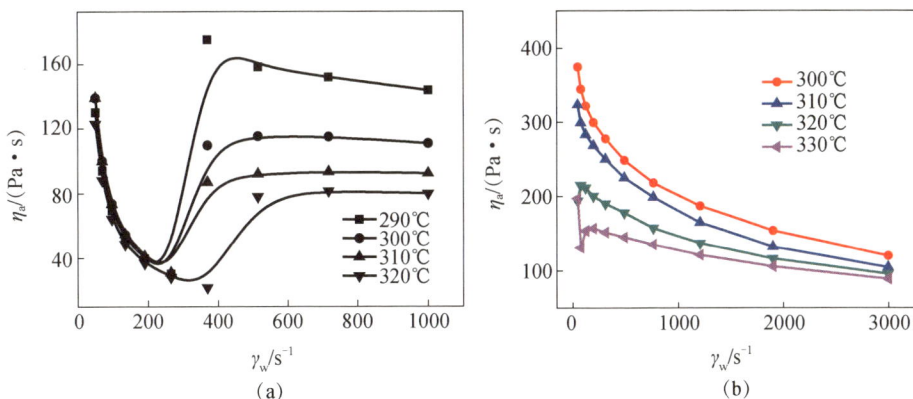

(a)

(b)

图 2-7 PPS 树脂表观黏度与剪切速率关系曲线

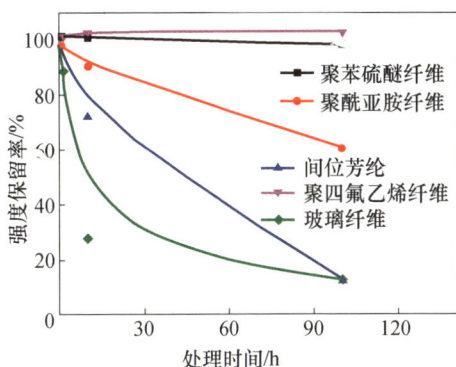

图 2-17 在 1N-HCl(90℃)
中的稳定性

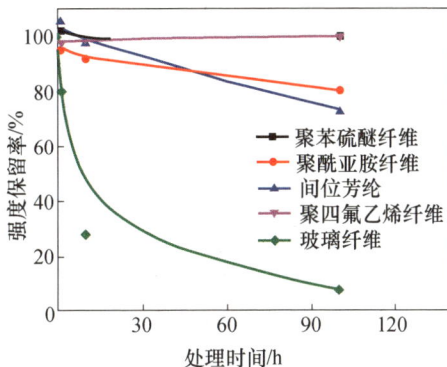

图 2-18 在 1N-H₂SO₄(90℃)
中的稳定性

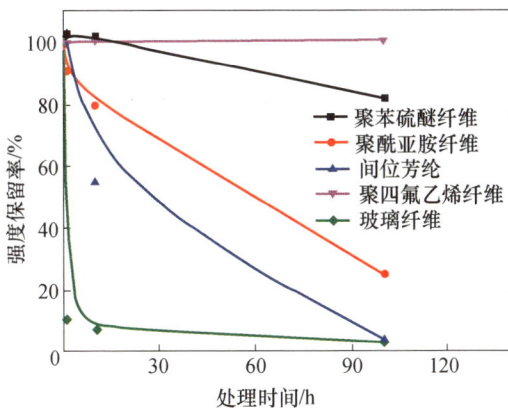

图 2-19 在 1N-HNO₃(90℃)中的稳定性

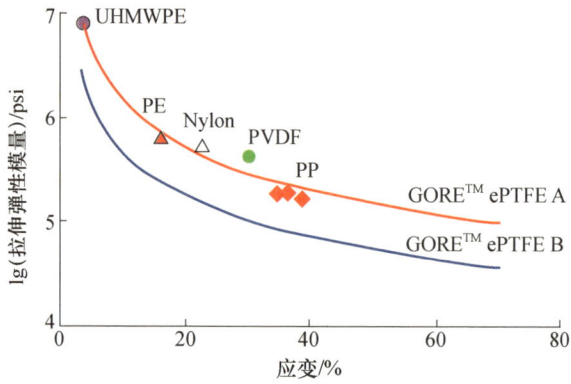

图 3-42 不同力学模量的 PTFE 纤维

(1psi = 6.895kPa)

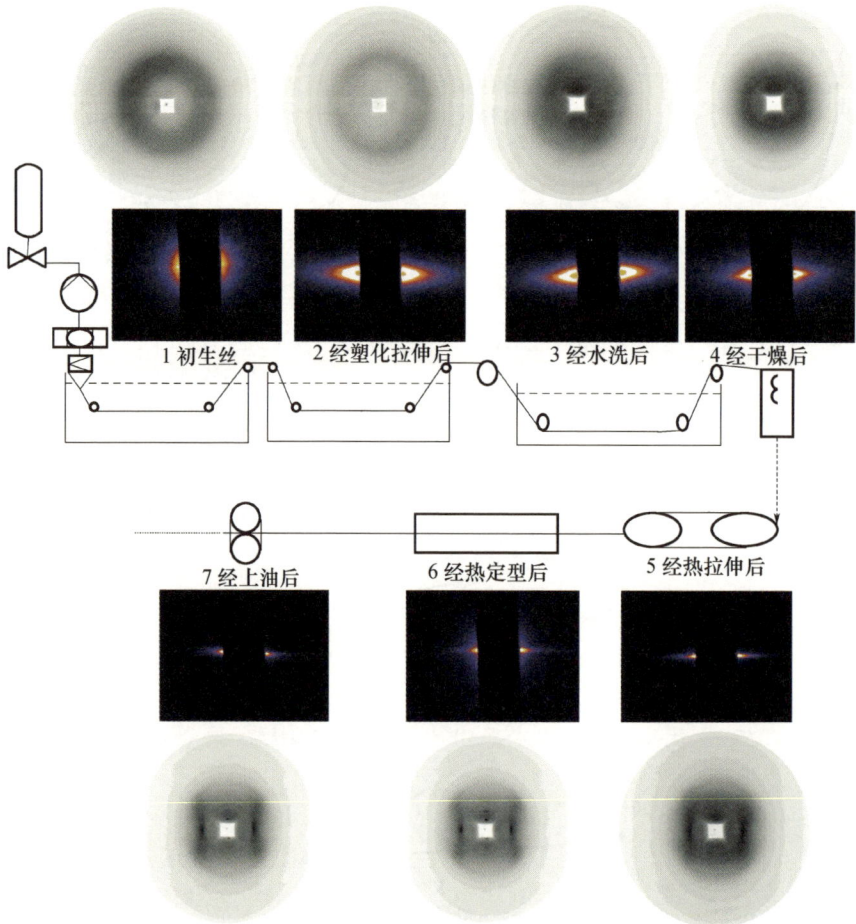

图 5-5 PSA 纤维沿纺程各阶段 WAXD 以及 SAXS 图像